Viktor Uhlig

Die cephalopodenfauna der Wernsdorfer Schichten

Viktor Uhlig

Die cephalopodenfauna der Wernsdorfer Schichten

ISBN/EAN: 9783337858193

Hergestellt in Europa, USA, Kanada, Australien, Japan

Cover: Foto ©ninafisch / pixelio.de

Weitere Bücher finden Sie auf **www.hansebooks.com**

DIE

CEPHALOPODENFAUNA DER WERNSDORFER SCHICHTEN.

VON

D.ᴿ VICTOR UHLIG.

(Mit 32 Tafeln.)

VORGELEGT IN DER SITZUNG DER MATHEMATISCH-NATURWISSENSCHAFTLICHEN CLASSE AM 9. JUNI 1882.

VORWORT.

Mit den umfassenden Untersuchungen über die geologischen Verhältnisse der Karpathen, denen Hohen-egger in den Fünfziger Jahren ebenso sehr mit Glück, als bewunderungswürdigem Eifer und hohem Ver-ständniss oblag, verband er, wie bekannt, unausgesetzt paläontologische Aufsammlungen in richtiger Würdigung ihrer geologischen Bedeutung und brachte so reichliche, vorzügliche Materialien aus denjenigen Schichten, mit denen er sich vorzugsweise beschäftigte, zusammen. Nach Hohenegger's frühzeitigem Tode wurde seine Sammlung durch Oppel für die königl. bayr. paläontologische Staatssammlung in München erworben und hat bereits die Grundlage mehrerer wichtiger paläontologischer Arbeiten gebildet. So hat Zittel die Cephalopoden und Gastropoden der Stramberger Schichten und die Fauna des älteren Tithons in wahrhaft mustergiltiger Weise bearbeitet, Neumayr hat in seinen Klippenstudien vielfach Exemplare der Hohenegger'schen Sammlung verwendet, Schenk hat die Flora der Wernsdorfer Schichten dargestellt und Kramberger die Fischreste der sogenannten Menilitschiefer studirt. Während die Bearbeitung des Tithons am weitesten vor-geschritten ist und durch die jetzt im Gange befindliche Untersuchung der Stramberger Bivalven durch G. Boehm bald einem einstweiligen Abschlusse entgegensieht, sind dagegen die Faunen der karpathischen Kreide bisher noch nicht Gegenstand eingehender Untersuchungen gewesen. Die vorliegende Arbeit, welche die Ergebnisse einer Bearbeitung der Cephalopodenfauna der Wernsdorfer Schichten enthält, wird diese Lücke zum Theil aus-füllen und wird hoffentlich bald durch weitere Untersuchungen über die Faunen der Teschner Schiefer und der jüngeren Kreidebildungen der Beskiden die sehr erwünschte, nothwendige Ergänzung erfahren. Erst wenn dies geschehen sein wird, wird man in der Lage sein, sich über die paläo-zoologischen und chronologischen Verhält-nisse der Kreideformation der nordwestlichen Karpathen ein klares und vollständiges Bild zu entwerfen.

Nach Hohenegger's Tode wurde die Aufsammlung von Kreidefossilien dank der vortrefflichen Schulung, welche Hohenegger seinen Mit- und Hilfsarbeitern zu geben wusste, zuerst von C. Fallaux, jetzt erzh. Schichtmeister in Karwin, mit grossem Eifer in der erfolgreichsten Weise fortgesetzt, und nach dessen Ver-setzung vom Thoneisensteinbergbau zum Steinkohlenbergbau in Karwin, durch die erzh. Berginspection, sowie namentlich durch Schichtmeister Rakus in Teschen weitergeführt. Dadurch wurden in Schlesien zwei neue

Sammlungen karpathischer Kreidefossilien angelegt, von denen sich die eine bis vor Kurzem im Besitze des Schichtmeisters Fallaux in Karwin befand, während die andere in der erzherzogl. Berginspection zu Teschen aufbewahrt wurde. Die Fallaux'sche Sammlung (im Texte Fall. S. bezeichnet) ist kürzlich ebenfalls in den Besitz der erzh. Teschner Kammer übergegangen.

Auch die k. k. geol. Reichsanstalt besitzt eine nicht unbedeutende Suite von Wernsdorfer Cephalopoden, deren Werth durch den häufigen Mangel von Localitätsangaben leider sehr beeinträchtigt wird. Kleinere Suiten befinden sich endlich in der geologischen und paläontologischen Sammlung der Wiener Universität. Ich selbst war ebenfalls in der Lage, einige Fossilien aus den Wernsdorfer Schichten sammeln zu können und habe dieselben der geol. Reichsanstalt übergeben.

Sowohl die Hohenegger'sche Sammlung in München (im Texte abgekürzt: Hoh. S.), als auch die Fallaux'sche Sammlung, und die Sammlung der erzh. Kammer zu Teschen, sowie die übrigen genannten Sammlungen wurden mir zum Zwecke der wissenschaftlichen Untersuchung mit grosser Liberalität anvertraut. Ich war somit bei meiner Arbeit in der angenehmen Lage, fast über das gesammte, überhaupt vorhandene Fossilmaterial aus den Wernsdorfer Schichten verfügen zu können.[1] Die grosse Menge dieses Materials, sowie die ausserordentliche Gebrechlichkeit vieler Stücke brachten es mit sich, dass nicht alle Exemplare in Wien an einem Orte vereinigt werden konnten. Nur die Fall. S., sowie die übrigen ohnedies in Wien befindlichen Suiten standen mir fortwährend zu Gebote; die Hoh. S. in München, ebenso die Sammlung der erzh. Kammer zu Teschen habe ich an Ort und Stelle durchgearbeitet und nur die für den Abschluss der Arbeit unerlässlichen Stücke mit nach Wien nehmen können.

Unangenehmer als die letztere Umstand, der in der Natur der Sache begründet war und daher nicht gut geändert werden konnte, war mir der fast völlige Mangel gehörigen Vergleichsmaterials, namentlich aus Südfrankreich. In sämmtlichen Wiener Museen sind die so überaus fossilreichen Vorkommnisse der unteren Kreide der Rhônebucht, die für die vorliegende Arbeit in erster Linie in Betracht kommen, nur überaus spärlich vertreten. Um mit denselben auch aus eigener Anschauung bekannt zu werden, habe ich mit Unterstützung des hohen k. k. Ministeriums für Cultus und Unterricht eine Reise nach Genf unternommen, wo mir durch das ausserordentlich freundliche, über jedes Lob erhabene Entgegenkommen der Herren P. de Loriol und E. Favre die Möglichkeit gegeben war, die reichen Schätze der ehemals Pictet'schen Sammlung (jetzt einverleibt dem Museum der Genfer Akademie) zu studiren. Ich hatte da namentlich Gelegenheit, zahlreiche der Prodrôme-Arten Orbigny's kennen zu lernen und fand reichliches Material zur Klärung und Entscheidung mancher Einzelfrage vor. Zahlreiche, für meine Untersuchung wichtige Exemplare konnte ich dank der Güte des Herrn P. de Loriol nach Wien mitnehmen und zur paläontologischen Darstellung verwerthen. Bezüglich der Reihe und Anordnung der Beschreibung habe ich ausschliesslich zoologische Gründe gelten lassen, und daher südfranzösisches und karpathisches Material in der Darstellung nicht getrennt gehalten. Die südfranzösischen und Schweizer Stücke waren nämlich sehr wohl geeignet, um subsidiär die Beschreibung der karpathischen zu ergänzen, keineswegs aber zahlreich genug, um als Grundlage für eine besondere Arbeit über südfranzösische untere Kreide dienen zu können. Da man an eine Arbeit der letzteren Art einestheils viel höhere Anforderungen zu stellen berechtigt ist, und ich sie nach der Grösse des Materiales zu erfüllen in der Lage gewesen wäre, und ich anderntheils aber die Möglichkeit, unser Wissen in der angedeuteten Richtung zu bereichern, nicht unbenützt lassen zu sollen meinte, habe ich den eben gekennzeichneten Weg betreten.

Endlich wurden mir noch zwei Arten aus den columbischen Kreidebildungen von Herrn Geheimrath Beyrich in Berlin zum Vergleiche zugesendet. Für die Überlassung der genannten Materialien bin ich zahlreichen Fachgenossen und Instituten zu lebhaftestem Danke verpflichtet, den ich hiermit abzustatten mir erlaube,

---

[1] Auch im Berliner Museum befinden sich einige Wernsdorfer Cephalopoden, welche durch Herrn Sapetza im Tauschwege an Fischer in München und mit der Fischer'schen Sammlung nach Berlin kamen. Leider erfuhr ich dies durch Prof. Dames erst nach dem Abschluss meiner Untersuchung und konnte diese Sammlung daher nicht mehr benützen. Ich bedauere dies um so mehr, als mir gerade aus der Umgebung von Neutitschein und Wernsdorf, woher die besagten Stücke meistens stammen dürften, verhältnissmässig wenig Reste vorliegen.

und zwar an die Herren P. de Loriol und E. Favre in Genf, Prof. K. Zittel in München, Geheimrath Prof. Beyrich in Berlin, an die erzh. Cam.-Direction in Teschen, au Herrn Schichtmeister C. Fallaux in Karwin, sowie an sämmtliche Vorstände der Wiener Institute und Sammlungen. Sodann kann ich es nicht unterlassen, mit herzlichem Danke der Unterstützung zu erwähnen, welche Herr v. Suttner in München meiner Arbeit zu Theil werden liess. Dieser ebenso uneigennützige, als gründliche Cephalopodenkenner hat die in der Hoh. S. befindlichen Wernsdorfer Versteinerungen vor meiner Ankunft in München einer vorläufigen Bestimmung und Sichtung unterzogen und mir auf diese Weise viel Mühe erspart und einen Theil der Arbeit für mich durchgeführt. Es freut mich, bemerken zu können, dass er dabei bezüglich des geologischen Alters zu demselben Resultate gelangte, wie ich, dass auch er die vollständige Übereinstimmung der Wernsdorfer Schichten mit dem Barrêmien betonte.

Die vorliegende Arbeit wird zunächst einen kurzen Abriss der geologischen Verhältnisse der nordwestlichen Karpathen (Beskiden) und eine Darstellung der stratigraphischen Verhältnisse der unteren Kreide in der Rhônebucht enthalten. Sodann soll die Fauna der Wernsdorfer Schichten einer näheren Betrachtung unter zogen werden und es werden die muthmasslichen Äquivalente innerhalb der mediterranen Provinz aufgesucht werden. Bevor auf die paläontologische Einzelbeschreibung eingegangen wird, mögen noch einige Bemerkungen über den jetzigen Stand des paläontologischen Wissens über untercretaeische Cephalopoden, über die hier eingehaltene Gattungsbegrenzung und ein Verzeichniss der benützten paläontologischen Literatur Platz finden.

Die geologischen Verhältnisse der Beskiden.

Die Beskiden bilden bekanntlich einen Theil des breiten Gürtels von Flyschbildungen, welcher die Karpathen in einem mächtigen, aus Mähren bis weithin in die Moldau reichenden Bogen umsäumt. Lange Zeit waren die Bemühungen der Geologen, das wahre Alter dieser mächtigen, fast versteinerungsleeren Sandstein-, Schiefer- und Thonbildungen zu erkennen und eine durchgreifende Gliederung vorzunehmen, vergeblich; erst durch Beyrich's in so vielfacher Hinsicht hervorragende Arbeit: „Über die Entwicklung des Flötzgebirges in Schlesien"[1] wurde die Grundlage zu weiteren erfolgreichen Studien gegeben. Aber erst durch Hohenegger's bahnbrechende, berühmte Arbeiten wurde das Verständniss der Karpathen vollends erschlossen, Arbeiten, deren eminente Bedeutung für die Geologie der Karpaten und Alpen längst anerkannt und gewürdigt worden ist. Hohenegger hat seine ersten Erfahrungen und Entdeckungen in den Haidinger'schen Berichten über die Mittheilungen von Freunden der Naturwissenschaften, später im Jahrbuche der geologischen Reichsanstalt niedergelegt, und endlich in seinem Hauptwerke: „Die geognostischen Verhältnisse der Nordkarpathen in Schlesien und den angrenzenden Theilen von Mähren und Galizien als Erläuterung zu der geognostischen Karte der Nordkarpathen, Gotha 1861" die Summe seines Wissens in knapper, bündiger Form zusammengefasst und damit die geologische Literatur um ein Werk von ausserordentlichem Werthe bereichert. Seine Ansichten über das geologische Alter der von ihm unterschiedenen Gebilde haben sich der Hauptsache nach als richtig erwiesen, und wenn er auch mit seinen allgemeinen geologischen Anschauungen an manchen Irrthümern der Humboldt-Buch'schen Schule Theil nimmt, so beweisen seine scharfen, umsichtigen Beobachtungen doch eine klare, selbstständige Auffassung. So hat Hohenegger nicht nur die Stratigraphie der isopischen, schwer unterscheidbaren Kreidegebilde enträthselt, er hat auch die selbstständige Verbreitung der sogenannten Friedecker Schichten (Turon und Senon nach Hohenegger) und die merkwürdige Rolle der Eocänformation richtig erfasst. Man erkennt sogleich, dass eine so sichere, vollendete Darstellung, wie sie uns in Hohenegger's Werk entgegentritt, nur die Frucht jahrelanger, eingehender und gründlicher Detailstudien sein kann. Leider hat uns Hohenegger, den ein frühzeitiger Tod seinem erfolgreichen Wirken entriss, diese gewiss sehr interessanten und wichtigen Einzelheiten nicht mitgetheilt, was gewiss sehr zu bedauern ist,

---

[1] Karsten's Archiv für Min., Geogn. etc. Bd. XVIII, 1844.

weil es wahrscheinlich nicht so bald einem Geologen gelingen wird, die zahllosen Beobachtungen, die Hohenegger vermöge seiner socialen Stellung und seines dauernden Aufenthaltes in der betreffenden Gegend sammeln konnte, nochmals anzustellen. Seit Hohenegger, der in Verbindung mit Fallaux[1] seine Arbeiten auch auf das angrenzende Galizien erstreckte, wurde über die schlesischen Karpathen nur wenig veröffentlicht,[2] die hauptsächliche Wissensquelle bleibt Hohenegger's citirtes Werk.

Ich glaube, dass es überflüssig sein wird, auf die älteren Arbeiten über den „Karpathensandstein" einzugehen, oder auch nur sie zu citiren, man findet ja eine Zusammenstellung der Literatur in Hohenegger's „Geognost. Verhältn. etc.", sowie in Paul's Geologie der Bukowina l. c. Dagegen wird es wohl gut sein, gestützt auf Hohenegger's Arbeiten, einen kurzen Abriss der geologischen Verhältnisse der Beskiden, die mir aus eigener Anschauung bekannt sind, hier einzufügen, worin namentlich die Wernsdorfer Schichten näher berücksichtigt werden sollen. Ähnliche Darstellungen wurden übrigens auch von Roemer[3] und v. Hauer[4] gegeben.

Gerade jene Gegend, wo das allgemeine Streichen der nördlichen Flyschzone der Karpathen die ostnordöstliche Richtung verlässt und allmälig in die rein östliche übergeht, nehmen die Beskiden ein. Sie erstrecken sich ungefähr von der Betschwa, einem Nebenfluss der March im Westen bis zur Sola, einem Nebenfluss der Weichsel im Osten, gehören mit ihrem westlichen Theile der Provinz Mähren, mit ihrem mittleren Haupttheile der Provinz Schlesien, mit ihrem östlichen Theile der Provinz Galizien an und bilden ein anmuthig, aber ziemlich einförmig gestaltetes Nieder- und Mittelgebirge, dessen Höhe ungefähr zwischen 300 und 1300^m schwankt. Nach Süden hin grenzen sie an den sogenannten südlichen Klippenzug, nach Norden werden sie von einem schmalen Striche mediterraner Miocänbildungen begleitet, welche sie von dem sudetischen, zwischen Weisskirchen, Königsberg, Ostrau und Karwin seine Südgrenze erreichenden Gebirgssysteme scheiden. Das ganze Gebirge zerfällt in ein niederes schmales Vorland, dessen durchschnittliche Höhe etwa 350^m beträgt und dessen Erstreckung durch die Lage der Städtchen Neutitschein, Freiberg, Friedeck, Teschen, Skotschau, Bielitz-Biala gekennzeichnet werden kann, und in einen südlichen breiteren Gürtel bedeutenderer Berge von etwa 1000 Meter durchschnittlicher Höhe (Knichin, Trawno, Lissa gora, Jaworowi, Czantori etc.) Das niedrigere Vorland ist aus vorwiegend schiefrig-thonig-kalkigen Gesteinen der unteren Kreide zusammengesetzt, die namentlich im Teschnerlande zu bedeutender Ausbildung gelangen, das südlichere höhere Gebirgsland besteht hauptsächlich aus massigen Sandsteinen der mittleren und oberen Kreide, welche das plötzliche Ansteigen des Gebirges verursachen.

Die Tektonik dieses Gebietes ist der Hauptsache nach dieselbe, wie sie der gesammten karpathischen Flyschzone eigen ist. Die erwähnten Vorlande bestehen aus mehreren, ungefähr parallelen Zügen von unteren Kreidegesteinen, die nach Norden überschobene, nach Süden einfallende Falten bilden, deren Streichen nicht immer regelmässig und deren Zusammensetzung im Einzelnen durch eingeschaltete Eruptivgesteine, Teschenite und Pikrite vielfach complicirt erscheint. Darauf lagern mit ebenfalls südlichem Einfallen in riesiger Mächtigkeit die massigen Sandsteine der mittleren Kreide, das südlichere höhere Gebirgsland bildend. Das Streichen des nördlichen alteretacischen Hügellandes ist jedoch kein sehr anhaltendes; dasselbe verschmälert sich gegen Bielitz-Biala und keilt sich bei Kenty und Andrychau fast ganz aus, um weiter östlich in nur unbedeutenden Aufbrüchen nochmals hervorzutreten. Dasselbe geschieht mit dem breiteren höheren Zuge der massigen mitteleretacischen Sandsteine, die der mächtigen Entwicklung des Eocäns weichen müssen.

―――――

[1] Geognost. Karte des ehemaligen Gebietes von Krakau etc. Denkschr. d. kais. Akad. Bd. XXVI. 1867.

[2] Paul, Geologie der Bukowina, Jahrbuch der geol. Reichsanstalt, 1876, Bd. XXVI. — Paul und Tietze, Studien in der Sandsteinzone der Karpathen, ebendaselbst 1877, Bd. XXVII. — C. Fallaux, Verhandlungen der geol. Reichsanstalt 1869, S. 310.

[3] Geologie von Oberschlesien, S. 277.

[4] Geolog. Übersichtskarte d. öster.-ungar. Monarchie, Jahrb. der geol. Reichsanst. 1869, Bd. XIX, S. 534. — Die Geologie und ihre Anwendung etc. 1875, S. 480.

Die einförmige, aber doch schwierige Tektonik des ganzen Gebietes wird durch die eigenthümliche Rolle, welche die Eocängebilde spielen, noch bedeutend verwickelt. Diese umgeben in einem schmalen Gürtel nördlich das ganze Kreidegebirge und schiessen, dem Gesammtbau entsprechend, unter die Kreidebildungen ein. Ausserdem greifen sie auch in alle grösseren Thäler, wie das Lubina-, Ostrawitza-, Morawka-, Weichsel-, Biala-Thal ein, die Tiefen derselben einnehmend, so dass man, auf der rechten oder linken Thalseite ansteigend, aus dem Eocän in die Kreideformation gelangt. Ja ein Zug von Eocängesteinen streicht aus der Gegend von Friedek in östlicher Richtung in das obere Olsathal hinüber, erfüllt dasselbe bis südlich von Jablunkau und verbindet sich daselbst mit einem südlichen Zug eocäner Gesteine, die den österreichisch-ungarischen Grenzkamm bilden. Auf die Weise wird das ganze Kreidegebiet der Beskiden in eine westliche und eine östliche Hälfte geschieden, die aber beide unter einander in ihrem Baue viel Übereinstimmung haben. Einzelne Gruppen älterer Kreidegesteine werden von Eocänbildungen förmlich umflossen, dass sie wie Inseln aus denselben auftauchen. Es ist daher nicht zu zweifeln, dass dieses Gebirge schon vor Ablagerung des Eocänen gleichsam vorgebildet und in seinen Hauptzügen angelegt wurde, und schon vor der Transgression des Eocänen Erosionen erfahren hat. Nach Ablagerung der Eocän- und Oligocängebilde folgte abermals eine Zeit energischer Faltung, welche das überall zu beobachtende Einschiessen derselben unter die älteren Kreidebildungen zur Folge hatte.

Das liegendste Glied der ganzen Schichtreihe ist der **untere Teschner Schiefer**, ein feinblättriger, bituminöser Mergelschiefer von licht- bis dunkelgrauer Farbe. Er ist ungemein fossilarm und flötzfrei; sein Liegendes ist unbekannt, seine Mächtigkeit dürfte gegen 400^m betragen. Nach langjährigen Aufsammlungen gelang es Hohenegger, eine kleine Reihe von Versteinerungen zusammenzubringen, von denen er eine beträchtliche Anzahl mit Formen des norddeutschen Hils identificirt.

Aus dem unteren Teschner Schiefer entwickelt sich in allmäligem Übergange der **Teschner Kalkstein**. Es ist dies ein wohlgeschichteter, heller Kalkstein, dessen Gesammtmächtigkeit 60 bis höchstens 100^m beträgt. Hohenegger unterscheidet eine untere, aus feinkörnigen, 6 bis höchstens 12 Zoll dicken Bänken gebildete Partie, und eine obere, welche aus grossmassigen, in 2 bis 4^m dicken Bänken abgesondertem Kalkstein besteht. Der letztere Kalkstein ist durch seinen Gehalt an Quarzkörnern leicht kenntlich und bildet, unter der Loupe betrachtet, eigentlich eine Breccie von sehr kleinen, verschiedenartigen, kalkigen Schalenfragmenten. In der unteren Partie fand Hohenegger *Bel. pistilliformis* und Aptychen, die obere enthält Pentacrinusglieder, Cidarisradiolen, kleine Exogyren, die aber kaum bestimmbar sind. Zu Lischna fand ich öfter unbestimmbare Korallen, die sich nur als undeutliche Durchschnitte zu erkennen geben. Der bekannte Kalkstein von Kurowitz ist nach Hohenegger ein Äquivalent des Teschner Kalkes. Das dritte Glied bildet der **obere Teschner Schiefer** und der **Grodischter Sandstein**. Der erstere ist ein schwarzer, bituminöser, glänzender Mergelschiefer, welcher zwei Züge von Thoneisensteinflötzen enthält. In seinen oberen Partien geht er in einen kalkhältigen, glimmerreichen Sandsteinschiefer mit „Hieroglyphen" über (Strzolka der Bergleute). An mehreren Orten entwickelt sich aus der Strzolka ein besonderer grobkörniger, heller, flöckiger Sandstein, der nach seinem Hauptvorkommen zu Grodischt von Hohenegger Grodischter Sandstein genannt wurde. Die bituminösen Mergelschiefer, die darin eingeschalteten Thoneisensteine und die Strzolka haben bisher nur Cephalopoden und zwar von weitaus vorwiegend mediterranem (alpinem) Charakter geliefert. Der Grodischter Sandstein hingegen enthält ausserdem Bivalven und Gastropoden. Einige der ersteren glaubte Hohenegger mit Unionen des norddeutschen Wealden identificiren zu sollen. Roemer jedoch hält sie nach Besichtigung der Originalexemplare für marinen Geschlechtern angehörig (Geol. von Oberschlesien, p. 281). Nach seiner Fauna dürfte der obere Teschner Schiefer wohl dem sogenannten Mittelneocom entsprechen, indessen muss die Altersfrage bis zur eingehenden paläontologischen Bearbeitung der betreffenden Reste (H oh. und Fall. S.) noch offen bleiben. (Vergl. weiter unten.)

Die **Wernsdorfer Schichten** (nach der Localität Wernsdorf in Mähren benannt) bilden das folgende Glied, sind aber nicht regelmässig concordant den oberen Teschner Schiefern aufgelagert; die Grenze beider zeigt nach Hohenegger vielfache Störungen. Sie bestehen aus glänzendem, schwarzem, bituminösem Mergelschiefer, dessen Mächtigkeit durchschnittlich 120^m bis 160^m beträgt. Zahlreiche Thoneisensteinflötze sind dem-

r*

selben eingelagert, welche wie die schwarzen Schiefer Fossilien, und zwar fast ausschliesslich Cephalopoden enthalten. Die in den folgenden Blättern beschriebenen und besprochenen Versteinerungen wurden ausschliesslich beim erzherzoglich Albrecht'schen Thoneisensteinbergbau gewonnen, und zwar wurde beim Sammeln derselben grosse Sorgfalt angewendet, so dass die Herkunft der Stücke aus demselben Schichtcomplexe sicher ist. Im Allgemeinen kommen die Versteinerungen nur sehr selten vor; durch die so lange Jahre mit grossem Fleisse fortgesetzten Aufsammlungen wurde doch schliesslich ein ganz stattliches Material zusammengebracht.

Die Wernsdorfer Schichten treten in zwei vollständig gesonderten, selbstständigen Zügen auf. Der erstere hat eine Länge von etwa 15^{km}, erstreckt sich aus der Gegend von Teschen bis in die Nähe von Friedek und erscheint dem oberen Teschner Schiefer, beziehungsweise Grodischter Sandstein eingefaltet; in der ganzen Umgebung dieses Zuges treten nur ältere Kreidegebilde auf. Der zweite südliche Zug befindet sich an der Grenze des hügeligen Vorlandes gegen das eigentliche höhere Karpathengebirge und streicht von Wernsdorf im Westen bis gegen Andrychau im Osten, erscheint aber stellenweise durch die transgredirenden Eocängebilde verdeckt. Mit grosser Regelmässigkeit schiesst er auf der ganzen Strecke gegen das Gebirge ein, die Unterlage für den nächst jüngeren sogenannten Godulasandstein bildend, dessen massige Entwicklung das plötzliche Ansteigen und den Gebirgscharakter des Gebietes bedingt.

Die im Folgenden genannten Fundorte gehören theils dem nördlichen Zuge, den man nach dem hauptsächlichsten Vorkommen den Grodischter nennen könnte, theils dem südlichen an. Im ersteren liegen die Fundorte Tierlitzko, Grodischt, Koniakau, Mistrowitz, im letzteren von Westen nach Osten: Murk, Wernsdorf, Holzendorf, Tichau, Kozlowitz, Chlebowitz in Mähren, Althammer, Mallenowitz, Krasna, Ellgot, Niedek, Ostri, Ustron, Lippowetz, Gurek, Ernsdorf in Schlesien, Lipnik, Straconka in Galizien. Als die reichsten Fundorte können Grodischt, Mallenowitz und Wernsdorf bezeichnet werden; auch Niedek und Gurek haben viele Fossilien geliefert, allein der Erhaltungszustand ist da am schlechtesten. Wahrscheinlich hängt dies übrigens mit dem Umstande zusammen, dass gerade in diesen Örtlichkeiten der Bergbau am andauerndsten betrieben wurde.

Hohenegger hat die Fossilien der Wernsdorfer Schichten eingehend studirt. Er kommt zu dem Schlusse, dass weitaus die meisten derselben auf Orbigny's Urgonien, einige auf das Aptien verweisen, er sieht daher die Wernsdorfer Schichten als ein Äquivalent des Urgonien und zum Theil auch des Aptien an. Ferner hebt er die grosse Übereinstimmung mit den südfranzösischen und columbischen untercretacischen Ablagerungen ausdrücklich hervor. Roemer hingegen ist geneigt, die Wernsdorfer Schichten ausschliesslich als Äquivalent der Urgonstufe Orbigny's zu betrachten (Geol. von Oberschlesien, p. 282). Ich hoffe im Folgenden zu zeigen, dass sie nach ihrer Fauna genau dem sogenannten Barrémien (Coquand) entsprechen.

Über den Wernsdorfer Schichten folgen die mächtigen Massen des zu 1000 bis 1400^m hohen Bergen ansteigenden **Godulasandsteines**, benannt nach dem Godulaberg (SSW. von Teschen). Er besteht aus bald dickeren, bald dünneren Bänken eines hellen Sandsteines, der namentlich nach unten zahlreiche Schiefereinschaltungen enthält, im Hangenden aber in mächtige Conglomeratbänke übergeht. Er ist fast versteinerungsleer. Im Laufe vieler Jahre wurden nur einige wenige Fossilien vorgefunden (*Am. Dupinianus, mammillatus* etc.), welche ihn als ungefähren Repräsentanten des Gault oder Albien erscheinen lassen.

An den Godulasandstein schliesst sich endlich südlich der **Istebner Sandstein** an, welchen Hohenegger als Vertreter der Cenomanstufe betrachtet.

Damit schliesst die cretacische Schichtfolge im Hauptgebiete der Beskiden ab; nur in ihrem westlichsten Theile begegnen uns noch die **Friedeker Baculitenmergel** und die **Baschker Sandsteine**, welche der oberen Kreide entsprechen, von Westen her transgredirend auftreten und zwischen Friedek und Baschka, an der mährisch-schlesischen Grenze verschwinden.

Schon Hohenegger hatte, wie vorhin bemerkt, richtig erkannt, dass die untere Kreide der Rhônebucht für die entsprechenden Formationsglieder der schlesischen Karpathen, namentlich die uns beschäftigenden Wernsdorfer Schichten die meisten Vergleichspunkte darbiete. Um den paläontologischen und stratigraphischen Vergleich rationell durchzuführen, wird es wohl nothwendig sein, dass wir jetzt auf die geologischen Verhältnisse der unteren Kreide Südfrankreichs etwas näher eingehen.

Die geologischen Verhältnisse der unteren Kreide in der Rhône-Bucht.

Sehr frühzeitig sehen wir zahlreiche hervorragende Geologen eifrigst bemüht, die ziemlich verwickelten stratigraphischen Verhältnisse der unteren Kreide der Rhônebucht aufzuklären und zu studiren, und ihren unausgesetzten Bemühungen hat man es zu danken, dass dieses Gebiet in der angedeuteten Richtung zu den best gekannten und gründlichst durchforschten gehört. Trotzdem sind noch manche Punkte strittig und gerade die berufensten Forscher stellen, je nach ihrem theoretischen Standpunkte, die Verhältnisse in abweichender Weise dar. Es ist daher unabweislich, sich nach der Literatur, soweit dies eben möglich ist, über diese Frage ein eigenes Urtheil zu bilden. Von grossem Werthe ist dabei Vacek's „Neocomstudie“,[1] welche das gegenseitige Verhältniss der einzelnen Formationsglieder in knapper, übersichtlicher, und, wie mir scheint, durchaus richtiger Weise zur Anschauung bringt. Freilich wird es nothwendig sein, vieles längst Bekannte nochmals zu wiederholen, um die Darstellung wenigstens halbwegs gerundet und vollständig zu machen.

Die älteren Arbeiten von Coquand[2] in der Provence, Se. Gras[3] und Duval-Jouve[4] in den Basses-Alpes, Duval[5] im Dép. Drôme, Dumas[6] im Dép. Gard, Malbos[7] (Vivarais) haben bekanntlich erwiesen, dass die neocomen Mergel mit platten Belemniten (*B. dilatatus, Cr. Duvali* etc.) und die gleichaltrigen sogenannten Spatangenkalke (mit *Echinospatagus cordiformis* etc.) in der ganzen Rhônebucht eine sehr beständige und leicht kenntliche Stufe darstellen. Darüber folgen nun in gewissen Gegenden, wie im südlichen Theile des Dép. Drôme in den Basses-Alpes helle, wohlgeschichtete Mergelkalke mit *Se. Yvani, Am. recticostatus*, zahlreichen Ancyloceren, Hamuliten, kurz einer reichen, seit lange berühmten Cephalopodenfauna, die namentlich zu Barrême typisch entwickelt ist und durch Mathéron (Cat. méth.), Astier (Cat. des Ancyl.), namentlich Orbigny (Pal. fr.) und neuerdings wieder durch Mathéron (Rech. pal.) beschrieben wurde. Bedeckt werden diese Cephalopodenkalke von einer kalkigen Schichte mit *Ancyl. Matheroni, Am. Matheroni* etc. und dann von dunklen, ebenfalls cephalopodenführenden Mergeln, die besonders zu Gargas bei Apt in schöner Entwicklung angetroffen werden.

In den westlichen Theilen der Rhônebucht hingegen, sowie auch im Jura folgen auf die Neocommergel oder Spatangenkalke die mächtigen Massen eines dickbankigen, hellen Kalksteines, die in ihrer grösseren unteren Hälfte sehr versteinerungsarm sind, dagegen in den obersten Lagen sehr bezeichnende Fossilien, *Requienia ammonia, Lonsdali* etc. enthalten. Nach oben finden sich dann Orbitulinenbänke ein, welche endlich in Mergel übergehen, die denen von Gargas gleichzustellen sind.

Diese Verhältnisse gaben Orbigny[8] Veranlassung zur Aufstellung dreier Etagen, Néocomien, Néoc. sup. oder Urgonien und Aptien. Dabei fasste er unter dem ersteren Namen alle Schichten zwischen den obersten Juraschichten und den Spatangenkalken, beziehungsweise den Mergeln mit platten Belemniten und diese letzteren selbst zusammen, unter dem zweiten begriff er einestheils die Kalke mit *Se. Yvani*, den Ancyloceren, Hamuliten etc., anderntheils die mächtigen, namentlich zu Orgon typisch entwickelten versteinerungsarmen Kalke und die Rudistenkalke mit *Req. ammonia*, die einander als Facies vertreten sollten, während er als Aptien die Mergel von Gargas bei Apt mit *Am. Martini, Nisus, crassicostatus* etc. bezeichnete, und mit den Argilles à plicatules Corn. des Pariser Beckens in Parallele brachte. Das Urgonien hingegen erklärte er für gleichaltrig

[1] Jahrbuch der geol. Reichsanst. 1880, Bd. XXX. S. 493.
[2] Sur les terr. Néoc. de la Provence. Bull. Soc. géol. Fr. XI. 1839—40, S. 401.
[3] Statist. minér. et géol. du Dép. des Basses-Alpes, Grenoble 1840.
[4] Bélem. de Castellane, Paris 1841.
[5] Terr. néoc. de la Drôme. Ann. soc. agricult. Lyon III. 1840.
[6] Bull. Soc. géol. Fr. 2. ser. III, 1845—46, S. 630.
[7] Observ. sur les form. géol. du Vivarais. Bull. Soc. géol. Fr. 2. ser. III, 1845—46, S. 6.
[8] Cours élém. de Pal. et Géol. stratig. II. Paris 1852.

mit dem Argile ostréenne Corn. des Pariser Beckens. Im „Prodrôme etc. II." gab er ein zwar im Einzelnen vielfach unrichtiges Verzeichniss der verschiedenen Stufen zukommenden Fossilien, welches aber trotzdem bis auf den heutigen Tag noch in vieler Hinsicht das beste, vollständigste und verlässlichste geblieben ist.

Wie fehlerhaft und roh auch diese hier nur in Kürze skizzirte Eintheilung Orbigny's in der Folge sich erwiesen hat, namentlich in Bezug auf die ältesten alpinen Neocomglieder, so bedeutete sie doch für die damalige Zeit einen grossen Fortschritt und konnte als Grundlage weiterer Forschungen dienen.

So waren es namentlich die von Orbigny Urgonien und Aptien genannten Bildungen, welchen Coquand fortdauernd seine Aufmerksamkeit schenkte. In einer besonderen Schrift [1] betonte er, dass die Schichten von Barrême mit aufgerollten Ammonitiden nur dem unteren fossilarmen Theile des Urgonien entsprechen, hingegen die eigentlichen Requienien- oder Chamakalke stets ein höheres, jüngeres Niveau einnehmen. Er beschränkt desshalb die Orb. Etage Urgonien auf die eigentlichen Requienienkalke, während er für die ältere untere Partie der früher sogenannten Urgonkalke, und für die Schichten von Barrême den Namen Barrémien in Vorschlag bringt. Die Verhältnisse im Dép. Bouche-du-Rhône geben ihm hiezu Veranlassung. Zwischen Cassis und Marseille folgen, wie bekannt, über den Spatangenkalken die mächtigen hellen Felsenkalke, deren hangendste Lagen Requienien führen. Die untere Partie derselben ist ein hellgelber, massiger Kalkstein, der nie Requienien, wohl aber zahlreiche knollige Hornsteine eingeschlossen enthält. Diese Schichtreihe, Spatangenkalke, Felsenkalke mit Hornsteinen, Requienienkalke, zeigt sich sehr schön entwickelt zu Mazargues bei Marseille und an den Steilküsten der Bucht von Catalans. An letzterer Localität wurde in den Hornsteinkalken, im Liegenden der Requienien der *Macrosc. Yeani*, ein wichtiges Leitfossil der Barrêmeschichten aufgefunden. Daraus geht nun hervor, dass die Barrêmeschichten und die Hornsteinkalke, welche gleichaltrige Bildungen, nämlich die Spatangenkalke oder Mergel mit platten Belemniten zur Unterlage haben, einestheils geologisch jünger sind, als die letzteren, anderntheils älter als die Requienienkalke, und daher als gleichwerthige Äquivalente zu bezeichnen sind.

Nach Coquand's damaligen Anschauungen war also die Schichtfolge in den Basses-Alpes von unten nach oben folgende:

a) Untere Kalke, nicht näher untersucht.

b) Echtes Neocom, mit *Echinosp. cordiformis, Ostrea Couloni* etc.

c) Barrêmeschichten mit *Macrosc. Yeani* etc.

d) Aptschichten mit *Ancyl. Matheroni* etc.

Das eigentliche Urgonien, zwischen Barrémien und Aptien, sollte fehlen. Im Dép. Bouche-du-Rhône hingegen ist die Reihe folgende:

a) Valengien mit *Strombus Sautieri* etc.

b) Neocom mit *Ostrea Couloni* etc.

c) Gelbe Hornsteinkalke mit *Macrosc. Yeani*, Barrémien.

d) Urgonien mit *Requienien.*

e) Aptmergel mit *Ancyl. Matheroni* etc.

Diese in Bezug auf den fraglichen Gegenstand ganz klaren und bündigen Auseinandersetzungen Coquand's fanden jedoch vielfachen Widerspruch, zunächst von Seite derjenigen Forscher, welche auch Orbigny's Classification der unteren Kreide zurückwiesen, wie d'Archiac, Reynès u. A. Wir wollen jedoch einstweilen darauf nicht näher eingehen, da wir ohnedies die wichtigsten dagegen erhobenen Einwände später noch ausführlich zu behandeln haben werden. Nur so viel will ich gleich hier bemerken, dass sich Desor [2] mit Coquand's Ausführungen im Ganzen einverstanden erklärte, jedoch die Parallelisirung des Barrémiens mit dem Pierre jaune der unteren Kreide von Neuchâtel als unrichtig zurückwies, da diese Unterabtheilung durch ihre Fauna

---

[1] Sur la convenance d'établir dans le groupe inf. de la form. crét. un nouvel étage. etc. Mém. Soc. d'émulat. de la Provence I, 1861, S. 127, auch im Bulletin Soc. géol. Fr. XIX, 1861—62, S. 531.

[2] Sur l'étage Barrémien de M. Coquand, Bull. de la Soc. des scienc. nat. de Neuchatel 1864, Bd. VI, S. 452.

mit den Spatangenkalken innig verknüpft ist. Coquand hat nachträglich selbst das Fehlerhafte dieser Gleichstellung zugegeben. Dagegen dürfte der sogenannte Calcaire jaune urgonien in der That das altersgleiche Glied der Neuchateler Kreide darstellen.

Leider hat Coquand durch seine folgenden Arbeiten in die Stratigraphie der oberen Schichten der unteren Kreide wieder vielfache Unklarheiten und Irrthümer hineingetragen. Er erkannte nämlich beim näheren Studium der pyrenäischen und spanischen Kreide,[1] dass die daselbst sehr mächtig entwickelten, auf Lias oder oberem Jura discordant auflagernden Requienienkalke mehrfach mit mergeligen Schichten mit *Heteraster oblongus, Ostrea aquila, Belemnites semicanaliculatus, Am. Matheroni,* Orbitulinen und einer beträchtlichen Anzahl anderer echter Aptfossilien durch wiederholte Wechsellagerung innig verknüpft sind. Hébert[2] zweifelte diese Beobachtungen zwar an und suchte sie durch allerhand Dislocationen zu erklären, allein es wurden dieselben später von Leymerie[3] und Magnan[4] vollkommen bestätigt, so dass an der Richtigkeit derselben kaum zu zweifeln ist. Leymerie hat diesem Verhältnisse durch die Einsetzung des Namens Urgo-Aptien äusseren Ausdruck verliehen. Coquand sprach daher, und wohl gewiss mit Recht, die Requienienkalke und die Aptmergel für Bildungen an, die als einfache Facies für einander eintreten und sich gegenseitig ersetzen können. Nur sei die Wechsellagerung beider Facies in Spanien die Regel, in den Bergen der Clape und in der Provence dagegen trete sie nur ganz ausnahmsweise und an der Grenze dieser Bildungen auf. Bis dahin scheint mir Coquand's Gedankengang ziemlich unanfechtbar zu sein.

Nun aber weist Coquand[5] auf einen unerwarteten Fund, den Reynès in der Gegend von Cassis machte, hin; daselbst soll nämlich *Macrosc. Yeani, Lyt. recticostatum* in echten Aptschichten über der Bank mit *Req. ammonia,* über der Hauptmasse der Requienienkalke zusammen mit echten Aptformen vorkommen. Ausserdem erinnert Coquand[6] daran, dass nach Lory[7] zu Châtelard-de-Vese (Drôme) eine aus Orbitulinen und *Pygaulus depressus* gebildete Lage mit Bänken mit *Macrosc. Yeani* in Wechsellagerung stehe. Coquand meint nun, dass sich hieraus die Nothwendigkeit ergebe, die Aptschichten, die Barrêmeschichten und das obere und untere Urgonien in eine einzige Etage, Aptien im weiteren Sinne, zusammenzuziehen. Diese grosse Aptétage zerfalle nun in ein oberes und unteres Stockwerk, wovon das obere hauptsächlich dem Aptien im Orbigny'schen Sinne und den Rudistenkalken entspreche, während sich das untere aus den Barrêmeschichten und dem unteren rudistenfreien Urgonien zusammensetze.

Die angebliche Mischung von Apt- und Barrême-Arten soll sich nach Coquand auch in den bairischen Alpen vorfinden: vom Oberhollbachgraben will Coquand im Münchener pal. Museum *Scaph. Yeani, Ptychoc. laeve* Math., *Am. Dufrenoyi* u. m. a. gesehen haben, l. c. p. 577. Wie mir Herr v. Suttner freundlichst mittheilte, handelt es sich da wahrscheinlich um eine Gaultlocalität in der Nähe von Vils bei Füssen, wo bekanntlich Oppel und Beyrich echten Gault nachgewiesen haben. Es muss da offenbar ein Irrthum von Seite Coquand's vorliegen.

Es wird wohl keiner ausführlichen Beweisführung bedürfen, um das Gezwungene, Unpraktische und Unnatürliche dieser Zusammenstellung nachzuweisen. Es sind vornehmlich Angaben paläontologischer Natur, welche Coquand dazu bewogen haben. Leider lassen sich dieselben, da weder Abbildungen noch Beschreibungen der fraglichen Funde geliefert wurden, in keiner Weise controliren und es ist darüber kein endgiltiges Urtheil zu fällen möglich. Ohne jedoch an der Richtigkeit der Funde und ihrer Bestimmung zweifeln zu wollen,

---

[1] Monographie pal. de l'étage Aptien de l'Espagne. Mém. de la Soc. d'émulation de la Provence III, 1865, S. 191, vergl. auch Desc. géol. de la form. crét. de la province de Teruel (Aragon). Bull. Soc. géol. Fr. 2. ser. XXVI, S. 144, 1868.

[2] Le terr. crét. des Pyrénées. Bull. Soc. géol. Fr. 2. ser. XXIV. 1867, S. 323.

[3] Mém. pour serv. à la connaiss. de l'étage inf. du terr. crét. des Pyrénées. Compt. rend. Juli 1868; auch Bull. Soc. géol. Fr. 2. ser. XXVI. 1868—69, S. 277.

[4] Sur une coupe des Petites-Pyrénées de l'Ariège. Compt. rend, März 1868.

[5] Modifications à apporter dans le classement de la craie inf. Bull. Soc. géol. Fr. 2. ser. XXIII, 1865—66, S. 570; auch Note sur la form. crét. de la mont. de la Clape. Bull. Soc. géol. Fr. 2. ser. XXVI, 1868, S. 201.

[6] Form. crét. de la Clape, l. c. S. 202.

[7] Déscription géol. du Dauphiné. Paris 1860, S. 325.

kann ich doch die Bemerkung nicht unterdrücken, dass die gegenwärtig gegebene paläontologische Grundlage zur Bestimmung von Cephalopoden der unteren Kreide eine sehr mangelhafte ist und keineswegs für die Richtigkeit der Bestimmungen von vorne herein eine gewisse Gewähr bietet. Doch selbst, wenn wir auch mit Coquand annehmen, dass einzelne Barrêmefossilien in die Aptstufe aufsteigen, so ist dies nur ein Verhalten, welches ja geradezu erwartet werden muss, und es wäre nur wunderbar, wenn dies nicht der Fall wäre.

Die Gemeinsamkeit einzelner Arten ist selbstverständlich an sich kein Grund zur Zusammenziehung zweier Faunen, es bleibt desshalb die Thatsache noch immer bestehen, dass die Aptfauna von der Barrêmefauna im grossen Ganzen sehr wohl unterschieden werden kann und stets ein höheres, geologisch jüngeres Niveau einnimmt, als die letztere. Noch belangloser scheint mir der Hinweis Coquand's auf die Wechsellagerung von Bänken mit *Macrose. Yeani* und einer Lumachelle aus Orbitulinen und *Pygaulus depressus*, die von Lory (l. c.) im Dép. Drôme beobachtet wurde. Orbitulinenbänke schalten sich in der Regel in jenen Gegenden, wo typische Urgonkalke entwickelt sind, zwischen die oberen Lagen derselben ein, und kündigen häufig gewissermassen das Aptien an. Auch bei Châtelard-de-Vese schalten sie sich vor dem Eintritte des echten Aptiens ein, ihre Wechsellagerung mit Lagen mit *Macrose. Yeani* würde nur auf local etwas längeres Anhalten der Barrêmefauna schliessen lassen, ihr Auftreten ist jedoch insoferne ein sehr interessantes, weil es ein Eingreifen der sogenannten corallinen oder jurassischen Facies, wovon weiter unten noch die Rede sein wird, in sogenannte alpine Gebiete andeutet.

Zum Schlusse seiner Schrift: „Modifications à app. etc.," p. 578, gibt Coquand ein Verzeichniss von Fossilien, die bald in Barrême-, bald in Aptschichten auftreten sollen; es gehören dazu Formen, die allerdings bisher als leitend und für die eine oder die andere Fauna besonders charakteristisch angesehen wurden. Man hat jedoch allen Grund, diesem Verzeichniss mit grossem Misstrauen zu begegnen. So wurden *Am. Martini* und *crassicostatus* als Arten angeführt, welche in den Voirons dem Barrémien, sonst aber dem Aptien angehören. Nun aber erwähnen Pictet und Loriol, auf welche Autoren sich Coquand früher bezieht, in ihrer Arbeit über das Neocom der Voirons (p. 26) ganz ausdrücklich, dass die ihnen vorliegenden Exemplare specifisch nicht sicher bestimmbar, sondern mit den genannten nur nahe verwandt waren.

Ähnliche Bewandtniss dürfte es auch mit vielen der anderen Angaben haben. Es erweist sich also als unthunlich, Coquand in seiner Auffassung des erweiterten Aptien zu folgen.

Von aussergewöhnlichem Werthe für die Erkenntniss der stratigraphischen Verhältnisse der unteren Kreide sind namentlich die Arbeiten Lory's, dessen Hauptwerk: „Description géol. de la Dauphiné, Paris 1860"[1] eine grosse Anzahl der wichtigsten Daten enthält. Diese geben nämlich ein treffliches Bild der thatsächlichen Verhältnisse, wenn man sich auch mit gewissen theoretischen Anschauungen nicht befreunden mag, für welche man nirgends plausible Gründe vorgeführt findet.

Wir verdanken Lory namentlich eine gründliche Aufklärung über den Zusammenhang der Kreidesedimente des Jura mit denen der Alpen und namentlich die Aufhellung der Stellung des Valengien, von welchem er zeigte, dass es in der Dauphiné den Kalken von Fontanil entspreche, unter welchen noch eine mächtige Reihe von vorwiegend mergeligen Gesteinen entwickelt sei, die nach ihrer Fossilführung zweifellos cretacischer Natur sind, die Marnes néocom. inf. Lory. Bekanntlich wurde diese Auffassung später von Pictet[2] wie ich hier nur nebenbei bemerke, in trefflicher Weise vervollständigt und erweitert, welcher zeigte, dass die Marnes néocom. inf. Lory's, oder wie sie Pictet nannte, die Schichten mit *Bel. latus* noch nicht die ältesten Kreidebildungen seien. Als solche hätten vielmehr die bis 500ᵐ mächtigen Cementkalke von Berrias zu gelten, die später in den Alpen mehrfach nachgewiesen wurden.

Dagegen scheint Lory die Faciesverhältnisse im oberen Theile des Neocom, also des sogenannten Barrémien, Urgonien und Aptien nicht durchaus richtig erkannt zu haben. Er unterschied für die Ausbildungs-

---

[1] Ich halte es für überflüssig, hier die sämmtlichen zahlreichen Publicationen Lory's zu citiren, da es sich hier nur um eine kurze Skizze handelt.

[2] Mél. pal. Fauna à Ter. diphyoides de Berrias.

weise der unteren Kreide in der Dauphiné zwei Haupttypen und einen Mischtypus. Bevor ich auf dieselben eingehe, muss ich noch vorausschicken, dass Lory unter Néocomien supérieur (N_2) die Gesammtmenge der Urgonkalke im Sinne Orbigny's und die den oberen Lagen derselben eingeschalteten Orbitulinenbänke versteht, während er unter Aptien die dunklen Mergel mit *Am. Dufrenoyi, Martini, crassicostatus, Ostrea aquila, Plicatula placunca* etc. begreift.

Der „Type provençal" oder „Facies vaseux pélagique" kommt in dem von Lory untersuchten Gebiete im Drômebecken und südlich von diesem Flusse, ferner im Gebirge von Clalles (Dép. Isère), im Becken von Buech (Dép. Hautes-Alpes) zur Entwicklung und besteht von unten nach oben aus folgender Schichtreihe:

a) Marnes néoc. inf. mit *Bel. latus, Am. semisulcatus, Grasi* etc.

b) Mächtige, mergelige, compacte, dichte Kalke mit *Am. cryptoceras, subfimbriatus, incertus* etc., nach oben begrenzt durch die Bank mit *Bel. dilatatus.*

c) Helle Kalke mit Criocercen, Ancyloceren, Hamulinen, *Macrosc. Veani* etc , wie sie zu Barrême vorkommen (Calc. à criocères).

Darüber folgt das Aptien, zuweilen unter Einschaltung einer Orbitulinenbank, wie zu la Charce (l.c. p. 291), welche von Lory als der verkümmerte Repräsentant seines Néoc. sup. (N_2, Urgonien Orb.) betrachtet wird.

Der „Type jurassien" oder „Facies littoral" tritt im ganzen Jura, sowie in Basse-Savoie auf und enthält folgende Glieder von unten nach oben:

a) Calcaires néoc. inférieurs,

b) calcaires roux,

c) marnes et calcaires marneux à spatangues, *Echinospatagus cordiformis*, Spatangenkalke,

d) calc. jaunes (calc. jaun. de Neuchâtel).

Der Mischtypus endlich kommt in der Umgebung von Grenoble zur Entwicklung und stellt sich folgendermassen dar (l. c. p. 296):

1. Marn. néoc. inf. mit *Bel. latus.*

2. Calc. néoc. inf. oder Kalk von Fontanil.

3. Calc. roux mit *Ostrea macroptera.*

4. Chloritische Schichte mit *Bel. pistilliformis, dilatatus* und Ammoniten.

5. Calc. bleus à Crioceras, *Ammonites* etc.

6. Marn. et calc. à spatangues (Spatangenkalk).

Diese ganze Schichtfolge entspricht dem Néoc. inf. (N_1) und besteht aus Gliedern von alpinem (1, 4, 5) und aus solchen von jurassischem Habitus (2, 3, 6). Auf das Glied 6 der Umgebung von Grenoble, sowie auf das Glied *d)* des jurassischen Typus folgt sodann Lory's Oberneocom (N_2), aus Urgenkalken bestehend. Diese Unterctage N_2 fehlt in jenen Gegenden, wo der alpine Typus herrscht, vollständig oder ist nur rudimentär durch eine wenig mächtige Orbitulinenschichte angedeutet (la Charce). Lory erkennt darin eine Lücke in der Ablagerung, während er die Schichtfolge des jurassischen Typus als eine vollständige betrachtet. Da Lory die sechs Glieder des Mischtypus und die drei Hauptglieder des Type provençal einander als Unterneocom (N_1) vollkommen gleichstellt, so geht daraus hervor, dass er das Glied 5 des ersteren Typus, die Calc. bleues à Crioceras nicht blos als isopisch, sondern auch als isochron mit den Calc. à Criocères des letzteren Typus, also den Barrêmeschichten betrachtet. Da nun auf den Calc. bleues des „type mixte" noch Spatangenkalke aufruhen, so wären dieselben mit Lory als Einlagerung in den Spatangenkalk zu betrachten und die Fauna von Barrême wäre nicht dem unteren Urgon gleichwerthig, sondern wäre geologisch älter. In dieser Weise sind denn auch die Ausführungen Lory's von Coquand, Pictet und Hébert aufgefasst worden, während jedoch der Erstere hierin einen Irrthum erblickt, finden die Letzteren darin eine Stütze für ihre Anschauungen.

Die Fossilien, welche Lory aus der Schichte 5 citirt (p. 303), *Cr. Duvali, Am. cryptoceras, radiatus, infundibulum, Nautilus neocomiensis* sind durchwegs solche, die im eigentlichen Neocom (Mittelneocom der Schweizer Geol., Hauterive-Stufe) herrschen, sind aber keineswegs Barrêmeformen. Es ist daher kein Grund zur Annahme von Altersgleichheit vorhanden, Lory liess sich nur durch die Faciesähnlichkeit, sowie die Voraussetzung von Lücken täuschen, für deren Vorhandensein er selbst gar keine Anhaltspunkte nachweist.

Dagegen zeigt er, dass im Herrschgebiete des provençalischen Typus über den Crioceratschichten (Barrêmestufe) die Aptschichten in grosser Regelmässigkeit und bedeutender Mächtigkeit auflagern, dass hingegen im Gebiete des jurassischen Typus die Caprotinenkalke vorwalten und die Aptschichten eine nur geringe, andeutungsweise Vertretung finden. Dieses Verhältniss dürfte wohl dadurch, dass man die Requienienkalke und die Aptschichten einerseits, die Barrêmeschichten und das untere Urgon andererseits als sich gegenseitig ersetzende Facies betrachtet, besser seine Erklärung finden, als wenn man in der Entwicklung des provençalischen Typus zwischen Barrême- und Aptschichten eine Unterbrechung der Ablagerung während der Zeitdauer des Lory'schen N_4, Orbigny's Urgonien annimmt.

Ähnliche Ansichten wie Lory vertritt auch Hébert, dem die Wissenschaft zahlreiche werthvolle Beiträge zur Kenntniss der Stratigraphie der Kreideformation zu verdanken hat. In einer Arbeit,[1] welche vornehmlich den Urgo-Aptbildungen der Pyrenäen gilt, ist er darzuthun bemüht, dass die von Coquand behauptete Wechsellagerung von Apt- und Urgonschichten hauptsächlich auf Dislocationen zurückzuführen sei, gibt aber auch eine Classification des gesammten südfranzösischen Néocomien, im Vergleiche mit dem des Pariser Beckens. Er begreift unter Néocomien sämmtliche Schichten und Faunen zwischen der obersten Juraformation und dem Gault und theilt dasselbe in ein unteres, mittleres und oberes Néocomien, so dass das obere Néocomien Héb. dem Aptien Orbigny's und Lory's, das mittlere Neocomien Héb. dem oberen Neocomien (N_4) Lory's und dem Urgonien Orbigny's mit Ausschluss der Barrêmeschichten entspricht, während das untere Neocomien ungefähr dem Neocomien Orbigny's und dem unteren Neocomien (N_1) Lory's gleichkommt.

In einer zweiten Arbeit,[2] welche ausschliesslich die südfranzösische Unterkreide im Auge hat, vertritt Hébert im Grossen und Ganzen dieselbe Eintheilung, jedoch unter grösserer Berücksichtigung der Gebilde an der unteren Neocomgrenze; denn es war inzwischen Pictet's treffliche Arbeit über die Fauna von Berrias erschienen. Von grossem Werthe sind die zahlreichen Detailprofile über die wichtigsten Localitäten, wie Barrême, Castellane, Escragnolles, Eyrolles, Clars etc., woraus sich eine ganz bestimmte, stets wiederkehrende Aufeinanderfolge von Schichten und Faunen ergibt, wovon für uns von Interesse und Bedeutung die stets und sehr regelmässig erfolgende Überlagerung der Schichten mit *Bel. dilatatus* und *Cr. Duvali* durch die Schichten mit *Macrosc. Yeani, Am. recticostatus, Hamulinen, Ptychoceras* etc., kurz die Barrêmeschichten. Trotzdem behauptete Hébert in Übereinstimmung mit Pictet und Reynès[3] die völlige Untrennbarkeit dieser beiden Niveaux, indem er sich dabei auf Gemeinsamkeit einzelner Arten stützt. So erwähnt er auf p. 377 der Arbeit über die Pyrenäenkreide, dass zu la Charce grosse *Crioc. Duvali* in den oberen Kalken mit *Macrosc. Yeani* vorkommen.

Sodann gibt er auf p. 376 ein Verzeichniss von Fossilien, die aus den oberen Criocerenkalken von Barrême stammen sollen, von denen einige allerdings als bezeichnend für die Dilatatusmergel oder Spatangenkalke betrachtet werden (*Bel. dilatatus, bipartitus* etc., *Am. cryptoceras, clypeiformis, Astieri, Cr. Duvali* etc.), während man andere nur in den höheren Schichten anzutreffen gewohnt ist, wie *A. recticostatus, Cr. Emerici*. Derartige Angaben entziehen sich, wenn sie nicht von Abbildungen begleitet sind, jedweder Prüfung und können daher nur wenig Anspruch auf Berücksichtigung erheben. Überdies muss bemerkt werden, dass die Liste der Fossilien von Barrême, einem Fundorte, welcher in allen Arbeiten seines Fossilreichthums wegen gerühmt und gepriesen wird, keineswegs vollständig ist und gar nicht geeignet ist, ein richtiges Bild der daselbst in den Criocerenschichten begrabenen Fauna zu geben. Es soll keineswegs geleugnet werden, dass nicht beide Faunen durch gemeinsame Glieder in Verbindung stehen; im Gegentheil, es kann diese Verbindung unter

---

[1] Hébert, Le terr. crét. des Pyrénées. Bull. Soc. géol. Fr. 2. ser. XXIV, 1867, S. 323.

[2] Le Néocomien inf. dans le midi de la France (Drôme et Basses-Alpes). Bull. Soc. géol. de France 2. ser. XXVIII, S. 137, 1871.

[3] Études sur la Synchron. et la Délimit. des terr. crét. du Sud-Est de la France, Mém. Soc. d'émulat. de la Provence I, 1861, S. 1.

Umständen eine ziemlich weitgehende sein, wie dies z. B. auch zwischen den Acanthicusschichten und dem Untertithon der Fall ist, ohne dass man desshalb beide Niveaux in einander aufgehen zu lassen brauchte. Indessen hinderte dies auch Hébert nicht, die oberen Crioceren schichten von den unteren Schichten mit *Bel. dilatatus* und *Crioc. Duvali* stets gesondert zu halten, wie man dies aus allen seinen Profilen, sowie auch aus der grossen Classificationstafel auf p. 379 entnehmen kann. Auch verweist Hébert ebenfalls auf die bereits besprochene Angabe Lory's, dass zu Châtelard de Vese die Crioceren schichten von Spatangenkalken bedeckt werden (p. 377). Endlich beschreibt er einen Aufschluss zu la Charce (Drôme), wo es ihm gelungen ist, über den Crioceren schichten eine Lage augenscheinlich abgerollter dunkler Kalkknollen zu entdecken, die in spärlichem Tone eingehüllt waren [1] und schliesst daraus auf eine Unterbrechung der Sedimentbildung. Ich glaube, dass man einem solchen vereinzelten Vorkommen keineswegs eine so grosse Bedeutung zuschreiben darf, da es auch noch andere Erklärungsweisen zulässt. Jedenfalls bedarf es noch weiterer Bestätigung an dieser und anderen Localitäten, um diese Annahme genügend begründet zu finden.

Im Wesen der Sache und in Bezug auf die Aufeinanderfolge der Schichten und Faunen stimmen also die Untersuchungen Hébert's mit denen Coquand's und Lory's ziemlich gut überein, die Differenz liegt hauptsächlich in der theoretischen Auffassung; es frägt sich, ob man mit Lory und Hébert die Sedimentation an allen Stellen, wo die Urgonkalke nicht entwickelt sind, für unterbrochen ansehen will, oder ob man mit Orbigny und Coquand die unteren Urgonkalke und das Barrémien einerseits, die Caprotinenkalke und das Aptien andererseits als stellvertretende heteropische, aber der Hauptsache nach isochrone Facies betrachten will.

Wenn man nun bedenkt, dass die Ablagerung und die Aufeinanderfolge der Schichten in diesem so gut durchforschten Gebiete, welches gewiss ein einheitliches Meeresbecken gebildet hat, überall eine sehr regelmässige ist und dass nirgends sichere Anhaltspunkte für die erstere, wohl aber zahlreiche zwingende Gründe für die letztere Anschauung vorliegen, so wird man wohl der Orbigny-Coquand'schen Betrachtungsweise sich zuwenden müssen. Leider hat Coquand, der anfangs die von Orbigny gegebenen Elemente der Classification der unteren Kreide richtig erfasst und weiter ausgebildet hat, später durch die „Modifications à app. etc." seine früheren Arbeiten discreditirt und so selbst den Weg zur richtigen Erkenntniss erschwert.

Auch Pictet [1] verdanken wir sehr bemerkenswerthe Äusserungen über Coquand's Barrémien und die Stratigraphie des Néocomien überhaupt, denen wir uns nun zuwenden wollen. Dieser ausgezeichnete Forscher hebt zunächst hervor, dass Coquand's Barrémien nur einen neuen, übrigens sehr gut gewählten Namen für ein seit langer Zeit als *Néoc. alpin* Pictet, *Facies alpin* Reynès, *Type provençal* Lory, *Faune à Ancyloceras* Gras bekanntes Gebilde darstelle. Er hält jedoch die Parallelisirung desselben mit dem unteren Urgonien für unrichtig und stützt sich dabei auf die schon öfter erwähnte angebliche Einschaltung von Crioceraskalken zwischen Spatangenkalke, die von Lory in der Umgebung von Grenoble entdeckt wurde, ferner auf Gümbel's Untersuchungen, wonach *Neocomien alpin* (Rossfeldschichten) das Urgonien (Schrattenkalke) unterlagern.

Was den ersteren Punkt anbelangt, so wurde schon früher betont, dass eben die Crioceras schichte in der Umgebung von Grenoble keineswegs mit der Barrémeschichte ident, sondern nach den Fossilresten geologisch älter ist, und was die letztere Angabe betrifft, so hat sich ebenfalls das erwähnte *Neocomien alpin* (Rossfeldschichten) als älter, den Spatangenkalken isochron erwiesen. [3]

Pictet hat sich in diesem Falle durch die grosse Faciesähnlichkeit täuschen lassen. Bei der Methode der Forschung, die Pictet in so ausgezeichneter Weise vertrat und von der weiter unten gesprochen werden wird, hätte er zweifellos den Veränderungen, welche die alpine Fauna der sogenannten Mittelneocomstufe zur Fauna der Barrémestufe umgestalten, grosse Bedeutung zugeschrieben und sie jedenfalls höchst beachtenswerth gefunden.

---

[1] Néoc. inf. dans le midi, l. c. S. 151.

[2] Note sur l'étage Barrémien de M. Coquand etc. Archives des scienc. physiques et natur. Bd. XVI, 1863, Genf. S. 257. Note sur la succession des mollusques céphalopodes pendant l'époque crét. etc. ebendaselbst 1861. Vergl. auch Voirons, S. 63.

[3] Vergl. Vacek, Vorarlberger Kreide. Jahrb. d. k. k. geol. Reichsanstalt 1880, sowie meine Publication über Rossfeldschichten. Jahrb. d. geol. Reichsanstalt 1882, 32. Bd., S. 373.

Unglücklicher Weise war gerade jene Arbeit, die ihn mit dieser Frage in Berührung brachte, auf eine sehr ungünstige, wenig Aufklärung darbietende Gegend, die Voirons gegründet. Zunächst sind daselbst die Lagerungsverhältnisse unklar und unsicher, es fehlt ferner jeglicher Anhaltspunkt, den eine geologisch ältere Fauna im Liegenden bieten könnte, ferner ist die Fauna von Boëges de Hivernage, die das grössere Interesse darbietet, doch verhältnissmässig arm und bietet ein Gemisch von Formen dar, die man in der Regel als mittelneocome bezeichnen würde und von solchen, die eher für die Barrêmestufe charakteristisch sind; zu den ersteren gehören z. B. besonders *B. dilatatus, Am. Astieri, cryptoceras, angulicostatus*, zu den letzteren *Am. Mazylaeus, Ancyl. Tabarelli* und *Emerici*. Da nun in den echten Barrêmebildungen die Hopliten aus der Gruppe des *cryptoceras* und *angulicostatum*, ferner *Bel. dilatatus* vollständig fehlen, hingegen zahlreiche andere Typen vorhanden sind, von denen Boëges de Hivernages noch nichts geliefert hat, so möchte man meinen, dass die Fauna der Voirons dem Alter nach mehr dem wirklichen Mittelneocom genähert ist. Ein sicheres Urtheil wird übrigens erst nach neuerlichen Untersuchungen über diesen schwierigen Gegenstand möglich sein. Selbst wenn man auch die Fauna der Voirons als eine Mischfauna betrachtet, so folgt daraus noch immer nicht, dass auch überall anderwärts dieselbe untrennbare Vereinigung stattfindet, es ergibt sich im Gegentheil aus so vielen gründlichen Untersuchungen darüber, dass dies nicht der Fall ist und die Trennung zwischen Mittelneocom und Barrêmestufe meist leicht vorgenommen werden kann.

Indessen hat die Autorität Pictet's manchen Forscher, so besonders Reynès zur Annahme seiner Anschauungen veranlasst. Auch Schloenbach[1] dürfte wohl durch Pictet's Autorität beeinflusst gewesen sein, als er die Rossfeldschichten der österreichischen Nordalpen als Barrêmien aussprach.

Hingegen muss man es als vollständig richtig bezeichnen, wenn Pictet die Forderung aufstellt, dass beide Typen, der alpine, wie der jurassische für sich gesondert betrachtet werden müssen. Nach Pictet belebte zur Zeit des Mittelneocoms (im Sinne der Schweizer Forscher) einen grossen Theil der europäischen Kreidemeere eine nahezu gleiche Fauna. Nachher aber trat eine bedeutende Differenzirung ein, während in gewissen Gegenden sich fast ausschliesslich Cephalopoden weiter fortentwickelten, tritt in anderen eine littorale Fauna ein, und die Verschiedenheit beider ist eine so bedeutende, dass oft nicht eine gemeinsame Species namhaft gemacht werden kann. Allmälig gleichen sich jedoch die Verschiedenheiten wieder aus, indem in der Periode des Aptien allmälig wieder eine gewisse Übereinstimmung sich geltend macht, welche sich im Gault noch vermehrt. Ohne Dazwischentreten gewaltsamer Unterbrechungen war die Entwicklung eine allmälige und fortlaufende, da aber zeitweilig jegliche Beziehungen zwischen den einzelnen Faunen der verschiedenen Facies fehlen, so sei es auch unmöglich, strict Parallelen aufstellen zu wollen. In gewissen Gegenden konnte die Barrêmefauna länger herrschen, während sie anderwärts schon früher verdrängt wurde und so brauchen die einzelnen Faunen vom alpinen Charakter keineswegs gleichwerthig zu sein. Alle diese Ausführungen Pictet's sind zweifellos vollkommen richtig, nur möchte man doch bemerken, dass der Geologe der Parallelisirung auch ganz heteropischer Bildungen nicht vollständig entrathen kann, so schwierig auch diese Aufgabe sein mag. Nur muss man sich stets gegenwärtig halten, dass derartige Gleichstellungen nur ungefähren Werth besitzen und nur innerhalb gewisser Grenzen richtig sind. Glücklicherweise bestehen ja selbst zwischen sehr heteropischen Entwicklungstypen durch das zeitweilige gegenseitige Eingreifen der verschiedenen Facies gewisse Beziehungen, die die Parallelisirung bis zu einem gewissen Grade ermöglichen.

Ganz rückhaltlos muss man Pictet darin zustimmen, wenn er es als die wichtigste, oberste Aufgabe des Paläontologen und Stratigraphikers bezeichnet, die in einer und derselben Gegend auftretenden und in derselben Facies entwickelten Faunen in allen Einzelheiten zu studiren, die allmäligen Veränderungen, den zeitweiligen oder allmäligen Ersatz von Formen zu verfolgen und so die Entwicklung des organischen Lebens im Einzelnen nachzuforschen. Wie vielverheissend und erfolgreich diese Methode ist, hat Pictet selbst durch seine paläontologisch-geologischen Musterarbeiten dargethan. Leider hat sich seit Pictet Niemand gefunden, der die untere Kreide Südfrankreichs in der von diesem ausgezeichneten Forscher vorgeschriebenen Weise

---

[1] Verhandlungen der k. k. geol. Reichsanstalt 1867, p. 379.

bearbeitet und die von ihm gewiesene Bahn betreten hätte, obwohl nur wenig Gegenden und Formationen gerade in dieser Richtung so reiche und wichtige Erfolge versprechen dürften, wie Südfrankreich.

Werfen wir nun nochmals einen kurzen Rückblick auf die stratigraphischen Verhältnisse der unteren Kreide in ihrer sogenannten alpinen Ausbildungsweise, so sehen wir eine Reihe von Cephalopodenfaunen nach einander auftreten, die zwar sämmtlich mehr oder minder innig mit einander zusammenhängen, sich aber doch allmälig so sehr verändern, dass man genöthigt ist, die ganze Entwicklungsreihe durch zuweilen künstliche Schnitte in kleinere Einheiten zu zerlegen. Ihre Aufeinanderfolge ist die folgende, von unten nach oben:

Fauna von Berrias (Piet.).

  „   der Schichten mit *Belemnites latus* (Piet.). [1]

  „   „   „   *Bel. dilatatus,* Cr. *Durali* etc. (Stufe von Hauterive, Mittelneocom der Schweizer).

  „   von Barrême mit *Mucrose. Yeani,* Cr. *Emerici* etc.

  „   „   Gargas bei Apt, mit *Ancyl. Matheroni, Am. Martini, Nisus* etc.

  „   des Gault.

Die Aufgabe, die Beziehungen dieser Faunen zu den gleichzeitig lebenden Thiergesellschaften vom sogenannten jurassischen Typus aufzudecken, konnte wohl nur auf dem geologischen Wege gelöst werden und man kann sagen, dass wir namentlich durch die Arbeiten der letzten zwei Decennien in die Lage versetzt wurden, uns ein wenigstens augenblicklich ganz befriedigendes Bild davon zu entwerfen. Vacek hat in seiner Neocomstudie (Jahrbuch d. Reichsanst. 1880, XXX. Bd., p. 513) eine Tafel entworfen, auf welcher sowohl die Schichtfolge des sogenannten alpinen, wie des jurassischen Typus, als auch das gegenseitige Eingreifen der beiden Typen sehr anschaulich und deutlich zur Darstellung gebracht ist.

Viel schlimmer sind wir jedoch daran, wenn wir den Zusammenhang der einzelnen aufeinander folgenden isopischen Cephalopodenfaunen, ihre Veränderungen im Zeitraume der unteren Kreide kennen zu lernen uns bemühen. Zur Aufhellung dieser Verhältnisse kann die Geologie der gründlichsten und subtilsten paläontologischen Arbeiten nicht entrathen und solche sind in Bezug auf das uns hier interessirende Gebiet seit Pietet leider nicht mehr unternommen worden. In der Arbeit über die Fauna von Berrias und den damit in organischem Zusammenhange stehenden Publicationen über die Gruppe der *Ter. diphya* und den Kalk der Porte de France etc. hat Pietet in wahrhaft mustergiltiger Weise das Verhältniss der oberjurassischen zu den untercretacischen Cephalopodenfaunen auseinandergesetzt und namentlich die Beziehungen der Fauna der Berriasschichten zu der der *Bel. latus*-Schichten gründlich erörtert. In gleich meisterhafter Weise hat auch Zittel (Stramberg und Untertithon) eine ähnliche Aufgabe ihrer Lösung entgegengeführt.

Was jedoch die jüngeren Ablagerungen anbelangt, so sind wir fast ausschliesslich auf hie und da verstreute kurze Bemerkungen beschränkt, welche nicht die Frucht eingehender paläontologischer Studien sind und daher mit grosser Vorsicht aufgenommen werden müssen. Zwar verdanken wir Pietet und Loriol eine schöne Studie über das „Néocomien alpin" der Voirons, allein diese Studie beschränkte sich auf ein räumlich sehr beschränktes Gebiet und bietet daher nur wenig Anhaltspunkte. Überdies wird ihre Verwendbarkeit noch durch die Unklarheit vermindert, welche bis jetzt über die Lagerungsverhältnisse in den Voirons herrscht.

So sehen wir seinestheils Reynès[2] und Hébert (l. c.) darzulegen bemüht, wie innig und untrennbar echtes Neocomien (Hauterivestufe) mit dem Barrémien verbunden sei, und namentlich der erstere gibt zahlreiche Fossillisten zum Beweise dafür, anderntheils versucht Coquand (l. c.) sein Barrémien und Orbigny's Aptien als einander ungemein genähert hinzustellen, während Ewald[3] das Aptien nur als Unterstufe des

---

[1] Zwischen den Schichten mit *Bel. latus* und denen mit *Bel. dilatatus* liegt noch ein Zwischenniveau, das fast genau dem Schweizer Valenginien entspricht, aber noch sehr wenig bekannt ist; es ist meines Wissens in der alpinen Ausbildungpaläontologisch noch nicht ausführlicher charakterisirt worden und wurde daher hier unberücksichtig gelassen.

Études sur la Synchronisme et la Délimitation d. terr. crét. du Sud-Est de la France. Mém. Soc. d'émul. de la Provence, I, 1861, S. 1.

[3] Über die Grenze zwischen Neocomien und Gault. Zeitschr. der deutsch. geol. Gesellsch. 1850, Bd. II, S. 440.

Gault betrachtet wissen möchte. Danach lässt sich vermuthen, dass das Verhältniss der einzelnen Faunen zu einander ein ähnliches sein dürfte, wie das der Berriasfauna zur der der *Bel. latus*-Schichten.

Es dürften eben ziemlich zahlreiche Formen aus der einen Schichtgruppe in die nächst höhere hinübergehen, aber in gewissen Schichten ihre Hauptverbreitung und Entwicklung erreichen, während wieder andere durch mehrere Niveaux in gleicher Häufigkeit hindurchsetzen. Dies letztere dürfte namentlich für die in den alpinen Ablagerungen besonders heimischen Lytoceren und Phylloceren gelten, während unter die Typen der ersteren Kategorie namentlich die Belemniten und Haploceren zu rechnen sind. Daneben dürften unvermittelt auftretende Arten und solche Arten zu unterscheiden sein, welche wirklich eine vertical beschränkte Verbreitung haben und rasch durch verwandte, aber doch unterscheidbare Formen ersetzt werden. Es ist klar, dass man unter solchen Umständen nur dann ein richtiges Urtheil über eine Fauna und die Schichten, denen sie angehört, abgeben kann, wenn sie in ihrer Vollständigkeit, oder wenigstens möglichst vollständig vorliegt, hingegen wird man ein ganz unrichtiges Bild davon erhalten, wenn man, wie es Reynès und Hébert thun, aus einer notorisch überreichen Artenmenge nur einzelne herausgreift und nicht einmal das Häufigkeitsverhältniss derselben angibt. Die einander scheinbar widersprechenden Angaben Coquand's, Hébert's und Reynès' lassen sich mit einander ganz gut vereinbaren, alle berufen sich auf gemeinsame Species, deren Vorhandensein daher bis zu einem gewissen Grade als feststehende Thatsache gelten muss. Allein überraschen und zur Vereinigung zweier Faunen und Schichtgruppen zwingen kann diese Erkenntniss nur den Kataklysmatiker, der die Faunen für unverbundene, starre Einzelschöpfungen ohne gegenseitigen Zusammenhang betrachtet. Dieser Zusammenhang ist gerade bei den sogenannten alpinen Faunen, die einem nur sehr geringen Facieswechsel unterworfen sind, ein viel innigerer, als bei den sogenannten ausseralpinen oder nordeuropäischen, bei welchen in der Regel ein sehr rascher und tief greifender Facieswechsel herrscht.

Die bisher über diesen Gegenstand vorliegenden Arbeiten reichen nicht aus, um nur ungefähr die Formen aufzählen zu können, welche aus dem sogenannten Mittelneocom (im Sinne der Schweizer) in die Barrêmeschichten reichen, und welche in den letzteren zum ersten Male auftreten.

Formen, wie *Lyt. subfimbriatum*, *anisoptychum*, *Phyll. Thetys*, *Rouyanum*, *Haploc. difficile*, *cassida*, *liptariense* und einige andere dürften zu den vermittelnden, gemeinsamen gehören, während eine grosse Anzahl sehr charakteristischer Species in den Barrêmeschichten zum ersten Male, und zwar zum Theile völlig unvermittelt erscheint.

Dahin gehört *Lytoc. recticostatum*, *Macroscaph. Yeani*, die zahlreichen Hamulinen, *Ptychoceras* und *Heteroceras*, die grossen Crioceren und Ancyloceren, sodann die Ammoniten aus der Gruppe der Pulchelli (*Pulchellia* u. g.), die aus der Gruppe des *Cruasianum* (*Holcodiscus* u. g.), die Gattung *Silesites*, die Hauptmasse der Haploceren etc.

Kurz es stellt sich da eine wahre Fluth von neuen merkwürdigen Thierformen ein, wie selbst diejenigen Forscher hervorheben, welche die Barrêmeschichten mit dem Mittelneocom vereinigt haben wollen. Es scheint die Kluft zwischen den Faunen des Mittelneocoms und des Barrêmiens eine viel bedeutendere zu sein, als die zwischen den Faunen der ersteren Stufe und etwa der *Bel. latus*-Schichten. Um dies jedoch im Einzelnen auszuführen und nachzuweisen, dazu bedarf es, wie gesagt, noch sehr gründlicher stratigraphischer und vor Allem paläontologischer Untersuchungen. Wenden wir uns nun zur **Fauna der Wernsdorfer Schichten.** Sie besteht aus folgenden Arten:

*Belemnites Grasi Duv.			*Belemnites Carpaticus* n. sp.	
*	„	*Hoheneggeri* n. sp.	*Nautilus bifurcatus* Oost.	
*	„	aff. *extinctorius* Rasp.	*	„ *plicatus* Fitt.
*	„	*minaret* Rasp.	**Phylloceras infundibulum* Orb.	
	„	*pistilliformis* Bl. (?)	*	„ *Thetys* Orb.
	„	*gladiiformis* n. sp.		„ cf. *Guettardi* Orb.
	„	*Fallauxi* n. sp.		„ *Ernesti* n. sp.
	„	*Beskidensis* n. sp.	**Lytoceras Phestus* Math.	

Lytoceras aff. *Phestus* Math.
„ *raricinctum* n. sp.
„ *crebrisulcatum* n. sp.
„ aff. *subfimbriatum* Orb.
„ aff. *anisoptychum* n. sp.
Hamites (*Pictetia*) *longispinus* n. sp.
Lytoceras (Costidiscus) recticostatum Orb.
„ „ *oleostephanoides* n. sp.
„ „ *Rakusi* n. sp.
„ „ *nodosostriatum* n. sp.
„ „ n. sp. aff. *nodosostriatum.*
„ „ *Grebenianus* Tietze.
„ „ n. sp. ind.
Hamites (Macroscaphites) Yvani Puz.
„ „ 2 n. sp. ind.
„ „ *binodosus* n. sp.
„ „ *Fallauxi* Hoh.
„ „ n. sp. ind.
Hamites (Hamulina) Astieri Orb.
„ „ *Meyrati* Oost.
„ „ *silesiacus* n. sp.
„ „ *Haueri* Hoh.
„ „ n. sp. aff. *Haueri.*
„ „ n. sp. aff. *Astieri.*
„ „ *Lorioli* n. sp.
„ „ *Hoheneggeri* n. sp.
„ „ *Suttneri* n. sp.
„ „ *funisuginum* Hoh.
„ „ aff. *subcinctus* n. sp.
„ „ *Quenstedti* n. sp.
„ „ aff. *subcylindricus* Orb.
„ „ 4 n. sp. ind.
„ „ *acuarius* n. sp.
„ „ *ptychoceroides* Hoh.
„ „ *paxillosus* n. sp.
* „ (*Ptychoceras*) cf. *Puzosianum* Orb.
„ „ n. sp. aff. *Puzosianum* Orb.
„ (*Anisoceras*) aff. *obliquatum* Orb.
Lytoceras (?) sp. ind.
„ (?) *visulicum* n. sp.
„ n. sp. aff. *Agassizianum* Pict.
Amaltheus sp. ind.
Haploceras difficile Orb.
„ *psilotatum* n. sp.
„ *cassidoides* n. sp.
„ *lechicum* n. sp.
„ aff. *cassida* Orb.
„ aff. *Boutini* Math.
„ *Liptoviense* Zeusch.
* „ *Charrierianum* Orb.

Haploceras aff. *Charrierianum* Orb.
„ *Melchioris* Tietze.
„ *strettostoma* n. sp.
Silesites Trajani Tietze.
* „ *rulpes* Coq.
„ 2 sp. aff. *rulpes* Coq.
Aspidoceras *pachycyclus* n. sp.
Oleostephanus sp. ind.
Holcodiscus Caillaudianus Orb.
„ aff. *Caillaudianus* Orb.
* „ *Gastaldinus* Orb.
„ n. sp. ind.
Hoplites *Treffryanus* Karst.
„ *Bororae* n. sp.
„ *Beskidensis* n. sp.
Pulchellia galeata Buch.
„ aff. *galeata* Buch.
„ aff. *compressissima* Orb.
* „ cf. *Didayi* Orb.
„ *Karsteni* n. sp.
„ *Lindigi* Karst.
„ *Caicedi* Karst.
Acanthoceras *Albrechti Austriae* Hoh.
„ *pachystephanus* n. sp.
„ *marcomannicum* n. sp.
„ cf. *Milletianum* Orb.
„ *Amadei* Hoh.
„ *trachyomphalus* n. sp.
Crioceras Emerici Lév.
„ *hammatoptychum* n sp.
„ *Hoheneggeri* n. sp.
„ *Zitteli* n. sp.
* „ *Audouli* Ast.
„ *Fallauxi* n. sp.
„ *Silesiacum* n. sp.
„ *Karsteni* Hoh.
„ n. sp. ind.
* „ *Tabarelli* Ast.
„ aff. *Morloti* Oost.
* „ *dissimile* Orb. (*Hamulina dissimilis* Orb.)
* „ *trinodosum* Orb. (*Hamulina trinodosa* O.)
„ (*Leptoceras*) *pumilum* n. sp.
„ „ cf. *Brunneri* Oost.
„ „ *subtile* n. sp.
„ „ *Beyrichi* Karst.
„ „ *assimile* n. sp.
„ „ *parvulum* n. sp.
„ „ *fragile* n. sp.
„ „ n. sp. ind.
Heteroceras (?) n. sp. ind.

Um das Gesammtbild der Fauna zu ergänzen, wäre noch zu erwähnen, dass ausserdem eine *Arellana*- und eine *Inoceramus*-Species und zwei unbestimmbare Einzelcorallen, aus der Gruppe der Astraeen, sowie Fischreste, wohl der Gattung *Aspidorhynchus* angehörig, und endlich *Ichthyosaurus*-Reste aufgefunden wurden. Die letzteren harren noch der näheren Bearbeitung.

Ausserdem wurden, wie bekannt, zu Lipnik, Grodischt, Wernsdorf etc. auch Pflanzen entdeckt, und zwar zumeist Cycadeen, die bereits durch C. v. Ettingshausen[1] und Schenk[2] beschrieben worden sind. Als besonders auffallend möchte ich noch ein negatives Merkmal hervorheben, nämlich den fast vollständigen Mangel von Aptychen; nur auf einem Stücke ist ein kleiner, undeutlicher Aptychus zu bemerken gewesen. Da man die im Neocom sonst so häufigen Aptychen in der Regel den Haploceren zuschreibt und diese gerade in der Wernsdorfer Fauna ziemlich stark vertreten sind, so gewinnt es den Anschein, als ob das Fehlen der Aptychen mit irgend welchen Eigenthümlichkeiten des Erhaltungszustandes zusammenhängen würde. Es ist dies namentlich bei dem Umstande, dass sehr häufig ein Theil, zuweilen sogar die ganze Wohnkammer erhalten ist, um so merkwürdiger und räthselhafter. Häufiger, als man es sonst gewöhnt ist, kommen wohlerhaltene Mundränder vor, es zeigen dies mehrere Exemplare von *Hapl. Charrierianum*, *Sil. Trajani*, *Phyll. infundibulum*, *Macrose. Yeani* u. a.

In der voranstehenden Liste wurden alle Arten, welche von Orbigny in seinem Prodrôme II dem Urgonien angehörig betrachtet werden, sowie die in seiner Arbeit über *Hamulina* beschriebenen Formen, ferner die von Astier im „Catalogue des *Ancyloceras*", und endlich die von Mathéron in den Rech. pal. abgebildeten Formen mit einem Sternchen bezeichnet. Alle diese Arten gehören den *Ancyloceras*-Schichten von Barrême, Anglès etc. dem sogenannten Barrémien an. Um jedoch die Zusammensetzung der Fauna, die Verbreitung der einzelnen Formen u. s. w. näher kennen zu lernen, müssen wir uns der Betrachtung der einzelnen Gruppen zuwenden.

Die Belemniten geben wenig Anlass zu besonderen Bemerkungen. Die ersten drei, *Bel. Grasi, Hoheneggeri*, aff. *extinctorius* gehören der für die alpinen Bildungen so charakteristischen Gruppe der *Notocoeli* (*Duvalia Bayle*), die übrigen der Gruppe der Canaliculaten an (*Hybolites* [Montf.] *Bayle*). *Bel. Grasi* und *minaret* gehören zu den bezeichnenden Formen des südfranzösischen Barrémiens und sind daselbst allenthalben sehr verbreitet. Es ist wahrscheinlich, dass auch die übrigen, von mir beschriebenen Belemniten in Südfrankreich sich vorfinden werden. *Bel. pistilliformis* wird in der Regel aus dem Néocomien inf. und dem Mittelneocom

---

[1] Abhandl. der geol. Reichsanstalt, Bd. I.

[2] Palaeontographica, Bd. XIX. Der Vollständigkeit wegen, sei es gestattet, hier die wichtigsten Ergebnisse der Schenk'schen Untersuchungen über die Flora der Wernsdorfer Schichten mitzutheilen. Es besitzen dieselben desshalb ein besonderes Interesse, weil sie zu dem Resultate führten, dass die Flora der Wernsdorfer Schichten am nächsten mit der von Kome in Nordgrönland verwandt ist. Schenk spricht sich ·p. 27 u. 28) darüber folgendermassen aus:

„Die Flora der Wernsdorfer Schichten ist vor allem charakterisirt durch das bedeutende Überwiegen der Gymnospermen, unter welchen die Cycadeen die erste Stelle einnehmen, während die Coniferen mehr zurücktreten. Sie ist ferner ausgezeichnet durch den unter den Farnen und noch mehr unter den Cycadeen auftretenden liasischen und jurassischen Typus, Formen, welche in den ältesten Liasbildungen zuerst auftreten und dann ihre weitere Entwicklung erfahren. Unter den Coniferen ist er höchstens durch *Widdingtonites* angedeutet, *Frendopsis* bezeichnet vielleicht das erste Auftreten der Gnetaceen. Dazu tritt noch das Fehlen der sämmtlichen angiospermen Dicotyledonen. Die Flora der Wernsdorfer Schichten ist durch ihren (Gesammtcharakter den Floren der älteren Formationen, den Floren der Lias-, Jura- und Wealdenperiode verwandt und steht den Floren des Jura- und Wealden näher, als den Floren der Kreideperiode. Unter den letzteren ist es die Flora der Kreide von Kome in Nordgrönland, deren wealdenartigen Charakter Heer mit Recht hervorhebt, welche mit der Flora der Wernsdorfer Schichten in einer näheren Beziehung steht, da ihr ebenfalls die angiospermen Dicotyledonen fehlen und sie ebenfalls der Wealdenflora verwandte Formen enthält. Sie dürfte desshalb als eine ältere gegenüber den jüngeren Floren der Kreide betrachtet werden. Dagegen tritt in der Familie der Coniferen eine viel nähere Beziehung der Flora der Wernsdorfer Schichten zu jenen der jüngeren, weniger der älteren Kreidefloren hervor. Ferner (p. 29):

„Die erhaltenen Pflanzenreste beweisen, dass vor allem Cycadeen, Coniferen, Farne und eine bannartige Monocotyledone die Vegetation dieses (benachbarten) Festlandes bildeten;... diese Zusammensetzung der Vegetation weist aber auf ein tropisches Klima, welches gegen die früheren Perioden eine Änderung nicht erfahren hatte. Eine solche kann erst in den späteren Perioden der Kreidebildung eingetreten sein, als die durchgreifende Änderung der Vegetation das Auftreten der angiospermen Dicotyledonen stattfand.

citirt, es ist dies eine sehr indifferente Form, auf deren Vorkommen auch desshalb kein sehr grosses Gewicht zu legen ist, da die Exemplare die specifische Bestimmung nicht mit voller Sicherheit ermöglichten.

Keiner der citirten Belemniten ist in den Wernsdorfer Schichten einigermassen häufig, namentlich gegen die Ammonitiden treten sie sehr an Arten, wie Individuenanzahl zurück.

Die Gattung *Nautilus* ist durch zwei Arten vertreten, die beide zu den schon früher beschriebenen gehören. *Nautilus plicatus* wurde ursprünglich im Lower Greensand Englands gefunden. Orbigny beschrieb ihn als *Naut. Requieni* und stellte ihn im Prodrôme in sein Aptien. Aus dem Texte in der Paléontologie française jedoch geht hervor, dass diese Art auch im Urgonien und Barrémien vorkommt. Lory (Géologie du Dauphiné, p. 315) und Coquand (Modifications etc., l. c. p. 579) citiren ihn aus dem Urgonien. So. Gras (Déscr. géol. Vanchase) führt ihn aus den Ancylocerasmergeln von Escragnolles an, Ooster erwähnt ihn von Lerau (Thuner See) Céph. Suiss., p. 12 und nach Moesch tritt er sogar schon in den Altmannschichten des Sentis- und Churfirstengebirges, welche die Mittelneocomkalke mit *Echinop. cordiformis* unterlagern, ziemlich häufig auf. (Beitr. z. geol. Karte d. Schweiz, Bd. XIV, 1881, p. 39, 87.) Es scheint dies demnach eine Form zu sein, die an kein bestimmtes Niveau des oberen Theiles der Unterkreide gebunden ist.

Nautilus bifurcatus Oost. wird von Ooster von mehreren Localitäten namhaft gemacht, die theils dem Néocomien, theils dem Aptien angehören sollen. Beide Nautilen sind verhältnissmässig selten, der erstere ist jedoch der häufigere.

Die Gattung *Phylloceras* ist nur durch vier Arten vertreten, von denen jedoch eine, *Phyll. infundibulum* zu den häufigsten Vorkommnissen der Wernsdorfer Schichten gehört. Da diese Art nicht ganz genau fixirt ist, so lässt sich ihre wahre horizontale und verticale Verbreitung schwer genauer angeben, jedoch so viel ist gewiss, dass sie zu den am weitesten verbreiteten Arten gehört und ebenfalls durch mehrere Stufen der Unterkreide unverändert anhält. (Vergl. den Text bei dieser Art.) Das Nämliche dürfte von *Phyll. Thetys* und *Guettardi* zu gelten haben.

Viel artenreicher erweist sich die Gattung *Lytoceras* (13—15?), die in den Wernsdorfer Schichten in zwei grossen Gruppen vertreten ist. Während die eine, die der Fimbriaten (*Lytoceras* im engeren Sinne) mit jurassischen Vorgängern in innigstem Verbande steht, tritt die Gruppe der Recticostaten (*Costidiscus*) im Barrémien völlig unvermittelt auf. Speciell in den Wernsdorfer Schichten entwickelt sich diese Gruppe in grosser Formenmannigfaltigkeit, *Costidiscus recticostatus* ist am häufigsten und zeichnet sich namentlich zu Mallenowitz und Grodischt durch häufige Vertretung in grossen und schönen Exemplaren aus. Allgemein verbreitet in Südfrankreich fand sich diese Species auch in der Schweiz und den Nordalpen vor und wird auch aus dem Biancone citirt. *Costidiscus Grebenianus* wurde von Tietze aus Swinitza beschrieben und tritt auch im französischen Barrémien auf.

Unter den *Lytoceras* s. str. ist *Lyt. aff. subfimbriatum* Orb. am häufigsten. Die mir vorliegenden Exemplare dieser Art, sowie des *Lyt. anisoptychum* waren zu schlecht erhalten, um entscheiden zu können, ob sie genau mit den südfranzösischen Vorkommnissen des dortigen Barrémiens identisch sind. Es liesse sich diese Frage überhaupt sehr schwer lösen, da diese Formen noch sehr ungenau und mangelhaft bekannt sind und namentlich das Verhältniss der mittelneocomen Fimbriaten zu denen des Barrémiens keineswegs geklärt ist.

Lyt. Phestus wurde von Mathéron in seinen Recherches paléontologiques aus dem Barrémien abgebildet, in den Wernsdorfer Schichten gehört diese Art zu den häufigen, namentlich zu Grodischt.

Auf *Lyt. crebrisulcatum* n. sp. dürften wahrscheinlich manche Citate von *Lyt. quadrisulcatum* zu beziehen sein. Die von Tietze unter dem letzteren Namen von Swinitza beschriebene Form gehört hieher. Es zeigen demnach die Lytoceren der Wernsdorfer Schichten mit denen des Barrémien sehr viel Übereinstimmung.

Noch reichere Entfaltung bietet die Gattung *Hamites* (im weiteren Sinne) dar, welche durch 32, auf 5 Untergruppen vertheilte Arten vertreten ist. Leider waren nur zu viele davon in Folge des schlechten Erhaltungszustandes nicht genau zu bestimmen. Alle die fünf Gruppen sind im französischen Barrémien durch identische oder mindestens analoge Arten nachweisbar.

Eine der bezeichnendsten ist *Macroscaphites Yvani*, eine Species, die wohl zu den häufigst citirten des südfranzösischen Barrémiens gehört. Sie fand sich in demselben Niveau in den österreichischen Nordalpen, ferner nach Tietze im Banat, nach Stur im Wassergebiete der Waag und Neutra, Brunner citirt sie vom Stockhorn, Ooster von Gautrischkumli. (Céph. Suiss., p. 3.) *Macrose. Yvani* kommt namentlich zu Mallenowitz mit *Costidiscus recticostatus* und *Haploceras Liptaviense* und *Acanthoc. Albrechti Austriae* vergesellschaftet häufig vor, in anderen Localitäten ist er seltener. Die übrigen Macroscaphiten hingegen fanden sich meist nur in einem Exemplare vor; ihre Gattungszugehörigkeit konnte überdies nicht ganz bestimmt ausgesprochen werden.

Einen hervorragenden Rang nach Artenzahl nehmen die Hamulinen ein. *Hamulina Astieri* Orb. ist eine typische und häufige Form des französischen Barrémiens; auch in den Wernsdorfer Schichten ist sie ziemlich häufig, doch liegen mir nicht so zahlreiche Exemplare vor, wie von *Macrose. Yvani*, leider ist auch ihr Erhaltungszustand ein ziemlich schlechter. Ausser dieser Art ist auch *Ham. Loriol* n. sp., wovon mir mehrere Exemplare des Genfer Museums zur Verfügung stehen, dem südfranzösischen Barrémien und den Wernsdorfer Schichten gemeinsam, andere Arten aus beiden Gebieten stehen einander wohl sehr nahe, ohne aber ganz übereinzustimmen, so *H.* aff. *subcincta*, aff. *subcylindrica*, ferner steht *H. Quenstedti* mit *Ham. hamus* in innigen Beziehungen, *Ptych.* cf. *Puzosianum* Orb. steht ebenfalls der Orbigny'schen Art sehr nahe und ist vielleicht mit ihr direct identisch. *Anisoceras* aff. *obliquatum* Orb. ist zwar nicht ganz mit der von Orbigny und Pictet aus dem Barrémien beschriebenen Species identisch, ich wollte sie aber hier nicht übergehen, weil das Vorhandensein dieser Art die faunistische Übereinstimmung mit dem Barrémien immerhin vervollständigt.

Die Gattung *Haploceras* zeigt nach Arten (11) und Individuenzahl eine fast eben so reiche Entwicklung, wie *Lytoceras*, die Zahl der Arten hätte übrigens, sowie bei *Lytoceras* bei besserem Erhaltungszustand leicht um 4 bis 5 vermehrt werden können.

Am häufigsten ist namentlich zu Mallenowitz *Hapl. Liptaviense* Zeusch., dann folgt *H. Charrierianum*, *difficile* etc., die übrigen Arten wurden in fast gleicher Häufigkeit gefunden.

H. difficile und *Charrierianum* werden schon von Orbigny für das Barrémien in Anspruch genommen. *H. difficile* fand sich ferner zu Grange de Hivernages (Voirons) nach Pictet und Loriol, im Urschlauer Achenthal in den bayrischen Alpen (echtes Mittelneocom) nach Winkler, in der Weitenau (österreichische Nordalpen), nach Brunner und Ooster in den Berner und Freiburger Alpen, nach Coquand in Algerien, nach Stur im Waag-Neutra Gebiet.

Auch *H. Charrierianum* ist bereits aus mehreren Gebieten bekannt. So führt ihn Tietze aus dem Banate an, und wahrscheinlich findet er sich auch in Spanien vor (cf. Vilanova's *Am. Parandieri*). *Haploc. Liptaviense* wurde zuerst von Zeuschner aus Oberungarn aus einem nicht näher festgestellten Niveau beschrieben, und später von Schloenbach als *Am. Austeni* bekannt gemacht. Es gehört aber auch zu den häufigsten Vorkommnissen Südfrankreichs (vergl. d. Text bei dieser Art), wo es sich wahrscheinlich sowohl im Mittelneocom, wie im Barrémien vorfindet. *Haploc. Melchioris* wurde von Tietze in Swinitza in angebliche Aptschichten gestellt, indessen hoffe ich weiter unten zu zeigen, dass die Fauna von Swinitza mehr Beziehungen zu der des Barrémiens als des Aptiens besitzt. Nach mir vorliegenden Exemplaren, welche das Museum der k. k. geol. Reichsanstalt aus Südfrankreich besitzt, kommt diese Art auch dort vor (Barrème). Sehr nahestehende Formen hat Coquand als *A. Vattoni* und *Mustapha* aus Constantine beschrieben. *H. strettostoma* endlich findet sich zu Swinitza.

Die kleine Gattung *Silesites* (vier Arten, zwei sicher bestimmbar) scheint für das Barrémien sehr charakteristisch zu sein. *S. Trajani* ist eine Form, die von Tietze aus Swinitza beschrieben wurde; sie kommt in den Wernsdorfer Schichten ziemlich häufig vor und ist wahrscheinlich identisch mit *A. Seranonis* Orb., wenigstens liegt sie unter dem letzteren Namen im Genfer Museum (Coll. Pict.) Die sehr abweichende Beschreibung und Abbildung machten jedoch eine Identification vorläufig unmöglich, wenn es auch wahrscheinlich ist, dass die Darstellung Orbigny's nicht ganz der Wirklichkeit entspricht. Orbigny führt diese Art übrigens sowohl in seinem Néocomien, wie im „Urgonien" an (nach Prodr.. p. 100 und 65). Brunner citirt diese Art vom

Stockhorn, Tietze aus Swinitza. Ausserdem konnte ich den *Am. Trajani* zu Weitenau (österreichische Nordalpen) nachweisen. *S. vulpes* Coq. stellt sich in den Wernsdorfer Schichten in grosser Formenmannigfaltigkeit und Häufigkeit ein, und wurde von Mathéron aus dem Barrémien von Südfrankreich abgebildet.

Die Gattungen *Amaltheus* und *Olcostephanus* sind nur durch je eine, nicht sicher bestimmbare Art kümmerlich vertreten.

Die Gattung *Aspidoceras* weist ebenfalls nur eine Art auf, welche dem *Asp. Guerini* Orb. aus dem französischen Barrem am nächsten verwandt ist.

Von der Gattung *Holcodiscus* wurden vier Arten unterschieden, wovon aber zwei nicht specifisch benannt werden konnten. *H. Caillaudianus* und *Gastaldinus* sind zwei, bisher noch nicht näher beschriebene Prodrôme-Species. Nach den zahlreichen Exemplaren, die man in vielen Sammlungen sehen kann, zu schliessen, dürften diese Arten in Verbindung mit den ihnen sehr nahe stehenden *H. Perezianus* und *camelinus* im Barrémien häufig vorkommen und reichlich entwickelt sein. Sie bilden ein leicht kenntliches, charakteristisches, wenn auch noch wenig beachtetes Glied der Barrême-Fauna. Moesch citirt den *A. Caillaudianus* und *Perezianus* freilich auch aus den unter den Kalken mit *Echinosp. cordiformis* liegenden Altmannschichten des Sentis und der Churfirstengruppe (Beiträge zur geol. Karte d. Schweiz XIV, 1881 u. geol. Beschr. d. Cantone Appenzell, St. Gallen etc. Bern mit Benützung eines Nachlasses von Escher v. d. L., von Gutzwiller, Kaufmann und Moesch, p. 38, 87). *A. Perezianus* Orb. soll nach Eichwald auch im Neocom der Krim vorkommen. In den Wernsdorfer Schichten gehört keine der beschriebenen Arten zu den häufigsten; am zahlreichsten vertreten erwies sich *H. Caillaudianus*.

Sehr bemerkenswerth ist die Gruppe des *Am. Treffryanus* Karst., die uns in drei Arten, von welchen *Hopl. Boroïeae* n. sp. am häufigsten ist, entgegentritt. *Hopl. Treffryanus* wurde von Karsten aus den schwarzen kieseligen Kalken der unteren Kreide von Bogota beschrieben und später von Coquand aus Morella (Spanien) (Monogr. Aptien, p. 243) namhaft gemacht, *Hopl. Boroïeae* n. sp. steht dem *Am. Coluzzianus* Karst. sehr nahe. Diese Gruppe ist die einzige, durch welche in den Wernsdorfer Schichten die Gattung *Hoplites* vertreten ist.

Ebenso bezeichnend ist die Gattung *Pulchellia* (*Latieostati* Piet., *Pulchelli pars* Orb.), welche sich mit sieben Arten einstellt. Die einzelnen Arten sind schwer zu unterscheiden, es lässt sich daher, da nur selten genauere Beschreibungen oder Abbildungen vorliegen, schwer angeben, welches das ungefähre Verbreitungsgebiet für jede Form ist. In Südfrankreich entfaltet sich diese Gruppe im Barrémien zu reicher Formengestaltung, noch mehr aber vielleicht in Südamerika, woher überhaupt diese Arten zuerst beschrieben wurden. Buch, Orbigny, Forbes und Karsten haben zahlreiche Exemplare beschrieben und es kann kein Zweifel über die wirkliche Identität wenigstens einzelner Arten mit europäischen bestehen. Einzelne Formen wurden aus dem Biancone Oberitaliens (Catullo) namhaft gemacht. Zittel fand *Am. Didayi* in den Central-Appenninen, Vilanova und Coquand dieselbe Form in Spanien (Monogr. Apt., p. 239). Den *Am. compressissimus* citirt Coquand aus Algerien.

Einzelne Pulchellien treten wohl schon im Mittelneocom auf, so nach Moesch *A. Didayi* in den Altmannschichten des Sentis, l. c. p. 38, 67, die Hauptmasse derselben aber scheint das Barrémien auszuzeichnen. In den Wernsdorfer Schichten gehört keine der Arten zu den häufigen.

Die *Acanthoceras* (6) gehören fast durchwegs neuen Arten an, nur eine steht mit einer bereits bekannten, im Aptien und sogar Gault vorkommenden in sehr innigen Beziehungen, *Ae.* cf. *Milletianum*. Am häufigsten ist *Ae. Albrechti Austriae* Hoh., eine Art, die sich an *Ae. Martini* anschliesst; sehr selten dagegen ist *Ae. Amulei* Hoh. und *Ae. trachyomphalus* n. sp., welche Arten eine bisher noch ganz unbekannte Formengruppe repräsentiren.

Nach der Artenanzahl rivalisirt *Crioceras* mit *Hamites*; es konnten 21 Arten nachgewiesen werden, wovon nur acht mit bereits bekannten zu identificiren oder wenigstens an sie anzuschliessen waren. Die am häufigsten genannte Art ist darunter *Cr. Emerici*, doch lässt sich die horizontale und verticale Verbreitung dieser Art keineswegs genau angeben, da sie vielfach mit *Cr. Duvali* und anderen Arten verwechselt wurde. In der

t *

von mir vorgeschlagenen Fassung (vergl. weiter unten) dürfte sie wohl auf das Barrémien beschränkt sein. *Cr. Andouli* Ast., *Cr. dissimile* und *trinodosum* (bei Orbigny *Hamulina*) und *Cr. Tabarelli* Ast. charakterisiren das südfranzösische Barrémien; *Cr. Tabarelli* wurde ausserdem von Pictet und Loriol in den Voirons, von Ooster in den Berner und Freiburger Alpen (Gantrisch-Kumli und Veveyse) nachgewiesen. *Cr. Beyrichi* Karst. wurde von Karsten aus Columbien beschrieben.

Es gehört demnach der weitaus grösste Theil der bereits bekannten Arten und einige neue dem südfranzösischen Barrémien an, und zwar:

Belemnites Grasi Duv.
    „   (aff.) *extinctorius* Rasp.(?)
    „   *minaret* Rasp.
Nautilus plicatus Fitt.
Phylloceras infundibulum Orb.
    „   *Thetys* Orb.
Lytoceras Phestus Math.
    „   *recticostatum* Orb.
    „   *Grebenianum* Tietze.
Macroscaphites Yvani Puz.
Hamulina Astieri Orb.
    „   *Liorioli* n. sp.
Ptychoceras cf. *Puzosianum* Orb.
Anisoceras aff. *obliquatum* Orb.(?)
Haploceras difficile Orb.
    „   *cassidoides* n. sp.

Haploceras Charrierianum Orb.
    „   *Liptoviense* Zeusch.
    „   aff. *Boutini* Math.
    „   *Melchioris* Tietze.
Silesites vulpes Coq.
    „   *Trajani* Tietze.
Holcodiscus Caillaudianus Orb.
    „   *Gastaldinus* Orb.
Pulchellia galeata Buch.
    „   *Didayi* Orb.
Acanthoceras cf. *Milletianum* Orb.(?)
Crioceras Emerici Lév.
    „   *Andouli* Ast.
    „   *Tabarelli* Ast.
    „   *dissimile* Orb.
    „   *trinodosum* Orb.

Einige Arten haben ferner die Wernsdorfer Schichten mit den „Aptien" von Swinitza gemeinsam, einige mit der unteren Kreide von Columbien und einzelne Formen erinnern an solche, die von Ooster aus den Freiburger und Berner Alpen beschrieben wurden, worauf ich später noch ausführlicher zurückkommen werde.

Ohne Zweifel ist die Übereinstimmung mit den südfranzösischen Barrémebildungen eine ausserordentlich grosse, selbst wenn man nur die Zahl der nach den bisherigen Forschungen gemeinsamen Species ins Auge fasst. Diese Übereinstimmung erscheint aber noch viel grösser und bedeutungsvoller, wenn man sich vergegenwärtigt, dass fast die sämmtlichen Cephalopodengruppen des südfranzösischen Barrémiens in derselben Stärke und demselben gegenseitigen Verhältnisse in den Wernsdorfer Schichten vertreten sind.

Das Barrémien und die Wernsdorfer Schichten zeigen in gleicher Weise eine schwache Entwicklung der Belemnitiden und Nautilen, namentlich in Bezug auf Individuenzahl; in beiden Ablagerungen zeichnen sich die Gattungen *Lytoceras* und *Haploceras* durch gleichmässige und reichliche Entwicklung aus. Die übrigen Ammoniten mit geschlossener Spirale bilden kleine Gruppen, welche nach Artenzahl einzeln gegen die Haploceren und Lytoceren sehr zurücktreten und ebenfalls in den genannten Ablagerungen meist in sehr übereinstimmender Weise entwickelt sind, so die Silesiten, *Holcodiscus* und *Pulchellien*. Die Gattung *Aspidoceras* ist in den Wernsdorfer Schichten nur durch eine, überdies neue Art repräsentirt, doch erinnert diese Art ungemein an eine solche aus dem Barrémien, *Asp. Guerinianum* Orb.

Beiden Faunen ist ferner gemeinsam die überaus kärgliche Vertretung der Gattungen *Amalthens* und *Olcostephanus*. Nur bezüglich der Gattungen *Acanthoceras* und *Hoplites* lässt sich jetzt noch nichts Bestimmtes angeben. Namentlich die erstere Gattung spielt in der Wernsdorf-Fauna keine geringe Rolle; entsprechende Vertreter derselben sind aber bisher aus dem Barrémien in der Literatur nicht angeführt worden. Bei der ganz unzureichenden paläontologischen Basis wäre es allerdings leicht möglich, dass die betreffenden Formen den französischen Forschern wohl bekannt sind, aber in den Fossillisten übergangen werden, weil dafür Benennungen fehlen. Die Gattung *Hoplites* ist in den Wernsdorfer Schichten nur durch die zuerst von Karsten in Columbien entdeckte Gruppe des *H. Treffryanus* repräsentirt. Aus Südfrankreich wurde dieser Ammonit zwar meines Wissens noch nicht citirt, doch erwähnt ihn Coquand aus Spanien, es wäre daher wohl möglich, dass er und seine Verwandten auch Südfrankreich nicht fremd sind. Vielleicht gehört *H. Ferandianus* Orb. von Barrême etc. in dieselbe Gruppe.

Ausserordentliche Übereinstimmung zeigen dann wieder die Hamiten und Crioceren in allen ihren Untergruppen, vielleicht mit einziger Ausnahme der Untergattung *Leptoceras*, die übrigens in Südfrankreich vielleicht auch gut vertreten sein dürfte, aber wahrscheinlich bisher fast ganz übersehen worden ist.

Diese Analogie wird sich wohl noch bedeutend vermehren, wenn einmal die Fauna des südfranzösischen Barrémiens gründlicher bekannt sein wird, als dies bis jetzt der Fall ist. Schon die wenigen, diesen Gegenstand betreffenden Tafeln, die Mathéron bisher veröffentlicht hat, haben mehrere Formen erwiesen, welche auch in den Wernsdorfer Schichten vorkommen *(Am. Phestus, rulpes, Boutini)*, und es lässt sich daher erwarten, dass auch die Fortsetzung dieses Werkes ähnliche Thatsachen zu Tage fördern wird.

Ich glaube daher mit Recht behaupten zu können, dass die Wernsdorfer Schichten nach ihrer Fauna vollständig dem südfranzösischen Barrémien von Barrême, Angles etc. entsprechen.

Zu einem ganz ähnlichen Schlusse war schon Hohenegger gelangt, dessen Fossilverzeichniss der grossen Mehrzahl nach Formen enthält, die dem Urgonien Orbigny's angehören. Daneben führt jedoch Hohenegger (am vollständigsten in seinem Hauptwerke: „Geognostische Verh. der Nordkarpathen" Gotha 1861, S. 28, 29) eine Reihe von Aptienarten an, welche ihn zu der Annahme führen, dass die Wernsdorfer Schichten dem Urgonien und zum Theile dem Aptien Orbigny's entsprechen. Die Zahl der Aptarten, die Hohenegger aufführt, tritt zwar gegen die Urgonarten sehr zurück, allein wenn diese Arten wirklich vorhanden wären, dann würden sie gewiss Beachtung verdienen und zu dem von Hohenegger gezogenen Schlusse zwingen. Nach gewissenhafter und eingehender Prüfung dieser Arten der Hoh. S. kann ich jedoch versichern, dass dieselben mit Ausnahme von *Nautilus plicatus* zum Theil auf falsche Bestimmungen, zum Theil auf Identificirung von Exemplaren zurückzuführen sind, die in Wirklichkeit nicht mit Sicherheit zu bestimmen waren. So stellt Hohenegger's *Ancyloceras Matheronianum* eine Art dar, die sich von der gleichnamigen Orbigny's durch mehrere Merkmale, die in der Artenbeschreibung bei *Cr. Hoheneggeri* ausführlich angegeben sind, bestimmt unterscheiden lässt. *Ammonites Emerici* Hoh. ist *Am. Charrierianum* Orb., *Am. Matheroni* Hoh. entspricht dem *Am. Liptoviensis* Zeusch., *Am. Deshayesi* Hoh. dem *Am. Borowae* n. sp. *Am. bicurvatus* Hoh. führe ich als *Amaltheus* sp. ind. an, *Am. striatisulcatus* Hoh. ist ein nicht näher bestimmbares *Lytoceras* und ähnlich verhält es sich mit *Am. Belus, Duvalianus, Dufresnoysi* und *Ancyl. gigas* Hohenegger.

Wenn demnach auch einzelne Arten der Wernsdorfer Fauna mit Aptienarten, namentlich mit solchen aus dem unteren Aptien,[1] der *Ancyloceras*-Schichte von La Bedoule, unverkennbare Ähnlichkeit besitzen, ja einige direct dem Aptien und Barrémien gemeinsam sind, wie *Nautilus plicatus, Belem. Grasi, Am. Guettardi,* so fehlen doch gerade die charakteristischen Aptformen (mit Ausnahme von *Milletianus?*) vollständig und man ist daher vom paläontologischen Gesichtspunkte aus nicht berechtigt, eine theilweise Vertretung des Aptiens anzunehmen. Roemer hat demnach in seiner „Geologie von Oberschlesien", S. 282 mit Recht vermuthet, dass die Wernsdorfer Schichten nicht dem Urgonien und Aptien, sondern nur dem ersteren entsprechen.

Als etwas umfassender dürften die Beziehungen der Wernsdorfer Fauna zu der Neocomfauna (im Allgemeinen) anzusehen sein. Die gemeinsamen Species sind da namentlich Lytoceren und Haploceren, doch lassen sich nach keiner Richtung hin bestimmte Angaben machen, da uns noch nicht hinlänglich genaue diesbezügliche Untersuchungen vorliegen. *Bel. pistilliformis, Phyll. infundibulum, Thetys, Lytoc. subfimbriatum*(?) *anisoptychum* (?), *Hapl. difficile, liptoviense* (?), *Pulchellia compressissima* (?), *Cr. Tabarelli* (??), *Cr. Emerici* (??) dürften die Vermittlung mit dem schweizerisch-französischen Mittelneocom übernehmen. Wie man sieht, sind die Beziehungen auch nach dieser Richtung unbedeutend, nur soviel scheint mir daraus mit einiger Bestimmtheit hervorzugehen, dass namentlich die Phylloceren, Lytoceren und Haploceren geneigt sind, Übergänge aus den

---

[1] Dies hat schon Hohenegger l. c. S. 29 betont.

geologisch älteren Niveaux in jüngere zu vermitteln und so besonders geeignet sind, eine gewisse Continuität zwischen den auf einander folgenden Faunen alpinen Charakters herbeizuführen.

Vergleicht man jedoch die Gesammtheit der Thierformen der Wernsdorfer Schichten mit denen der nächst älteren oberen Teschner Schiefer und Grodischter Sandsteine Hohenegger's (Nordkarpathen, p. 26 und 27)), so ergibt sich zwischen beiden eine tiefe Kluft. Unter Zugrundelegung des Artenverzeichnisses bei Hohenegger zeigt es sich, dass beide Faunen mit Ausnahme des *Am. Rouyanus*[1] und *Belemn. pistilliformis* keine einzige Art gemein haben. Wenn vielleicht auch eine nochmalige Untersuchung der Versteinerungen der oberen Teschner Schiefer das Verzeichniss Hohenegger's einigermassen ändern dürfte, so wird dies gewiss nicht in dem Maasse der Fall sein, um die Thatsache der auffallenden, völligen Verschiedenheit beider Faunen erheblich zu beeinträchtigen. Die Versteinerungen der oberen Teschner Schiefer erregen übrigens noch in anderer Hinsicht bedeutendes Interesse.

Von Hohenegger wurden nemlich einzelne Arten namhaft gemacht, welche in der Regel das sogenannte jurassische und ausseralpine Neocom charakterisiren, wie *Am. Gevrilianus*, *Leopoldinus*, *radiatus*. Die beiden letzteren Arten fehlen zwar alpinen Neocombildungen nicht völlig, halten sich aber doch in der Regel mehr an die ausseralpinen. Am merkwürdigsten ist aber jedenfalls *A. Gevrilianus*, der bekanntlich sein Hauptlager im jurassischen Valangien hat. Unter die in alpinen Bildungen ebenfalls befremdenden Formen gehört auch noch *Bel. subquadratus* Roem., eine Art, die bekanntlich namentlich im norddeutschen Hils heimisch ist und nach Orbigny auch zu Wassy (Haute-Marne) vorkommt. Daneben treten jedoch viele echt alpine Formen, Phylloceren und Lytoceren und notocele Belemniten auf.

Der Zusammenhang zwischen der Fauna der oberen Teschner und der Wernsdorfer Schiefer ist ein so minimaler und geringfügiger, dass man wohl annehmen muss, dass die letztere Fauna von anderwärts in die schlesischen Gebiete eingewandert ist. Das Merkwürdige dabei ist jedoch, dass dies ohne den geringsten Faciswechsel vor sich gegangen ist; denn die Wernsdorfer Schiefer gleichen petrographisch den oberen Teschner Schiefern so sehr, dass sogar die Unterscheidung beider Schwierigkeiten verursacht. Beide enthalten ganz ähnliche Thoneisensteinflötze, beide führen ferner eine fast nur aus Cephalopoden zusammengesetzte Fauna (abgesehen von der etwas abweichenden localen Ausbildung der Grodischter Sandsteine).

Der innige faunistische Zusammenhang, welcher zwischen den Mittelneocom- und den Barrêmebildungen in Südfrankreich besteht, ist also zwischen den oberen Teschner und den Wernsdorfer Schiefern der schlesischen Karpathen nicht vorhanden; es beweisen im Gegentheil die bisherigen Forschungen offenbar eine Discontinuität der biologischen Verhältnisse beider Stufen trotz gleich gebliebener Facies.

Vielleicht darf an dieser Stelle an gewisse Beobachtungen Hohenegger's über die Grenze zwischen den oberen Teschner und den Wernsdorfer Schiefern erinnert werden, die nach ihm „meist so gestört und verworren ist, dass man schliessen muss, zwischen beiden Perioden sei eine grosse Katastrophe in den Nordkarpathen erfolgt" (l. c. p. 27). Leider gibt Hohenegger über diese interessante und wichtige Frage keine detaillirten Nachweise, aber bei der Vorsicht und Gewissenhaftigkeit in der Beobachtung, die Hohenegger in hohem Maasse eigen war, ist wohl zu erwarten, dass er sich kaum geirrt haben dürfte. Ist diese Unterbrechung wirklich vorhanden, dann haben wir hier einen interessanten Fall vor uns, wo sich deutlich zeigt, wie verschiedenerlei Untersuchungsmethoden, die rein geologische und paläontologische, zu demselben Resultate, denselben Erkenntnissen leiten können.

Wir können deshalb mit Recht darauf gespannt sein, zu welchen Ergebnissen bezüglich des geologischen Alters des oberen Teschner Schiefers eine eingehende paläontologische Bearbeitung seiner Fossilreste führen wird. Das Verzeichniss Hohenegger's enthält zahlreiche Arten, die in der Regel im Mittelneocom (im Sinne der Schweizer) vorkommen, aber keine davon ist so charakteristisch für dieses Niveau, dass sie mit einem

---

[1] Auf die Gemeinsamkeit dieser Form hat schon C. Fallaux (Verhandl. der geol. Reichsanstalt 1869, p. 310) aufmerksam gemacht.

etwas höheren geologischen Alter durchaus unvereinbar wäre. Daneben erscheinen aber auch Formen, die direct auf ein etwas höheres geologisches Alter hinweisen, wie *Am. Gervilianus, Bel. latus.* Die obersten Lagen des oberen Teschner Schiefers, die sogenannten Grodischter Sandsteine Hoh. führen nach Hohenegger eine Fauna, die neben wenig bezeichnenden Cephalopoden zahlreiche Bivalven, Gastropoden und Brachiopoden enthält. Unter den letzteren ist namentlich *Rhynchonella peregrina* Buch interessant, welche in Schlesien eine ähnliche stratigraphische Stellung wie in Südfrankreich einzunehmen scheint, wo sie nach Lory[1] ebenfalls in der obersten Lage des Néocomien im Liegenden des Barrémien vorkommt.

Sichere Aufschlüsse über die aufgeworfenen Fragen wird natürlich erst die genauere paläontologische Untersuchung der Versteinerungen der oberen Teschner Schiefer liefern und ich beschränke mich daher auf die vorstehenden Bemerkungen.

Lässt sich schon das Alter der oberen Teschner Schiefer nach dem Hohenegger'schen Fossilverzeichniss nicht mit wünschenswerther Schärfe angeben, so ist dies natürlich noch viel mehr bei den älteren Bildungen, den Teschner Kalken und unteren Teschner Schiefern der Fall, die nur sehr wenige, spärliche Versteinerungen geliefert haben. Nach den von Hohenegger gegebenen Fossilverzeichnissen lässt sich nur vermuthen, dass dieselben nicht den ältesten Kreidebildungen der Rhônebucht entsprechen, sondern vielleicht etwas jünger sind. Man kann mit Recht auf die Resultate einer genaueren paläontologischen Untersuchung dieser Vorkommen gespannt sein.

Auch über das Alter der mächtigen Godulasandsteinmassen, welche das nächst jüngere Glied über den Wernsdorfer Schichten in der Schichtreihe der karpathischen Kreide darstellen, lässt sich nur wenig aussagen. Der Godulasandstein ist fast vollkommen versteinerungsfrei, nur wenige Fossilien konnte Hohenegger nach jahrelang fortgesetzten Nachforschungen namhaft machen, und diese veranlassten ihn zur Gleichstellung mit dem Albien Orbigny's. Nach den hier gewonnenen Erkenntnissen über das Alter der Wernsdorfer Schichten dürfte diese Ansicht dahin zu modificiren sein, dass im Godulasandstein auch das Aptien oder mindestens die obere Hälfte desselben mit vertreten ist.

Geographische Verbreitung der Barrême-Fauna.

Viele Meilen östlich vom typischen Entwicklungsgebiete der Barrêmefauna sehen wir in den Wernsdorfer Schichten der schlesischen Karpathen Thierreste begraben, welche uns ein getreues, vollständiges Bild dieser Fauna wiedergeben. Wir wollen es nun versuchen, diese interessante Vergesellschaftung von merkwürdigen Cephalopodenformen in ihrer geographischen Verbreitung zu verfolgen, indem wir von Schlesien ausgehend uns zuerst dem karpathisch-balkanischen Gebiete zuwenden und dann nach Westen hin vorschreiten.

Über das ursprüngliche Arbeitsgebiet Hohenegger's, soweit es uns durch seine geognostische Karte der Nordkarpathen bekannt wurde, hinausgehend, wurden die Wernsdorfer Schichten in gleicher petrographischer Beschaffenheit einestheils östlich bis in die Gegend von Wadowitz und Bochnia in Galizien durch Hohenegger selbst und Fallaux[2] verfolgt, anderntheils wurden sie westlich in Mähren durch F. Foetterle studirt und kartographisch bis an die Betschwathal ausgeschieden. In dem von Hohenegger und Fallaux untersuchten Gebiete von Westgalizien traten die Wernsdorfer Schichten ebenfalls als dunkle, feinblättrige Mergelschiefer mit Sphärosideriten auf, in welchen zu Bugy bei Kalvaria *Phyll. infundibulum* Orb., *Lyt. recticostatum* Orb. und *Hapl. Hopkinsi* Forb. gefunden wurden (l. c. p. 253). Auch Zeuschner[3] machte in diesem Gebiete Fossilfunde, er führt von Libiertow, Mogilany und Kossiec *Lyt. recticostatum, subfimbriatum, Bel. bipartitus* und *dilatatus* an. Die beiden Ammoniten deuten wohl auf Wernsdorfer Schichten hin, während die beiden Belemnitenarten vielleicht der Belemnitenbreccie entstammen, welche in Schlesien im Liegenden

[1] Géol. de la Dauphiné, S. 290 und 291.

[2] Geognostische Karte des ehemaligen Gebietes von Krakau mit dem südlich angrenzenden Theile Galiziens. Denkschr. d. kais. Akad. Bd. XXVI, 1867.

[3] Sitzungsber. d. kais. Akademie, Wien XVII. 1855, S. 294.

der oberen Teschner Schiefer auftritt und von Hohenegger und Fallaux auch nach Galizien hinein verfolgt wurde. *Bel. bipartitus* von Kossiec wurde von Quenstedt in seinen Cephalopoden abgebildet (p. 455, Taf. 30, Fig. 17, 18.)

Verfolgen wir nun den breiten Flyschgürtel, der das ungarisch-karpathische Innengebirge in einem mächtigen, bis in die Moldau hineinziehenden Bogen umgibt, weiter östlich, so verlieren wir jegliche Anknüpfungspunkte. Zwar sind auch in dieser mächtigen Zone von sogenannten „Karpathensandsteinen" Fossilfunde gemacht worden, welche die Vertretung der Kreide sicherstellen — ich erinnere nur an die Ammonitenfunde Niedzwieeki's bei Przemysl [1] an die Ammoniten von Spas [2] und die Funde Dr. Szajnocha's [3] — allein diese Ammoniten erwiesen sich als unbestimmbar oder gehören einem viel höheren geologischen Niveau an.[4] Auch haben die neueren Arbeiten von Paul, Tietze u. A. die Trennbarkeit älterer cretacischer von jüngeren alttertiären Karpathensandsteinen erwiesen, doch konnte kein Glied besonders ausgeschieden werden, das mit den Wernsdorfer Schichten in eine genauere Parallele zu stellen wäre.

Viel günstiger liegen jedoch die Verhältnisse im nordwestlichen Theile von Ungarn, im innerkarpathischen Gebiete, wo ein grosser Theil der Sedimentgesteine, welche den krystallinischen Centralkernen vor- und umgelagert sind, der Kreideformation angehört. Hier sind die Kreidegebilde in etwas mannigfaltigerer, fossilreicher Entwicklung nachgewiesen worden, und enthalten stellenweise sogar so eigenthümliche heteropische Glieder, wie sie sonst nirgends aufgefunden wurden. Die Kreideformation im Wassergebiete der Waag, Gran und Neutra zerfällt nach Stur [5] in eine untere Abtheilung, bestehend aus Aptychenschiefer und Fleckenmergel, und in eine obere, aus Kalksteinen und Dolomiten zusammengesetzt. Die letzteren möchte man nach ihrer petrographischen Beschaffenheit und ihrem landschaftlichen Habitus eher für Triasdolomite halten, wenn nicht Stur ihren innigen Verband mit Kreidegesteinen näher erwiesen hätte.

Im Waagthale ist der sogenannte Neocomfleckenmergel ein bald dunkel-, bald lichtgrauer, mehr minder kalkreicher Mergel und Mergelschiefer, der sich nach petrographischen Merkmalen nicht weiter gliedern lässt und Versteinerungen, meist Cephalopoden führt, die dem Neocomien, Urgonien und Aption Orbigny angehören, aber nicht in besonderen Lagern getrennt vorkommen, wie man dies nach dem anderwärts beobachteten erwarten sollte. Stur gibt (Jahrb. XI, p. 27—30) eine lange interessante Fossilliste, woraus hervorgeht, dass in den Kreidebildungen des Waagthales Cephalopoden auftreten, die zu den typischesten Vorkommnissen der Wernsdorfer Schichten gehören, so z. B. *Scaphites Yvani;* ausserdem werden Ptychoceren, Haploceren, Phylloceren, Lytoceren und Crioceren namhaft genannt, von denen vielleicht auch ein Theil auf Formen der Wernsdorfer Schichten zu beziehen sein dürfte. Während demnach in Schlesien zwischen den Wernsdorfer Schichten und dem geologisch älteren Neocomien Hohenegger eine Discontinuität annehmen zu müssen glaubt, sehen wir im Waagthale diese Ablagerungen gerade mit einander innig verbunden. Hohenegger l. c. p. 29) und Stur (l. c. p. 130) haben das Eigenthümliche, Unerwartete dieses Verhältnisses betont. Vielleicht wird sich übrigens die Gliederung des Fleckenmergels doch noch als durchführbar herausstellen.

Etwas günstiger, klarer ist die Entwicklung der unteren Kreide im Revneagebiete, namentlich in der Umgebung von Bad Lučki im Liptauer Comitat, wo schon Zeuschner geologische Studien betrieben hat. Wir besitzen darüber eine treffliche Arbeit von Stur,[6] wonach daselbst zu unterst Neocommergel auftreten, die in ihren

---

[1] Jahrb. der k. k. geol. Reichsanst. 1876, Bd. XXVI, p. 336, 337.

[2] Verhandl. d. k. k. geolog. Reichsanstalt 1879, p. 261.

[3] Verhandl. d. k. k. geol. Reichsanst. 1880, p. 306.

[4] Vacek sucht die Mergelschiefer von Pralkowce und Przemysl mit den Wernsdorfer Schichten in Parallele zu setzen und deutet demgemäss die von Niedzwiedzki gegebene Fossilbeschreibungen (Jahrb. der geol. Reichsanst. 1881, 31. Bd, p. 195). Ich besichtigte die betreffenden Versteinerungen in Lemberg und bemerke, dass die Exemplare mit Ausnahme des *Lyt.* cf. *quadrisulcatum* zu schlecht erhalten sind, um specifische Bestimmungen wagen zu dürfen. Bei einem Besuche der Localität Pralkowce fand ich ein Fragment, welches am ehesten auf *Lyt. reticostatum* zu beziehen sein dürfte, wodurch Vacek's Vermuthung noch mehr Wahrscheinlichkeit gewinnt.

[5] Jahrbuch der k. k. geol. Reichsanst. Bd. XI, p. 17 ebendaselbst Bd. XVIII. 1868, p. 337.

[6] Jahrbuch, Bd. XVIII, S. 385. — v. Hauer, Jahrbuch, 1869, Bd. XIX, p. 529.

hangenderen Partien in dünnschichtige Kalkmergelschiefer übergehen. Diese letzteren bilden die Unterlage des merkwürdigen Karpathen- oder Choёdolomites (Stur und Mojsisovies), dem Lagen von sogenanntem Šipkover Mergel (Gault) eingeschaltet sind. In diesem petrographisch eigenthümlichen und leicht kenntlichen Kalkmergelschiefer wurden an zwei Stellen Petrefacten aufgefunden, und zwar von Foetterle zu Parnica am linken Ufer der Arva *Am. Liptaciensis* (*Am. Austeni* Schloenb.) und zu Lučki eine Ammonitenspecies, welche Stur als *Am. splendens* (mit einigem Bedenken) bezeichnete. Da nun der Kalkmergelschiefer zu Parnica den *Am. Liptaciensis* lieferte, so ist es sehr wahrscheinlich, dass es dieselbe Schichte war, aus welcher Zenschner zu Lučki denselben Ammoniten erhalten hat. *Hopl. Liptaciense*, welches sich nun als eine sehr bezeichnende und gemeine Form der Wernsdorfer Schichten erwiesen hat, scheint also in den Karpathen weit verbreitet zu sein und die Rolle eines Leitfossils zu spielen. Es ist daher sehr wahrscheinlich, dass wir in der betreffenden Kalkmergelschieferlage von Parnica und Lučki ein Äquivalent der Wernsdorfer Schichten zu erblicken haben. Ob man den Begriff der Wernsdorfer Schichten auch auf die darunter liegenden Mergel mit Ptychoceren von Parnica auszudehnen habe, wird sich wohl erst durch neuerliche, eingehende Untersuchungen ergeben. Der Choёdolomit mit seinen Šipkover Mergeln, welche nach Stur mit den Tardefurcatusmergeln von Krasnahorka (Gault) identisch ist, würde dann stratigraphisch genau dieselbe Rolle spielen, wie in Schlesien der Godulasandstein.

Endlich muss noch der Kreidegebilde gedacht werden, welche den sogenannten südlichen Klippenzug umhüllen und begleiten und die Verbindung zwischen der innerkarpathischen Kreide mit dem äusseren Flyschgürtel herstellen.

Es lassen sich da vier Gebiete unterscheiden, über welche sämmtlich eine bereits reichliche Literatur vorliegt, das Trencziner Waagthal mit dem mährisch-ungarischen Grenzgebirge, das Arvaer Comitat, der sogenannte penninische Klippenzug im Norden der hohen Tatra und die der Karpathensandsteinzone angehörigen Theile des Saroser, Zempliner und Ungher Comitates.[1] Es stehen uns über diese Gebiete zahlreiche Arbeiten von Stur, Hohenegger, Paul, Foetterle, Babanek, v. Hauer und A. zur Verfügung, welche die ausgedehnte Vertretung ähnlicher Faciesgebilde, wie die im Vorhergehenden berührten erwiesen haben. Fossilfunde werden in ziemlich reichlicher Menge namhaft gemacht, sie deuten jedoch auf älteres Neocom oder auf Gault; Formen, die an die Wernsdorfer Fauna erinnern würden, werden nicht aufgezählt. Dagegen wurden von Paul und Babanek an zwei wenig ausgedehnten Stellen bei Sulow und Predmir im Waagthale Caprotinenkalke mit *Radiolites neocomiensis* und *Caprotina Lonsdali* (?) als echte Urgonienrifffacies entdeckt.

Wie man sieht, bieten sich über die Verbreitung der Wernsdorfer Fauna in den nächstliegenden karpathischen Gebieten nur sehr wenig Anhaltspunkte dar. Die Ursache davon liegt wohl nur theilweise in der gleichförmigen und sterilen Entwicklung der Kreideformation, der Hauptgrund ist in der ungenügenden geologischen Kunde zu suchen. Die in Rede stehenden Gebiete wurden eben erst vor wenigen Jahren in den Kreis wissenschaftlicher Untersuchungen gezogen und so eifrig, gewissenhaft und aufopferungsvoll auch unsere Aufnahmsgeologen dieselben durchforscht und studirt haben, so konnten doch bei der Kürze der zur Verfügung stehenden Zeit keine detaillirteren Resultate erzielt werden. An dem Mangel derselben scheitert natürlich jeglicher Versuch eingehenderer Vergleichung.

Wir wollen uns nun einer Gegend zuwenden, welche für die uns beschäftigende Frage grosses Interesse darbietet, nämlich das Banater Gebirge. Dasselbe besteht bekanntlich aus zwei durch krystallinische Gesteine getrennten Hauptzügen von sedimentären Gebilden, dem westlichen Steierdorfer Zuge, über welchen schöne Arbeiten von Kudernatsch[2] vorliegen, und dem östlichen Swinitzaer Zug, welchen Tietze[3] ausführlich geschildert hat. Die uns speciell interessirende Schichtfolge des letzteren Zuges ist nach Tietze folgende:

[1] Vergl. Paul, Geologie der Bukowina. Jahrb. d. k. k. geol. Reichsanstalt 1876, XXVI, p. 297 etc.

[2] Sitzungsgeb. der kais. Akademie 1857.

[3] Jahrb. der k. k. geol. Reichsanst. 1872, XXII, p. 74 etc.

1. Rothe Tithonkalke mit *Am. Richteri*, *Am.* cf. *contiguus* Cat. und Aptychen;
2. helle Kalke mit Aptychen, Belemniten, *Am. Boissieri* Pict. und cf. *Rouyanus* Orb., ungefähres Äquivalent der Berriasschichten;
3. blaugraue, hellaschfarbige, kalkige Schiefer von beschränkterer Verbreitung, welche von Tietze als Äquivalent der „Rossfeldschichten" der Nordalpen angesehen werden. Die gefundenen Versteinerungen sind: *Macroscaphites Yvani* Puz., *Phyll. Rouyanum* Orb., *Moussoni* Oost., *Am. Seranonis, Ancyl. Puzoscorsi* Ast. (?).
4. Darüber liegt nur local zu Swinitza ein hellgrauer, grün gefärbter, weicher Mergel, welcher zahlreiche kleine, in Brauneisenstein verwandelte, also vorkiest gewesene, unverdrückte Ammoniten einschliesst.

Tietze bestimmt daraus folgende Arten:

Ammonites Rouyanus Orb.			*Ammonites strangulatus* Orb.	
„	*Velledae* Orb.		„	*quadrisulcatus* Orb.
„	*Charrierianus* Orb.		„	*Annibal* Coq.
„	*Melchioris* Tietze.		„	*Grebenianus* Tietze.
„	*Tachthaliae* Tietze.		„	*striatisulcatus* Orb.
„	*portae ferreae* Tietze.		„	*Trajani* Tietze,
„	*bicurvatus* Mich.			

welche ihn zur Parallelisirung mit dem Aptien, und zwar speciell mit dem typischen Aptien von Gargas veranlassen.

Damit schliesst die Reihenfolge der Kreidebildungen ab, jüngere Kreideschichten sind wohl vorhanden, doch treten sie nicht im Zusammenhange mit den älteren auf.

Oberbergrath Stur und Dr. Tietze hatten die Liebenswürdigkeit, mir die Swinitzaer Kreidefossilien zum Vergleiche zur Verfügung zu stellen, und ich wurde daher in die angenehme Lage versetzt, diese überaus interessante Fauna aus eigener Anschauung kennen zu lernen. Ich gelangte dabei zu Resultaten, die von denen Tietze's zum Theile abweichen und muss daher auf diesen Gegenstand etwas näher eingehen. Einzelne von den Swinitzaer Exemplaren erwiesen sich als paläontologisch sehr interessant und wurden auch in der Artenbeschreibung berücksichtigt und abgebildet.

Die Identificirung des Gliedes 1 mit den Rossfelder Schichten ist nur bedingt richtig. Die Hauptmasse der letzteren gehört nämlich (vergl. meine Arbeit darüber) dem Mittelneocom (Hauterivestufe) an, während die von Tietze gefundenen Fossilien offenbar dem nächst höheren Niveau der Barrêmestufe angehören. Namentlich *Macroscaphites Yvani* und *Ben. Trajani* (*Am. Seranonis* Tietze) [1] sind typische, leitende Formen der Barrêmestufe. Die Parallelisirung mit den Rossfeldschichten hat daher nur insofern Berechtigung, als einerseits das Glied 3 in seinen liegenden Partien auch das Mittelneocom umfassen dürfte und andererseits die nordalpinen „Rossfeldschichten" an einzelnen Punkten auch die Barrêmestufe mit enthalten.

Was das Glied 4, das Aptien anbelangt, so weiche ich von Tietze zunächst durch einige Bestimmungen ab. Sein *Am. bicurvatus* Mich. (Gaultform) ist mit meinem *Hapl. strettostoma* der Wernsdorfer Fauna identisch, wie ich in der Artenbeschreibung zu zeigen hoffe, sein *Am. strangulatus* Orb. ist ein nicht näher bestimmbares *Lytoceras*, *Phyll. Velledae* Tietze ist vermuthlich identisch mit *Phyll. Thetys* Orb., *Am. quadrisulcatus* Tietze wurde von mir als besondere Art unter dem Namen *Lyt. crebrisulcatum* beschrieben. Durch diese Veränderungen in der Artenbestimmung wird das Bild der Swinitzaer Fauna schon einigermassen geändert, noch mehr aber durch die Erfahrungen, welche ich bezüglich der horizontalen und verticalen Verbreitung einzelner Arten zu machen in der Lage war. Ich werde daher die Fossilien von Swinitza nochmals aufzählen und Bemerkungen über das Niveau, welches jede Art nach dem jetzigen Stande der Kenntnisse einzuhalten pflegt, hinzufügen:

---

[1] *Bd. Trajani* Tietze kommt bei Swinitza sowohl in den Schichten 3 als 4 vor; Tietze liess sich wahrscheinlich durch den abweichenden Erhaltungszustand täuschen.

Phylloceras Rouyanum O r b. Wahrscheinlich im Mittelneocom und Barrémien vorkommend. Wernsdorfer Sch.

„ *Thetys* O r b. Desgleichen.

Haploceras Charrierianum O r b. Barrém. von Südfrankreich. Wernsdorfer Sch.

„ *Melchioris* T i e t z e. Desgleichen.

„ *Tachthaliae* T i e t z e.

„ *portae ferreae* T i e t z e.

„ *strettostoma* U h l. Wernsdorfer Sch.

Lytoceras sp. ind.

„ *crebrisulcatum* U h l. Wernsdorfer Sch. (wahrsch. auch in Südfrankreich).

„ *Annibal* C o q. Aptien. Constantine.

Lytoceras Grebenianum T i e t z e. Barrémien von Südfrankreich. Wernsdorfer Sch.

„ *striatisulcatum* O r b. Aptien.

Silesites Trajani T i e t z e. Barrém. von Südfrankreich. Wernsdorfer Sch. Sch. 3) von Swinitza.

Wie man sieht, ist die Übereinstimmung mit der Wernsdorfer Fauna und mit der des Barrémien im Allgemeinen eine sehr bedeutende; zwei Species: *Lyt. striatisulcatum* und *Annibal* deuten auf Aptien hin. Dagegen fehlen vollständig die zahlreichen für Aptien charakteristischen Formen, wie *Am. Martini, crassicostatus, Am. Nisus, Dueali, Emerici* etc., die man doch bei so vollständiger Übereinstimmung in der Facies gerade erwarten sollte. Ich glaube daher, dass die Schichten von Swinitza dem Alter nach dem Barrémien näher stehen, als dem Aptien.

Nur in einer Hinsicht unterscheidet sich die Fauna von Swinitza von der der Wernsdorfer Schichten beträchtlich; es fehlen nämlich in ersterer die aufgerollten Ammonitiden, die in der letzteren eine so hervorragende Rolle spielen, vollständig. Dadurch erhält die Fauna von Swinitza ein abweichendes, besonderes Gepräge, welches sehr an die an aufgerollten Ammonitiden ebenfalls sehr armen Gargasmergel erinnert. Das Fehlen derselben wird wahrscheinlich mit der eigenthümlichen Facies in Zusammenhang stehen.

In dem benachbarten Steierdorfer Zuge ist eine ganz andere Ausbildungsweise der unteren Kreide herrschend. Nach den Untersuchungen von K u d e r n a t s c h [1] ist das tiefste Glied ein aus Resten zertrümmerter Crinoiden, Cidariden etc. bestehendes kalkiges Gestein, dessen Leitfossil die *Ostrea macroptera* ist. Weiter folgen die sogenannten Iudina-Schichten, lichtgefärbte Kalksteine mit zahlreichen Petrefacten, deren näheres Studium gewiss zu interessanten Ergebnissen führen würde, dann R u d i s t e n k a l k e und Orbitulinenmergel und Sandsteine, die nach K u d e r n a t s c h in ihrem ganzen Gehaben genau mit den südfranzösischen übereinstimmen. Das oberste Glied ist dann ein Thon mit zahlreichen Ammoniten, Exogyren etc.

Hier tritt uns also die typische „littorale oder jurassische Facies" der Franzosen und Schweizer entgegen, und allem Anscheine nach ist auch da die faunistische Übereinstimmung die denkbar grösste. Leider haben wir darüber noch keine genaueren Untersuchungen. [2]

Ebenso ist die Rudistenfacies der unteren Kreide in Siebenbürgen (nach H e r b i c h), [3] im ungarischen Mittelgebirge (nach H a u e r), [4] und im Balkan (nach T o u l a, H o c h s t e t t e r und F o e t t e r l e) [5] durchaus herrschend und man hat daselbst wohl Spuren mittelneocomer Fossilien, aber niemals Barrêmeformen entdeckt.

Dagegen scheint die Barrémefauna im fernen Osten, in der Krim, im Kaukasus, in Daghestan und Armenien nicht blos vorhanden zu sein, sondern auch eine ziemlich bedeutende Rolle zu spielen. Zahlreiche Forscher,

---

[1] Sitzungsb. der kais. Akad. 1857, XXIII, S. 129. — Jahrbuch der geol. Reichsanst. 1855.

[2] Die neuesten Untersuchungen von J. B o e c k h, die übrigens noch nicht abgeschlossen sind, führen zu der Vermuthung, dass die Orbituliten-Etage K u d e r n a t s c h's obercretacisches Alter besitze (vergl. J. B o e c k h, Geol. Notizen von der Aufnahme des Jahres 1881 im Comitate Krasso-Szöreny p. 5).

[3] Mittheil. aus d. Jahrb. der k. ung. geol. Anst.

[4] Sitzungsb. d. kais. Akad. Bd. XLIV, p. 360.

[5] Denkschriften der kais. Akad. Bd. XLV, 1881. — Jahrbuch der k. k. geol. Reichsanst. 1870, p. 409. — Verhandl. der k. k. geol. Reichsanst. 1869, p. 373.

namentlich Abich,[1] E. Favre[2] und Eichwald[2] beschrieben sowohl verschiedenartige cephalopodenreiche Neocomglieder, als auch Caprotinenkalke; es scheinen daher die Rifffacies und die Cephalopodenfacies entwickelt zu sein. In den Versteinerungslisten, namentlich Eichwald's in seiner Lethaea rossica finden wir zahlreiche Namen, die entschieden auf die Barrêmestufe hindeuten; dies gilt z. B. namentlich von der Localität Biassala in der Krim. Allein diese Angaben von Fossilvorkommnissen sind bisher paläontologisch nur wenig verbürgt und auch nur selten durch Hinzufügung der genaueren Lagerungsverhältnisse für Vergleiche verwendbar gemacht, so dass man sich augenblicklich mit Vermuthungen begnügen muss.

Weiter nach Westen vorschreitend, finden wir in den österreichisch-bairischen Nordalpen bis ungefähr zum Lech ein typisches Entwicklungsgebiet der sogenannten alpinen oder Schlammfacies vor. Trotzdem gelang es bisher nur kümmerliche Spuren der Barrêmefauna nachzuweisen; die Hauptmasse der hier zur Ausbildung gelangenden kalkmergeligen, schiefrigen, sogenannten „Rossfeldschichten" gehört nach den vorhandenen Versteinerungen der Mittelneocomstufe an, obwohl die schon etwas mehr kalkigen Gesteine den Barrêmekalken in der petrographischen Facies näher stehen, als z. B. die Wernsdorfer Schichten. Stur[4] erwähnt den *Macrosc. Yeani* aus der Umgebung von Altenmarkt; dasselbe Fossil fand sich zwischen Reinsperg und Scheibbs (Niederösterreich). Dann wurde am Laubbühel *Lytoc. recticostatum* aufgefunden, eingeschlossen in einem lichtgrauen, kalkigen Fleckenmergel. Etwas reichere Fossilfunde wurden in der Woitenau bei Hallein gemacht,[5] wo ausser dunkeln, sandigen Schiefern mit Mittelneocomversteinerungen auch lichtgraue, kalkige Mergelschiefer mit

Lytoceras lepidum Math.	*Haploceras difficile.*
„ *recticostatum* Orb.	„ n. f. aff. *Charrieirianum* Orb. (häufig).
Silesites Trajani Tietze.	

auftreten. Diese Species beweisen wohl zur Genüge die Anwesenheit der Barrême-Fauna.

Wenn man auch annehmen kann, dass detaillirtere, eingehendere Untersuchungen, als die bisherigen, noch manche Localitäten mit derselben Fauna nachweisen werden, so wird doch das eigenthümliche Missverhältniss zwischen der häufigen Vertretung des Mittelneocoms und dem seltenen Erscheinen des Barrêmiens in den Rossfeldschichten kaum bedeutend geändert werden. Jedenfalls verdient dasselbe einige Beachtung.

Wenden wir uns vom Lech nach Westen, so sehen wir in den Vorarlberger Alpen und der Ostschweiz die Caprotinenkalke wieder in typischer Weise entwickelt. (Vergl. die Arbeiten von Gümbel, Richthofen, Vacek, Studer, Escher, Kaufmann etc.)

Trotzdem sind aber namentlich aus dem Sentis- und Churfirstengebirge in neuerer Zeit Formen citirt worden, die man sonst der Barrêmestufe zuzuschreiben pflegt. Die sogenannten Altmannschichten, welche zwischen Kieselkalken im Liegenden und mittelneocomen Kalken mit *Echinop. cordiformis* im Hangenden eingeschaltet sind, enthalten eine reiche, von Escher v. d. L. entdeckte und erst neuerlich bestimmte Fauna, welche uns durch zahlreiche typische Barrêmearten überrascht. Moesch führt unter Anderem *Am. Didayi, Caillaudianus, Porzianus, recticostatus, Ptychoc. neocomiensis, Emerici, Anegl. Emerici*, daneben sogar Apt- und Gaultformen, wie *Am. Emerici, Belus, inornatus, Mathveroni, Durali, Crioc. Astieri, Am. cf. latidorsatus* cf. *Mayorianus*, aff. *Bernladti* auf; ausserdem sind aber auch zahlreiche Mittelneocomarten vorhanden. (Geolog. Beschreibung der Cantone Appenzell, St. Gallen, Glarus und Schwyz, mit Benützung eines Nachlasses von Escher v. d. L., von Gutzwiller, Kaufmann und Moesch in den Beitr. zur geolog. Karte der Schweiz, Bd. XIV, 1881, p. 38, 39, 86—88; vgl. auch Kaufmann *Pilatus* ebendaselbst.) Es ist dies gewiss ein sehr merkwürdiges

---

[1] Zeitschr. der deutsch. geolog. Gesellsch. Bd. III.

[2] Étude stratigraph. de la partie Sud-Ouest de la Crimée. — Rech. géolog. sur le p. centr. de la chaîne du Kaukase. Allg. Denkschr. der Schweizer Gesellsch. für die ges. Naturwissensch. Zürich XXVII, 1876; beide Arbeiten enthalten reichliche Literaturangaben.

[3] Lethaea Rossica.

[4] Geologie der Steiermark, p. 482.

[5] Vergl. meine Arbeit über die Rossfeldschichten. Jahrbuch der geol. Reichsanstalt 1882, Bd. XXXII.

Vorkommen und würde eingehend studirt zu werden verdienen. Es ist sehr zu bedauern, dass keine Beschreibungen und Abbildungen wenigstens der wichtigsten Species, von denen einige ohnedies eigentlich noch gar nicht bekannt sind, mitgetheilt wurden, man könnte sich dann leichter ein Urtheil über diese bemerkenswerthe Fauna bilden. Es scheint in der That, dass an gewissen Stellen der mediterranen Provinz die Spuren der Barrêmefauna schon sehr frühzeitig nach Art der „Colonien" Barrande's vor dem Mittelneocom auftreten.

Vielleicht noch verwickelter sind die Verhältnisse in der Westschweiz, in den Berner und Freiburger Alpen, über welche uns eine überaus reiche Literatur vorliegt. In den äusseren, nördlichen Ketten wiegt daselbst nach Gillieron [1] die sogenannte jurassische (Rudisten-) Facies vor, während gegen das Innere der Alpen zu sich die sogenannte alpine Ausbildungsweise einstellt. Es sind namentlich die Localitäten Veveyse bei Châtel St. Denys und die Stockhornkette (Gantrischkumli etc.) in faunistischer Beziehung von hohem Interesse. Wir besitzen darüber neben anderen Schriften, namentlich Brunner's [2] bekannte Arbeit über die Stockhornkette, eine Notiz E. Favre's [3] und eine grosse paläontologische Arbeit Ooster's (Cat. Céph. Suiss.), welche uns die zahlreichen Thierformen der Berner und Freiburger Alpen in Abbildungen vorführt. Leider ist Ooster's grosses Werk überaus unübersichtlich angeordnet, der Autor beschränkt sich ausschliesslich auf die paläontologische Beschreibung der einzelnen Arten, ohne genaue Angabe des geologischen Lagers und begleitender Formen. Überdies ist auch die paläontologische Bearbeitung als solche mangelhaft, die Abbildungen sind meist schlecht. Es ist daher dieses Werk nur mit grosser Vorsicht zu benützen und bietet leider nur wenig Aufklärung.

Ooster bildet von der Veveyse bei Châtel St. Denys eine wahre Fluth von Formen ab, deren viele nur im Barrémien vorzukommen pflegen, Hamiten, Ancyloceren etc., ausserdem werden auch von anderen Localitäten (Gantrischkumli etc.) Species namhaft gemacht, wie *Am. galeatus, recticostatus* etc., die als ausgezeichnete und echte Barrêmeformen gelten. Daneben werden freilich auch mittelneocome Typen aufgezählt. Nach den Thierformen muss man wohl auf die Anwesenheit der Barrêmefauna schliessen; wie jedoch die Verhältnisse in den einzelnen Localitäten beschaffen sind, ob mehrere Niveaux entwickelt sind oder nicht, ob eine ähnliche Ausbildung vorliegt, wie etwa in den Voirons, das kann nur durch erneuerte, gründliche geologische Untersuchungen, Hand in Hand mit eingehenden paläontologischen Studien entschieden werden. Nach der bisherigen Literatur vermag man sich über die bestehenden Verhältnisse kein klares Bild zu entwerfen. Vacek,[4] dem wir manche werthvolle Angaben über die Schweizer Alpen verdanken, hält die fossilreichen Schichten der Veveyse für Mittelneocom und bringt sie mit den Rossfeldschichten und dem Biancone in Parallele.

Wie vorsichtig man übrigens sein muss, nach paläontologischen Analogien Schlüsse auf das geologische Alter zu ziehen, sieht man deutlich bei den Schichten mit den kleinen, verkiesten Crioceren (*Leptoceras* n. g., *L. Studeri* etc.) im Justisthale. Diese besitzen eine ganz auffallende Ähnlichkeit mit den Leptoceren der Wernsdorfer Schichten und nehmen doch das tiefste Kreideniveau, das der Berriasschichten ein. (cf. Vacek, Neocomstudie, p. 533.)

Auch in den Südalpen, sowie in den Apenninen sehen wir die untere Kreide bald in der Rudistenfacies (Dalmatien, Isonzogebiet), bald in der Cephalopodenfacies (Vicentinische, Lombardische Alpen, Südtirol) entwickelt. Wir besitzen zwar schon seit vielen Jahren durch die Bemühungen de Zigno's, Catullo's u. A. Fossillisten, selbst Abbildungen über die hier vorkommenden Cephalopoden, allein man weiss nicht, ob alle demselben Niveau angehören, oder mehrere zu unterscheiden sein werden.

Die Gliederung in verschiedenaltrige Horizonte ist bisher noch nicht angestrebt worden. Einzelne Fossilien, wie der *Am. Didayi* und Hamiten, die Catullo abbildet, lassen wohl die Vermuthung zu, dass auch hier die Barrêmefauna nicht fehlen mag. Über die Kreide der Apenninen liegen bisher nur wenige Nachrichten vor

[1] Alp. de Fribourg, Mat. p. l. carte géol. de la Suisse, Bd. XII.
[2] Moléson, Arch. bibl. univ. Genève, Bd. XXXIX, 1870 p. 209.
[3] Allgem. Denkschr. für die ges. Naturwissensch. XV, 1857.
[4] Neocomstudie. p. 524.

(cf. Zittel, in Benecke's Beiträgen, Bd. I, p. 152), die keinen Anlass zu besonderen Bemerkungen darbieten.

Um den Kreis dieser kurzen Übersicht zu schliessen, sei nur noch kurz bemerkt, dass in Constantine, Algier und Spanien (nach Coquand, Hébert, Vilanova, Leymérie etc.) die Rudistenfacies fast ausschliesslich vorherrscht. In Algerien ist über den „Urgonkalken" ein Aptien entwickelt, welches namentlich mit dem Vorkommen von Swinitza paläontologische Beziehungen aufweist. *Lyt. Annibal* ist beiden Gegenden gemeinsam, und auch die Haploceren derselben haben viel Ähnlichkeit unter einander. Ohne aus diesen Thatsachen irgend welche Schlüsse ziehen zu wollen, hebe ich sie als immerhin beachtenswerth hervor.

Was die Verhältnisse in Südfrankreich anbelangt, so kann ich hier wohl auf das früher Gesagte verweisen und will nur noch bemerken, dass Hébert in seiner Arbeit über die Kreide der Pyrenäen ein kleines Kärtchen entworfen hat, aus welchem die Verbreitung der Cephalopodenfacies im Verhältnisse zur Rudistenfacies leicht ersichtlich wird.

Ein sehr auffallendes und schlagendes Analogon zur Fauna des Barrêmiens und der Wernsdorfer Schichten tritt uns in Südamerika, in Columbien und Neu-Granada entgegen, wie dies schon Orbigny und Hohenegger richtig erkannt und gebührend betont haben. Daselbst treten ältere Kreidegesteine in ausgedehnterem Maasse auf und wurden schon frühzeitig in den Kreis geologischer Erforschungen gezogen, so dass wir bereits über eine reichliche diesbezügliche Literatur verfügen.

Vom grössten Interesse sind für uns namentlich die Kreidebildungen von Columbien, deren geographische Verbreitung am besten aus der zu Karsten's Arbeit beigegebenen Karte hervorgeht. Die unterste aller sedimentären Schichten ist daselbst nach Karsten ein hellbrauner, röthlichgelber, sandiger Mergel, welcher nach oben zu in dunkle, blaue Kalke übergeht. Er führt selten Versteinerungen, doch wurden *Am. santafecinus*, *Norgyerrathi*, *Boussingaulti*, *Cr. Duvali* etc. aufgefunden. Darauf folgt sodann ein mächtiges System von dunkeln, schwarzen Thon-, Kalk-, und Kieselschiefern, welches eine ungemein reiche, wohlerhaltene, meist aus Cephalopoden zusammengesetzte Fauna birgt. Über diesem Schichtensystem liegt ein weisser, quarziger Sandstein, dann ein Foraminiferen-Kieselschiefer, Rudistenkalk etc., Gesteine die von Karsten bereits der oberen Kreide zugezählt werden und uns hier nicht weiter interessiren.

Das für uns wichtigste Glied ist der schwarze Kalk- und Kieselschiefer, dessen zahlreiche Fossilien von Buch,[1] Orbigny,[2] Lea,[3] Forbes[4] und Karsten[5] beschrieben wurden. Diese Arbeiten setzen uns in den Stand, ziemlich genaue Vergleiche vornehmen zu können.

Die Wernsdorfer Schichten haben mit Schichten von St. Fè de Bogota gemeinsam:

Hoplites Treffryanus Karst.	*Pulchellia Karsteni* n. sp.
Pulchellia galeata Buch.	*Phylloceras Thetys* Orb. (*Am. Buchiana* Forb.,
„ *Didayi* Orb.	nach Orbigny, Cours élém., p. 598).
„ *Lindigi* Karst.	*Crioceras Beyrichi* Karst.
„ *Caicedi* Karst.	

Hohenegger citirt noch eine ziemlich bedeutende Anzahl übereinstimmender Formen auf; bei eingehenderer Prüfung erwies es sich als unthunlich, alle die Bestimmungen anzunehmen. Als *Am. Alexandrinus* Orb. bestimmte Hohenegger ein Exemplar, das von *Am. Milletianus* kaum zu unterscheiden ist; freilich steht auch der *Alexandrinus* dem *Milletianus* sehr nahe, da aber die Übereinstimmung des schlesischen Exemplares mit *Alexandrinus* nicht grösser ist, als mit *Milletianus*, so zog ich es vor, den letzteren Namen zu wählen. Jene Form, die Hohenegger als *Am. Hopkinsi* Forb. aufführte, ist ein *Haploceras*, das mit *Hapl. Boutini*

---

[1] Pétrific. rec. dans l'Amérique etc. Berlin 1839.
[2] Voyag. dans l'Amérique mér. Paris 1842, und Journal de Conchyl. Bd. IV.
[3] Transact. Am. Phil. Soc. 2. ser. vol. VII 1840.
[4] Quart. Journ. Geol. Soc. Bd. I.
[5] Columbien. Verhandl. der Versamml. deutsch. Naturforscher und Ärzte. Wien 1856.

Math. grosse Ähnlichkeit hat, aber weder damit direct identificirt, noch als neue Art beschrieben werden konnte, da die vorliegenden Exemplare zur vollständigen Charakterisirung nicht ausreichten. Von *Am. Hopkinsi* Forb. unterscheiden sie sich durch die viel schwächere Sculptur. Ähnlich verhält es sich mit den anderen Arten, welche Hohenegger als gemeinsam vorkommende bezeichnete. Wenn auch eine ziemliche Anzahl der letzteren in Abrechnung zu bringen ist, so bleibt doch die Zahl der gemeinsamen Arten noch immer recht stattlich. Dasselbe Verhältniss, das zwischen der Wernsdorfer und der columbischen Fauna besteht, hat auch zwischen der letzteren und der Barrêmefauna der Rhônebucht statt. Es sind zum Theil, oder wie sich später vielleicht zeigen wird, genau dieselben Arten, welche die drei Gebiete mit einander verbinden.

Am vollkommensten ist die gleiche Entwicklung der Faunen in Bezug auf die Gattung *Pulchellia*, wie dies schon aus Orbigny's und Karsten's Arbeiten deutlich hervorgeht. In Schlesien, Südfrankreich und Columbien treten uns genau dieselben Formen, dieselben Varietäten entgegen. Eine zweite gemeinsame Gruppe ist die des *Hopl. Treffryanus.* Um die sichere generische Identität der Wernsdorfer mit den südamerikanischen Vorkommnissen dieser Gruppe zu erweisen, habe ich die Lobenlinie des *H. Coduzzianus* Karst. abbilden lassen. Ein südamerikanisches Exemplar von *H. Treffryanus* Karst. stand mir zwar zum Vergleiche nicht zur Verfügung, da man jedoch die generische Identität für erwiesen erachten kann, so ist kein Grund vorhanden, bei der Übereinstimmung in der äusseren Form an der specifischen Identität des Wernsdorfer *Treffryanus* mit dem columbischen zu zweifeln. Die Wernsdorfer Fauna enthält noch zwei weitere Formen derselben Gruppe und es wäre wohl möglich, dass sie sich bei weiteren Nachforschungen auch in Südamerika werden nachweisen lassen. *Am. Treffryanus* wird übrigens von Coquand (Modific. à apport. etc. l. c.) auch aus Spanien aufgeführt, freilich aus Aptschichten.

Eine dritte Gruppe von Ammoniten, welche sowohl in Schlesien, als auch in der Rhônebucht und in Columbien vorkommt, bilden die Haploceren aus der Verwandtschaft des *H. Hopkinsi* und *H. Inca* Forb.[1] Wenn man auch nicht mit Sicherheit behaupten kann, dass diese Gruppe in den genannten Gebieten durch specifisch identische Formen vertreten ist, so ist es doch von Wichtigkeit und Interesse, dass die Haploceren, welche in den europäischen Barrêmefaunen eine so hervorragende Rolle spielen, in Columbien nicht fehlen. Der Vollständigkeit wegen verweise ich noch auf *Ph. Buchiana = Thetys* Orb. und auf *Cr. Beyrichi,* nur kann ich die Identität der letzteren Art nicht mit Sicherheit verbürgen und lege daher auf diese Angabe keinen besonderen Werth. Endlich muss ich noch erwähnen, dass Orbigny auch *Am. Bogotensis* und *Toxoc. nodosum* als Formen citirt, welche Frankreich mit Columbien verbinden (l. c.).

Es wird danach gewiss nicht als grundlos erscheinen, wenn man das Vorhandensein inniger Beziehungen zwischen der Bogota-, der Barrême- und Wernsdorf-Fauna hervorhebt. Freilich kennt man aus Südamerika Ammonitengruppen, die man in Europa noch nicht nachgewiesen hat und umgekehrt, allein dieses Verhältniss kann durch jede fernere Untersuchung bedeutend geändert werden. Nach dem heutigen Stande unserer Kenntniss darüber muss man betonen, dass *Pulchellia* in Südamerika, wie in Europa auffallend gleichartig entwickelt ist, dass ferner auch die Hoplitengruppe des *Coduzzianus* und *Treffryanus,* sowie gewisse Haploceren nicht geringe Analogien darbieten, hingegen muss als auffallend die schwache Vertretung der evoluten Ammonitiden, das Fehlen der so bezeichnenden *Holcodiscus* und namentlich der Gattung *Lytoceras* und *Hamites* in Columbien hervorgehoben werden.

Was die Altersdeutung der columbischen Fauna anbelangt, dürfte man sich nach dem Voranstehenden aus paläontologischen Gründen eher der Ansicht Orbigny's zuwenden, welcher dieselbe im Prodrôme in sein Urgonien stellt, d. h. sie als Äquivalent der Barrêmefauna betrachtet, als der Ansicht Karsten's, welcher für sie das ungefähre Alter des Gault in Anspruch nimmt. Es steht zu hoffen, dass in der nächsten Zukunft von Berlin aus Untersuchungen über reichliches columbisches Material zur Veröffentlichung kommen werden, die ohne Zweifel über die hier erörterte Frage neues aufklärendes Licht verbreiten werden.

---

[1] *Am. Inca* ist wohl sicher nicht mit *Am. ligatus* zu identificiren, wie Orbigny will (Prodr., p. 98); es ist dies ein *Haplo-ceras* aus der Verwandtschaft des *difficile.*

Die untere Kreide von Chile ist noch zu wenig genau bekannt, um Vergleichspunkte darbieten zu können, Bayle und Coquand führen von Arqueros *Crioc. Ducali, Ostrea Couloni, Trigonia Delafossei* auf. Das Nämliche gilt vom Neocom der Magelhanstrasse, worüber wir Darwin und Forbes Nachrichten verdanken.

Als eine sehr bemerkenswerthe Thatsache möchte ich endlich noch hervorheben, dass auch die Kreideformation Californiens den sogenannten alpinen Charakter zeigt; unter den zahlreichen von Gabb (Palaeont. of California) beschriebenen Faunen befinden sich *Lytoceras (Batesi, Whitneyi), Haploceras (jugalis, Hofmanni, Newberryanus), Ptychoceras* und wahrscheinlich auch eine *Pulchellia (Chicoensis)*, also ausgezeichnet „alpine" Gattungen.

Es verdient dies um so mehr Beachtung, als ja bekanntlich schon die Triasformation Californiens eine zunächst an die alpine sich anschliessende Ausbildung besitzt.

Es sind also namentlich drei Gebilde, welche unsere Aufmerksamkeit für den Vergleich mit den Wernsdorfer Schichten in Anspruch nehmen; die cephalopodenreichen Mergel von Swinitza im Banat, das südfranzösische Barrêmien und die schwarzen Kieselschiefer von Columbien. Dem Alter nach decken sich Barrémien und Wernsdorfer Schichten wohl vollständig, die Schichten von Swinitza könnten vielleicht bis in das Aptien hineinreichen, stehen aber jedenfalls nach ihrer Fauna dem Barrémien näher, als dem Aptien.

Der Facies nach sind alle vier Ablagerungen fast völlig isopisch; aber nur fast völlig, denn gewisse biologische und petrographische Unterschiede sind doch unverkennbar vorhanden. Allen ist die fast ausschliessliche Entwicklung von Ammonitiden, ebenso die dunkle Färbung und die dichte, feinkörnig pelitische Beschaffenheit des Sedimentes gemeinsam. Nur ist das letztere in Swinitza mergeliger, in den Wernsdorfer Schichten meist thoniger, im Barrémien mehr kalkiger, und in Columbien mehr kieseliger Natur. Swinitza und Columbien sind, wie schon erwähnt, durch das Fehlen evoluter Ammonitiden charakterisirt, Swinitza über dies noch durch den an die Gargasmergel erinnernden Erhaltungszustand der Fossilien. Die Wernsdorfer Schichten und das Barrémien sind dagegen gerade durch das numerische Überwiegen der aufgerollten Formen ausgezeichnet.

Ganz übereinstimmend ist aber auch die Facies der beiden letzteren Bildungen nicht, soviel man wenigstens nach den bisherigen Beschreibungen urtheilen kann. Das Vorhandensein von *Ichthyosaurus* sp. und Fischresten, von Inoceramen und Posidonien ähnlichen Bivalven, von denen die letzteren an manchen Ammonitenschalen als Ektoparasiten ankleben, endlich von Landpflanzen, und die Art und Weise der Erhaltung vieler Ammoniten in den Wernsdorfer Schichten erinnert nicht wenig an die Schiefer des oberen Lias von Boll in Württemberg. Freilich fehlt zur völligen Übereinstimmung der Facies die wenigstens ungefähr gleiche numerische Entwicklung der entsprechenden Faunenelemente, die allerdings nicht vorhanden ist; in den Boller Schiefern treten die Ammoniten viel mehr zurück und die anderen Thiergruppen weit mehr in den Vordergrund, als in den Wernsdorfer Schichten. Nichtsdestoweniger ist eine gewisse Ähnlichkeit in der Facies augenscheinlich vorhanden.

Gehen wir über das bisher besprochene Gebiet hinaus, welches in Europa einen ungefähr ostwestlich streichenden, mit der sogenannten mediterranen Juraprovinz Neumayr's ungefähr zusammenfallenden Gürtel einnimmt, so finden wir nirgends mehr Spuren der Barrêmfauna. Wir sehen da, namentlich im nördlichen Europa, ganz abweichende Typen angesiedelt, welche jeglichen directen Vergleich vollständig ausschliessen. Ein solches ist nur möglich innerhalb der alpinen oder, besser gesagt, mediterranen Provinz, über deren Verhältniss zu der nordeuropäischen einige Worte hier am Platze sein dürften.

Im Osten erkennen wir als Fortsetzung des erwähnten Gürtels mediterraner Bildungen die Kreideablagerungen der Krim, des Kaukasus und vielleicht noch die von Merw,[1] während auch weit davon im fernen Westen, in Columbien Gebilde der älteren Kreide von ähnlichem Typus gefunden wurden. Die vorherrschenden Faciesgebilde der sogenannten alpinen unteren Kreide sind die Cephalopodenfacies (Néocomien alpin, Rossfelder Schichten, Biancone etc.), die Rudistenfacies (Urgonien, Schrattenkalk, Caprotinenkalk etc.),

---

[1] Nach Neumayr, Verhandl. d. geol. Reichsanstalt 1881.

und der Flysch und Aptychenkalk (Macigno, Wiener-, Karpathen-Sandstein etc.). Daneben treten jedoch noch Mischfacies, die Eigenthümlichkeiten verschiedener Facies in sich vereinigen und vereinzelte Localfacies auf. So sehen wir sehr häufig im Liegenden der Caprotinenkalkcomplexe Kalkbildungen auftreten, die cephalopodenreich sind, daneben aber zahlreiche sesshafte Thierformen enthalten, wie Echinodermen, Bivalven, Gastropoden etc.) Ihr Reichthum an Spatangen ist zuweilen ein so grosser, dass sie häufig direct als Spatangenkalke angesprochen werden, obwohl sie durch zahlreiche bezeichnende Ammoniten ausgezeichnet sind. Sie verbinden Charaktere der Cephalopodenfacies mit solchen der Rudistenfacies.

Die Wernsdorfer Schichten enthalten eine ausgezeichnete Cephalopodenfauna, sie sind aber „Flyschgesteinen" eingeschaltet und nehmen stellenweise sehr den Charakter des typischen Flysch an. Als Beispiel eigenthümlicher, örtlich beschränkter Gebilde möchte ich den Choes- oder Karpathendolomit, den Teschner Kalk bezeichnen.

Die faunistischen Eigenthümlichkeiten der mediterranen Provinz sind von Neumayr und Mojsisovics bereits so ausführlich hervorgehoben worden, dass ich mich diesbezüglich kurz fassen kann; das Vorherrschen der Cephalopodensippen *Phylloceras*, *Lytoceras* und der an letztere Gattung anzuschliessenden evoluten Ammonitiden, die reichliche Entwicklung von Rudisten, von Brachiopoden aus der Gruppe der *Diploya* sind die hervorstechendsten. Andere Faunen und Facies hingegen zeigt das nordgermanisch-anglo-gallische Becken, nur die Cephalopodenfacies ist auch hier reichlich vertreten, doch mit gewisser, wenn auch geringfügiger Modification in ihrer Ausbildung. Unter den Ammoniten herrschen Hopliten, Oleostephanus, Perisphineten, Amaltheen vor, von welchen die meisten entschieden auf östlichen oder nordöstlichen Einfluss hinweisen, wie dies zuerst Neumayr[1] betont hat. Nur die *Hoplites* derivirten evoluten Formen, die überhaupt eine fast universelle Verbreitung haben sind beiden Gebieten gemeinsam. Wenn auch spätere Untersuchungen im Einzelnen noch mancherlei Änderungen beibringen werden, so geht doch schon aus dem bisher Bekannten mit Sicherheit hervor, dass die faunistischen Verschiedenheiten zwischen dem nordgermanisch-anglo-gallischen und dem mediterranen Gebiete entschieden provincieller Natur sind und mit einer gewissen Stetigkeit während aller mesozoischen Formationen festgehalten wurden.

Niemals während der ganzen älteren Kreideperiode ist jedoch die Verschiedenheit der Meeresbildungen bei der Provinzen eine so bedeutende und auffallende wie zur Zeit der Barrêmestufe. Während wir die Spuren der Barrêmefauna innerhalb der ganzen mediterranen Provinz bald mehr, bald minder deutlich, namentlich an den Stellen, wo nicht die Rudistenfacies sich herrschend erwies, verfolgen konnten, vermochte man bisher im anglo-gallisch-nordgermanischen Becken nicht die geringste Andeutung der Barrêmefauna nachzuweisen. Soviel mir bekannt wurde, kommt nur eine der sicher bestimmten Species der Wernsdorfer Schichten in dem genannten Becken vor, nämlich *Nautilus plicatus* Fitt;[2] aber auch viele der bezeichnenden Gattungen der Barrême- und Wernsdorf-Fauna fehlen daselbst vollständig oder sind mindestens durch andere Formenreihen vertreten. Es fehlen die notoeoelen Belemniten, die Phylloceren sind nur andeutungsweise entwickelt, es fehlen die Fimbriaten und Reeticostaten, die Macroscaphiten, Hamulinen, Ptychoceras, die Silesiten, die Holcodiscus, die Pulchellien, auch die Haploceren[3] fehlen in den Schichten, die älter sind, als Aptien fast vollständig, und erst in den jüngeren Ablagerungen zeigt die Formenreihe des *H. Beudanti* und die des *H. Mayorianum (planulatum)* allgemeine Verbreitung. Dagegen sind gemeinsam die Gattungen *Hoplites*, *Acanthoceras*, *Crioceras*, *Oleostephanus*, *Amaltheus*. Während jedoch die letzteren Gattungen in der Wernsdorf-Fauna nur ganz kärglich vertreten sind, zeigen sie, namentlich *Oleostephanus*, im nordgermanisch-anglo-gallischen Becken eine ausserordentlich reiche Entfaltung. Die Gattung *Hoplites* ist im Barrémien von Wernsdorf nur

---

[1] Verhandl. der geol. Reichsanst. 1873, p. 288. — Zeitschr. der deutsch. geol. Gesellsch. 1875. p. 877. — Vergl. auch Neumayr und Uhlig Hilsammonitiden, p. 74.

[2] *Crioc. Emerici* werden vielfach citirt, doch ist das Vorkommen dieser Art im mitteleuropäischen Gebiet noch nicht sicher erwiesen.

[3] *Haploc. Fritschi* Neum. et Uhlig (Hilsammonitiden, Taf. XVI, Fig. 1, p. 15) ist höchst wahrscheinlich ein *Oleostephanus*, bei dem die Umgänge schon sehr frühzeitig glatt werden.

durch eine Formenreihe, die des *H. Treffryanus*, vertreten, die bisher im letzteren Becken nicht aufgefunden wurde. Von den Crioceren ist namentlich die Gruppe des *Emerici* und *Duvali*, die allenthalben in sehr ähnlichen, wenn auch selten ganz übereinstimmenden Formen nachgewiesen wurde (*Cr. Roemeri* in Norddeutschland, *Cr. Simbirskense* Jasyk. in Russland, *Cr. latum* Meek in Californien, *Cr. Duvali* [Buyl. et Coq., Karsten] in Chile und Columbia, *Cr. spinosissimum* [Neum.] in Südafrika etc.). Dagegen wurden die kleinen Leptoceren, sowie die Gruppe des *Cr. dissimile* (*Ham. dissimilis*) in der mitteleuropäischen Provinz meines Wissens noch nicht entdeckt. Gemeinsam ist ferner noch die Gruppe der canaliculaten Belemniten.

Wie man sieht, war der Gegensatz zwischen der mediterranen und der nordeuropäischen Provinz zur Zeit der Barrêmestufe gleichsam auf die Spitze getrieben. Die gegenseitigen Äquivalente lassen sich selbst bei gleicher oder ähnlicher Facies nicht auf dem paläontologischen Wege, sondern lediglich durch den Vergleich der beiderseitigen liegenden und hangenden Bildungen, des Mittelneocom und des Aptien ermitteln. In der That zeigen die letzteren Stufen beider Provinzen etwas nähere Beziehungen, die eine genauere Parallelisirung gestatten, wenn auch die Unterschiede doch noch immer bedeutend genug sind. Zwar schliessen sich auch einzelne Gattungen vollständig aus, allein es sind mehrere gemeinsame oder stellvertretende Arten und Gruppen vorhanden, die in beiden Provinzen vorkommen.

In gewissen Theilen der mediterranen Provinz, namentlich im Juragebirge, ist der mitteleuropäische Einfluss lange Zeit sogar fast ausschliesslich, der herrschende gewesen. Hier sehen wir Faunen von nordeuropäischem Charakter angesiedelt, welchen jedoch auch einzelne alpine Typen beigemischt sind, wie *Bel. dilatatus*, *Am. subfimbriatus* etc. im Neocom. Zeitweilig, wie zur Zeit der Urgonien, verdrängt der alpine Einfluss die fremden Zuzügler, um später selbst wieder zu weichen, kurz, es treten alle jene Erscheinungen auf, die an der Grenze zweier grosser zoo-geographischer Gebiete stets zu beobachten sind. Ein besonderes Interesse beanspruchen diese Verhältnisse im Juragebirge namentlich desshalb, weil nach den gewöhnlichen Vorstellungen das Jurameer von dem gallischen Becken durch die Festlandsscheide des Plateau's von Langres bereits völlig getrennt war. Um nun die Anwesenheit der nordeuropäischen Thierformen im Jura zu erklären, muss man wohl entweder zeitweilige Eröffnungen der freien Meeresverbindung über das Plateau von Langres annehmen, oder man kann sich vorstellen, dass die Einwanderung derselben von Osten um den Südrand der böhmischen Masse stattgefunden habe, und dass die nordeuropäischen Thierformen etwa die schmale nördlichste Randzone der mediterranen Provinz zur Einwanderung benützt haben, welche schon zur Zeit der Juraformation die Heeresstrasse der nordeuropäischen Faunen bildete.[1] Dass auch in Schlesien der mitteleuropäische Einfluss zur ungefähren Zeit des Mittelneocom nicht ganz fehlte, ergibt sich aus dem Vorhandensein von *Am. Gevrilianus*, *Bel. subquadratus*, *Am. bidichotomus* (nach Hohenegger), die ja als eminent nordeuropäische Typen zu betrachten sind.

Dass übrigens die Einwanderung der nordeuropäischen Formen des jurassischen Valangien nur auf dem letzteren Wege, nicht über das Plateau von Langres erfolgen konnte, ergibt sich daraus, dass das Pariser Becken zur Zeit des Valangien noch nicht vom Meere bedeckt war und der Einbruch desselben erst zur Zeit des Mittelneocom erfolgte.

Der auffallende Gegensatz in der Ausbildungsweise der unteren Kreideformation in den Alpen und im Jura ist den französischen und schweizerischen Forschern schon frühzeitig aufgefallen. Sie haben ihn stets betont und dafür auch gewisse Ausdrücke und Erklärungsweisen eingeführt, die jedoch nur theilweise glücklich gewählt sind. Der beregte Gegensatz spricht sich, abgesehen von der Lücke, die bekanntlich an der unteren Neocomgrenze im Jura vorhanden ist, namentlich darin aus, dass in dem letzteren Gebiete die sogenannten Urgonkalke, helle mächtige Riff- oder Rudistenkalke auftreten, während in den Alpen vielerorts cephalopodenreiche Kalkmergel oder schiefrige Mergel gefunden werden.

Da damit in der Regel auch gewisse Ausbildungsweisen der liegenden und hangenden Schichten verbunden zu sein pflegten, so spricht Lory von einem „Type jurassien on facies littoral de l'étage

---

[1] Uhlig, Jurabildungen in der Umgebung von Brünn, in: Mojsisovics u. Neumayr, Paläont. Beiträge I, p. 143.

néoc." und „Type provençal, facies vaseux pélagique". Pictet gebraucht den Ausdruck Facies (oder Néoc.) alpin, worin ihm Reynès folgt. Orbigny hingegen nannte die Urgonkalke eine facies sous-marin (Cours élém. p. 607), die Cephalopodenschichten hingegen sprach er als facies cotier an. Hébert[1] entscheidet sich für die Annahme einer facies pélagique (Cephalopodenfac.) und einer facies littoral (Rudisten- und Spatangenkalke). In neuerer Zeit hat sich Vacek[2] mit dieser Frage beschäftigt und kommt zu dem Resultate, dass die Bezeichnungen facies vaseux und als Gegensatz hiezu etwa facies corallien den Vorzug verdienen, weil sie nur das die Scheidung zunächst begründende Moment berücksichtigen. In dieser Hinsicht stimme ich Vacek vollständig bei. Es kann jedenfalls nicht bezweifelt werden, dass die Cephalopoden-mergel und thonigen Kalke an solchen Stellen des Meeres abgesetzt wurden, wo reichliche Trübung zugeführt wurde. Ebenso dürfte nach den bisherigen Erfahrungen kaum angezweifelt werden, dass die Rudistenkalke oder die coralline Facies Vacek's nur an verhältnissmässig seichten, von der Trübung verschonten Stellen, die durchaus nicht Uferstellen zu sein brauchten, zur Entwicklung gelangen konnte. Dagegen bietet die Cephalopoden- oder Schlammfacies nur sehr wenig Anhaltspunkte bezüglich der Meerestiefe, der sie ihre Entstehung verdankt, dar. Vacek ist im Gegensatz zu Hébert und Lory eher geneigt, sie im Sinne Orbigny's als Küstengebilde zu betrachten. Wäre dem wirklich so, dann müssten wohl auch die Schlamm bewohnenden Bivalven, Myarier etc. vorhanden sein, die an derartigen Küsten niemals fehlen. Das bisher stets beobachtete Fehlen derartiger Faunenelemente verdient gewiss Beachtung. Was speciell die Wernsdorfer Fauna anbe-angt, so stimmt das Vorhandensein zweier Einzelkorallen, von Inoceramen und Posidonien, die sich meist äusserlich an Ammonitenschalen (mit Vorliebe an die von *Acanth. Albrechti Austriae*) anheften und von *Ichthyosaurus* sp. ganz gut mit der Annahme einer etwas grösseren Meerestiefe. Dass stellenweise gut erhaltene Pflanzen und zwei Exemplare von *Avellana* sp. vorgefunden wurden, lässt sich damit ganz gut vereinbaren, wurden ja doch aus der Tiefsee Pflanzen emporgeholt, die von weither eingeschwemmt und ausserordentlich frisch und wohlerhalten waren.

Wenn speciell für die Wernsdorfer Schichten eine grössere Meerestiefe als Bildungsraum nicht unwahr-scheinlich oder unmöglich sein dürfte, so soll damit keineswegs gesagt sein, dass alle Cephalopodenschichten zu ihrer Bildung eine grössere Meerestiefe bedurft hätten. Es wird sich vielleicht häufig das Gegentheil erweisen lassen. Jedenfalls scheint mir, soweit man die einschlägigen Verhältnisse bis jetzt kennt, kein Grund vorhanden zu sein, um die eine oder die andere Bildungstiefe vollständig auszuschliessen und ich pflichte desshalb um so lieber dem Vorschlage Vacek's bei, bei der Faciesbezeichnung nur „das die Scheidung zunächst begründende Motiv zu berücksichtigen".

Dagegen stimmt es mit den bisherigen Beobachtungen nicht überein, wenn Vacek (l. c. p. 505) behauptet, dass die sogenannte alpine Facies (Cephalopoden-, Schlammfacies) und die sogenannte jurassische Facies (Caprotinen, Riffkalk) nicht auf gewisse geographische Provinzen beschränkt sind. Die genannten Facies sind in der That ausschliesslich der alpino-karpathischen oder mediterranen Provinz eigen, dagegen fehlen sie der nordgermanisch-anglo-gallischen oder, wie man vielleicht kürzer sagen könnte, nordeuropäischen Provinz völlig.

Innerhalb des mediterranen Gebietes treten sie freilich an den verschiedensten Stellen, wie es scheint, ganz regellos auf und es ist ihr Erscheinen offenbar nur von den physikalischen Verhältnissen des jeweiligen Meerestheiles abhängig gewesen. Vacek scheint namentlich gegen die Ansicht ankämpfen zu wollen, dass die sogenannte jurassische Facies ein Specificum des Juragebirges sei; dies ist sie nun allerdings nicht, da die Caprotinenkalke in allen Bezirken der mediterranen Provinz und in manchen sogar vorwiegend entwickelt sind, aber es ist diese Anschauung meines Wissens nirgends ernstlich vertreten worden. Überhaupt wird die angezo-gene Stelle in Vacek's trefflicher Neocomstudie erst verständlich durch die einschlägigen Bemerkungen in

---

[1] Néoc. inf. dans le midi de la France. Bull. Soc. géol. Fr. XXVIII, p. 165, 166. Bezüglich der übrigen Autoren verweise ich auf das früher Gesagte und die dort gegebenen Citate.

[2] Néocomstudie l. c. p. 504, 505.

seiner Arbeit über die Vorarlberger Kreide (Jahrb. 1879, p. 665), wo Vacek es als unerweislich und unrichtig bezeichnet, ein offenbar einheitliches Meeresgebiet, wie das helvetische und das Rhônebecken zur Zeit der Kreideformation in eine sogenannte mediterrane und mitteleuropäische Provinz zu scheiden. Eine solche Trennung wurde meines Wissens nur für die Juraformation und zwar am ausdrücklichsten von Neumayr nachgewiesen.

Bestanden doch zur Zeit der Juraformation zwischen den nord- und südeuropäischen Gewässern mehrere Communicationen und sehen wir doch den schlesisch-polnischen mit dem schwäbisch-fränkischen und schweizerischen Jura durch eine fortlaufende Reihe sogenannter mitteleuropäischer Ablagerungen in lückenlosem Zusammenhange, deren näheres Studium naturgemäss zu den von Neumayr entwickelten Anschauungen führen muss. Anders hingegen gestalten sich allerdings die Verhältnisse mit Beginn der Kreideformation. Die früheren Communicationen wurden, wie allgemein bekannt, aufgehoben, ein grosser Theil des südlichsten Gürtels des mitteleuropäischen Jurameeres wurde vollständig trocken gelegt (Golf von Brünn, Franken und Schwaben) und ein kleinerer (Juragebiete) blieb wenigstens zu Beginn der Kreideformation Festland. Erst zur Zeit des Valangien wurde das letztere bekanntlich inundirt und man sieht man in diesem Grenzgebiete, wie schon früher besprochen, bald den nordeuropäischen Einfluss vorwiegen, bald den südeuropäischen (alpinen), wie dies letztere z. B. zur Zeit des Urgons der Fall ist. Aber selbst jene Faunen des Juragebirges, die am meisten nordeuropäische Züge erkennen lassen, zeigen stets beträchtliche Beimischungen alpinen Charakters. Das Jurabecken kann zur Zeit der Kreideformation nur mehr als Bestandtheil der mediterranen Provinz betrachtet werden, wo die zeitweilig zugewanderten nordeuropäischen Faunen sich nicht dauernd erhalten konnten und jedesmal eine nicht geringe Versetzung mit alpinen Typen erlitten.

Die ersten derartigen borealen oder nordeuropäischen Einwanderer nahmen ihren Weg wahrscheinlich über Schlesien und die nördlichste Zone der mediterranen Provinz.

Wenn wir die Hauptergebnisse unserer Untersuchung nochmals in knappen Worten zusammenfassen, so ergibt sich, dass die Wernsdorfer Schichten eine Cephalopodenfauna von etwa 120 Arten enthalten; daneben treten inoceramenähnliche Bivalven als Ektoparasiten, *Inoceramus* sp. *Arellana* sp., *Aspidorhynchus* sp. und *Ichthyosaurus* auf. Am reichlichsten sind die Gattungen *Hamites* und *Crioceras* (im weiteren Sinne) entwickelt, dann folgen nach der Artenzahl *Lytoceras* und *Haploceras*, sodann *Acanthoceras*, *Phylloceras*, *Pulchellia*, *Holcodiscus*, *Silesites*, *Hoplites*, *Aspidoceras*. Eben nur angedeutet ist die Vertretung von *Amaltheus* und *Oleostephanus*. Die Belemniten spielen eine nur geringe Rolle.

Die Fauna hat einen rein mediterranen (alpinen) Charakter und entspricht dem Alter nach vollständig dem südfranzösischen Barrémien von Barrême, Anglès etc., fast sämmtliche Cephalopodengruppen des südfranzösischen Barrémiens erscheinen in ähnlicher Artenzahl und Entwicklung und demselben gegenseitigen Verhältnisse in den Wernsdorfer Schichten wieder.

Sehr innige Beziehungen verbinden die Fauna von Wernsdorf mit der von Swinitza im Banat, welche desshalb eher dem Barrémien als dem Aptien zuzuweisen ist.

Die schon von Orbigny und Hohenegger betonte faunistische Übereinstimmung zwischen dem Barrémien (Urgonien Orb.), beziehungsweise den Wernsdorfer Schichten mit den schwarzen kieseligen Kalkschiefern von Columbien konnte bestätigt werden. Sie erstreckt sich namentlich auf die Pulchellien und die Gruppe des *Hopl. Treffryanus*.

Im ganzen Mediterrangebiete von Kaukasien im Osten lassen sich Spuren der Barrêmefauna nachweisen, wenn es auch nicht immer gelang oder versucht wurde, sie von der Mittelneocomfauna abzuscheiden.

Der innige faunistische Zusammenhang, welcher zwischen den Mittelneocomen- und den Barrêmebildungen in der Rhônebucht besteht, ist zwischen den oberen Teschner und den Wernsdorfer Schichten nicht vorhanden, es weisen im Gegentheil die bisherigen Forschungen auf eine, wenn auch kurze Discontinuität der biologischen Verhältnisse beider Stufen trotz unveränderter Facies hin.

Die Fauna von Wernsdorf entbehrt jeglicher Anklänge an die nordeuropäischen Cephalopodenfaunen; während keiner Periode der unteren und mittleren Kreide war die biologische Verschiedenheit der mediterranen und der nordeuropäischen Provinz grösser und auffallender, als zur Zeit des Barrémien.

Bevor ich auf die Beschreibung der Arten eingehe, muss ich einige Bemerkungen über den Erhaltungszustand meines Untersuchungsmaterials, sowie den gegenwärtigen Stand unseres paläontologischen Wissens über untercretacische Cephalopoden vorausschicken.

Die aus den Wernsdorfer Schichten vorliegenden Reste sind theils Schalenexemplare, theils Steinkerne. Die ersteren sind in einem schwarzen, feinen, schiefrigen Thon, also einem sehr weichen Materiale, eingebettet und daher oft stark verunstaltet. Meist sind sie nur flach gedrückt, seltener erscheinen sie durch einen auf die Externseite ausgeübten Druck verzerrt und verzogen. Die Form des Querschnittes ist daher in solchen Fällen entweder gar nicht oder nur annäherungsweise zu ermitteln, auch ist die Schale in der Nähe der Externseite häufig geknickt oder vollkommen abgebrochen, so dass sich auch die Externseite häufig der Beobachtung entzieht. Dagegen ist die in Braunspath umgewandelte Schale, namentlich auf den Flanken, sehr wohl erhalten und lässt die Details der Sculptur oft in überraschend schöner Weise erkennen.

Die Erhaltung der Reste als Steinkerne ist viel seltener. Das Versteinerungsmaterial ist in diesen Fällen Thoneisenstein oder Pyrit. Zuweilen, wenn auch sehr selten, kommt es vor, dass die Schale erhalten ist und sich unter derselben ein pyritischer Kern befindet. Auch die Steinkerne stellen sich manchmal flach gedrückt dar, zuweilen zeigen sie wohl die Wölbung an, aber die Erhaltung der Externseite ist doch keine vollkommene. Nur sehr selten trifft man einen wirklich befriedigenden Erhaltungszustand an. Die Lobenlinien liessen sich nur bei den Steinkernen und auch da nicht immer nachweisen. Die Verschiedenheit des Erhaltungszustandes der Steinkerne und der beschalten Exemplare ist häufig eine so grosse, dass es zuweilen gar nicht oder nicht sicher gelingt, die gewissen Steinkernen entsprechenden Schalenexemplare zuzuweisen. Man wird daher bei den nachfolgenden Beschreibungen zuweilen die Darstellung des Mündungsquerschnittes und der Externseite, sowie der Lobenlinie und der Masszahlen vermissen.

Viel günstiger ist der Erhaltungszustand der Stücke im südfranzösischen Barrémien. Die Exemplare lassen die äussere Form, den Querschnitt, die Sculptur und die Scheidewandlinie mit vollkommener Genauigkeit erkennen. Da sie meistens Steinkerne sind, ist ihre Sculptur nicht so scharf und kräftig ausgesprochen, wie bei den schlesischen. Es war desshalb mein Bestreben, bei Darstellungen der schlesischen Vorkommnisse nach Möglichkeit durch Hinzuziehen französischen Materiales zu vervollkommnen und zu ergänzen.

Von einzelnen Arten habe ich französische und schlesische Exemplare abgebildet, auch das Vorkommen von Swinitza, welches mit dem unsrigen in so nahem Zusammenhange steht, wurde bei der paläontologischen Bearbeitung mitberücksichtigt. Endlich wurden auch einige Arten abgebildet, die in den Wernsdorfer Schichten zwar nicht vorkommen, aber doch zum Verständniss anderer wesentlich beitragen oder direct nothwendig sind; dies ist z. B. der Fall bei *Lytoc. anisoptychum, Aspidoc. Guevinianum, Holcodiscus Perezianus* etc.

Ich wollte ursprünglich die französischen Arten und Exemplare getrennt von den schlesischen darstellen, um ein selbstständiges, reines Bild der Wernsdorfer Fauna zu geben, doch aus Rücksicht auf die bessere Benützbarkeit und leichtere Möglichkeit, Vergleiche anzustellen, habe ich bei der Anordnung und Aufeinanderfolge der Beschreibungen nur die natürliche Verwandtschaft berücksichtigt. Das französische Material, das mir zur Verfügung stand, stammt grösstentheils aus dem Genfer Akademiemuseum, einige Stücke fanden sich auch im Museum der k. k. geologischen Reichsanstalt vor und einige gehören der paläontologischen Staatssammlung zu München.

Das ganze Material ist aber doch nur ein sehr geringes, unzulängliches. Gegen das in den südfranzösischen und Pariser Museen angehäufte Material ist es offenbar nur verschwindend klein. Trotzdem glaubte ich es so viel als möglich benützen zu sollen, denn nicht nur ist der Erhaltungszustand ein ganz vortrefflicher, sondern es zeigte sich auch, dass selbst die wenigen mir vorliegenden Stücke in vieler Hinsicht geeignet waren, unser Wissen zu vervollständigen. Unsere Kenntniss gerade der Barrême-Cephalopoden steht heute fast noch immer auf derselben Stufe, auf welche sie die bewunderungswürdige Arbeitskraft Orbigny's in kurzer Zeit gehoben; wir können nur wenige nachfolgende Arbeiten namhaft machen, die eine wirkliche Bereicherung der Kenntniss der Barrêmefauna bedeuten. Wenn wir Duval-Jouve's treffliche Belemnitenstudie und Astier's „Catalogue des *Ancyloceras*" anführen, so haben wir damit die Zahl der ausschliesslich oder fast ausschliesslich dem französischen Barrêmien gewidmeten Arbeiten erschöpft. Sehr wichtig sind die wenigen Darstellungen südfranzösischer Arten, welche in Quenstedt's ausgezeichnetem Cephalopodenwerke enthalten sind. Quenstedt verfügte offenbar nur über ein ziemlich geringes Material, wusste es aber so meisterhaft zu verwerthen, dass seine Darstellungen die Orbigny's in vieler Hinsicht überragen oder ergänzen. Namentlich seine Bemerkungen und Beobachtungen über die evoluten Formen sind vom grössten Interesse; er ist es bekanntlich, welcher den richtigen Weg, der zum Verständniss derselben führen wird, zuerst erkannt und eingeschlagen hat. P. de Loriol's und besonders Pictet's meisterhafte Arbeiten haben allerdings viele Arten Orbigny's richtiggestellt und zahlreiche neue kennen gelehrt und ebenfalls sehr interessante Beobachtungen über evolute Formen beigebracht, allein das Thema der Barrêmefauna wurde dadurch doch nur gestreift (Voirons) und nicht besonders wesentlich gefördert.

Das zahlreichste, der Barrêmefauna ungemein nahe verwandte Material hat wohl nach Orbigny Ooster in Händen gehabt. Leider ist der Ooster'sche Catalogue Céph. Suiss. eine fast in jeder Hinsicht schlechte und unbrauchbare Arbeit. Die Identificationen sind nur theilweise richtig, die Abbildungen fast durchaus bis zur Unkenntlichkeit schlecht. Ooster hat sein Material offenbar nicht genügend studirt oder es nicht hinreichend auszunützen verstanden; so ist in dem ganzen umfangreichen Werke kaum eine oder die andere Lobenlinie abgebildet. Überdies sind die Niveauangaben sehr vage und man vermisst schmerzlich wenigstens Artenverzeichnisse nach Localitäten, um sich doch wenigstens einigermassen ein Bild der jeweilig auftretenden Fauna entwerfen zu können. Es ist recht zu bedauern, dass das grosse, reichhaltige Material Ooster's keiner besseren Bearbeitung unterzogen wurde.

In neuerer Zeit hat sodann Tietze mehrere neue und einzelne ältere Arten des oberen Neocom aus dem Banate beschrieben, und die neueste Zeit endlich brachte uns zwei grosse Tafelwerke aus Frankreich, wovon das eine, Bayle, Explic. de la carte géol. de la France in Paris, das andere, Mathéron, Rech. pal. etc., in Marseille erscheint; beide entbehren bis jetzt eines erläuternden Textes. In dem ersteren finden sich nur wenige Barrêmeformen behandelt; es sind jedoch zahlreiche neue Gattungsnamen in Anwendung gebracht, von denen einige auch die hier behandelten Formen berühren. Das grosse Tafelwerk Mathéron's führt uns eine erstaunliche Menge merkwürdiger neuer Thierformen vor, welche deutlich beweisen, wie unzulänglich und mangelhaft unser paläontologisches Wissen über die untere Kreide heute erscheint. Freilich wird die Arbeit Mathéron's diese tiefe Lücke kaum auszufüllen im Stande sein. Die Abbildungen sind zwar meistens gut und leicht kenntlich, allein die Bearbeitung des Materials in zoologischer Hinsicht ist angescheinlich mangelhaft. Wir vermissen auf den zahlreichen Tafeln jedwede Lobenzeichnung, jedwedes Bivalvenschloss, kurz jeglichen Hinweis auf ein gründlicheres Studium des vorliegenden Stoffes. Ich konnte zwar nur zwei Mathéron'sche Arten unter den meinigen mit Sicherheit erkennen, trotzdem war mir das Erscheinen der betreffenden Arbeit sehr erwünscht, denn es fanden sich ausser den specifisch übereinstimmenden auch nahe verwandte oder analoge Formen vor, welche ebenfalls die Übereinstimmung der südfranzösischen mit der Wernsdorfer Fauna zu heben und zu vermehren geeignet sind.

Haben wir in Mathéron's Rech. pal. einen Atlas ohne Text, so bietet uns Coquand zahlreiche Beschreibungen neuer Arten ohne Abbildungen (Étud. supp. sur la paléont. Algérienne). Es ist natürlich unmöglich, Coquand's Schrift für die vorliegende Arbeit gehörig zu verwerthen. Hier muss noch der im Literaturverzeichniss angeführten Arbeit Reynès' gedacht werden, welche ich leider nur aus Whitaker's Geological Records kenne. Es sind zwar, wenn ich nicht irre, der Arbeit keine Abbildungen beigefügt und es wäre daher wohl kaum möglich, die betreffenden Species zu erkennen, allein es werden auch allgemeine Bemerkungen über evolute Ammonitiden gegeben, die für mich von grossem Interesse gewesen wären. Leider war mir das Werk nicht zugänglich.

Die reichen paläontologischen Schätze Südfrankreichs sind also noch immer ungehoben und harren noch der eigentlich wissenschaftlichen Bearbeitung. Es ist recht zu bedauern, dass die grossartigen Werke des schöpferischen Orbigny gerade was die Unterkreide anbelangt, in Frankreich keine Fortsetzung und Verbesserung erfahren haben. Es würde sich dabei nicht nur um eine Vermehrung des thatsächlichen Materials durch neue, noch nicht bekannte Arten, als auch um die Umarbeitung der alten, von Orbigny und seinen Vorgängern gegründeten Arten handeln. Der grösste Theil der Orbigny'schen Darstellungen in der Paléontologie franç., sofern sie nicht durch Pictet u. A. ergänzt und verbessert wurden, entspricht nicht mehr den von der heutigen Wissenschaft gestellten Anforderungen. Mit Recht behauptet Fischer,[1] Orbigny's Pal. franç. sei nur ein „guide" für Geologen und Paläontologen, nur die Grundlage für weitere Arbeiten, aber keine erschöpfende Darstellung. Auch ist es ein dringendes Bedürfniss, dass die zahllosen von Orbigny im Prodrôme aufgestellten Arten endlich eine nähere Bearbeitung erfahren. P. de Loriol hat im Jahre 1861 (Mte. Salève, p. 29) die Hoffnung und den Wunsch ausgesprochen, die Prodrôme-Arten möchten durch eine baldige Darstellung für die Wissenschaft Leben und Bedeutung gewinnen, allein derselbe ist bis heute nicht erfüllt worden. Diese Mangelhaftigkeit der paläontologischen Kenntniss übt nach zwei Richtungen schädigenden Einfluss aus; es werden neue Arten begründet unter Berufung auf gewisse Merkmale, die aus der Abbildung, zuweilen sogar aus der Beschreibung klar hervorgehen, von denen man aber häufig mit einer an Bestimmtheit grenzenden Wahrscheinlichkeit behaupten kann, dass sie nicht auf den Stücken, sondern nur auf dem Papiere bestehen und auf Beobachtungsfehlern etc. beruhen. Überflüssig ist es, auseinanderzusetzen, wie verwirrend und erschwerend dies auf den Fortschritt der Wissenschaft wirken muss. Dann wird auch die stratigraphische Gliederung der älteren Kreidegebilde dadurch ungemein erschwert. Wir haben in der neueren Zeit eine grössere Anzahl von stratigraphisch geologischen Arbeiten zu verzeichnen gehabt, welche die Gliederung der südfranzösischen unteren Kreide zum Gegenstande haben Wie sollen nun solche detaillirte Gliederungen vorgenommen werden können, wie soll man den angeführten Fossilverzeichnissen irgend welche Beweiskraft zumuthen, wenn die paläontologische Grundlage erwiesenermassen so unzureichend ist?

Diese Zustände muss ich für mich als Entschuldigung vorführen, warum ich mit so kärglichem südfranzösischem Material doch auf nähere Beschreibungen mancher Arten einging. Um die wirkliche Identität der südfranzösischen *Am. culpes, Phestus* mit den Wernsdorfer zu zeigen, musste die bisher unbekannte Lobenlinie der französischen Exemplare abgebildet werden. *Hoh. Caillaudianus, Gastaldinus* etc., bisher noch nicht abgebildete Prodrôme-Arten, wurden dargestellt, um ihre völlige Übereinstimmung mit den schlesischen zu erweisen. Ebenso mussten mehrere Arten abgebildet und beschrieben werden, da es nothwendig war, sich bei Darstellungen anderer auf sie zu beziehen Die Prodrôme-Namen wurden dabei soviel als möglich berücksichtigt, die Benennung wurde auf Grundlage der von Seemann herrührenden Etiketten der Collection Pictet und den Beschreibungen im Prodrôme selbst vorgenommen. Gewiss hätte sich mit derselben Mühe bei reichlicherem Material weit mehr leisten lassen, als es mir möglich war; allein, da nun schon die Umstände nicht sehr günstig lagen, so möge dies wenigstens zur Entschuldigung etwaiger Fehler dienen.

Die ungenügende Kenntniss einzelner Arten ist auch die Ursache, warum gewisse Identificationen nicht vorgenommen werden konnten. So sah ich im Genfer Museum zahlreiche Exemplare des Barrémien als *Am. Seranonis* Orb. bezeichnet, die mit dieser Art, wie sie Orbigny darstellt, nicht ganz gut übereinstimmen, aber vollkommen mit Wernsdorfer Exemplaren und dem *Am. Trajani* Tietze von Swinitza identisch sind. Es ist mir persönlich sehr wahrscheinlich, dass die genannten Exemplare und *Am. Trajani* Tietze mit *Am. Seranonis* wirklich eines und dasselbe sind, allein die klare Zeichnung und die deutlichen Worte des Textes lassen sich doch nicht ignoriren; es musste der Name *Am. Trajani* verwendet werden.

---

[1] Bull. Soc. géol. Fr. Sér. III, vol. VI, 1878, p. 434.

Es erübrigt mir, noch einige Worte über die in der vorliegenden Arbeit befolgten Grundsätze bezüglich der Art und Gattungsfassung zu sagen.

In ersterer Hinsicht hielt ich mich an den von Naegeli[1] aufgestellten und auch von Zittel[2] befolgten Grundsatz, dass alle jene Formen specifisch zu unterscheiden seien, welche, wenn auch stellenweise, durch Übergänge mit anderen verbunden, doch im Allgemeinen gut begrenzt sind und sich ohne grosse Schwierigkeit erkennen und beschreiben lassen.

Ein zweites Moment, welches nach dem Vorgange Quenstedt's, Oppel, Waagen und Neumayr bei der Ertheilung von Namen als wichtig und massgebend betonen, nämlich die Berücksichtigung des geologischen Lagers, konnte hier kaum in Betracht kommen, da es sich um Formen nur eines, geologisch untrennbaren Schichtverbandes handelt. Wie ich schon eingangs erwähnte, sind den Wernsdorfer Schichten mehrere Thon-eisensteinflötze eingeschaltet, deren Reihenfolge sich an allen Localitäten mehr oder minder vollständig wiederholt, und die auch durch ihre petrographische Beschaffenheit und Mächtigkeit von den Bergbaubeamten und Arbeitern wiedererkannt werden. Bei einem Theil der vorliegenden Fossilien ist nur das Flötz, dem oder dessen Umgebung im Liegenden oder Hangenden sie entstammen, angegeben, und ich hoffte anfangs, dass es vielleicht gelingen würde, gewisse Regelmässigkeiten in der Vertheilung zu entdecken oder Studien über die etwaigen Veränderungen der einzelnen Arten machen zu können.

Allein es zeigte sich leider, dass die mit so genauer Angabe des Lagers gesammelten Arten und Exemplare zu wenig zahlreich waren, um zu einem Resultate zu führen. Aus Mallenowitz liegen mir *Acanth. Albrechti Austriae, Macrosceph. Yeani, Haploc. liptaoiense* vom Flötz Nr. 4 und 7 vor, die Exemplare sind aber von einander nicht unterscheidbar. Eines liess sich aber doch aus den betreffenden Daten ersehen, dass nämlich in gewissen Flötzen gewisse Arten besonders häufig auftreten; werden an derselben Localität andere Flötze abgebaut, so zeigt es sich, dass dann auch theilweise andere Formen eintreten.

Würde man von den einzelnen Fundorten Fossilverzeichnisse geben, so würden dieselben scheinbar gewisse locale Verschiedenheiten erkennen lassen; Verschiedenheiten, die aber grösstentheils nur daher rühren, dass die verschiedenen Flötze an den einzelnen Localitäten nicht immer gleichmässig abgebaut wurden, sondern bald das eine oder das andere, je nach der localen Beschaffenheit und Erreichbarkeit, bevorzugt wurden. Ich habe desshalb auch auf diese Zusammenstellungen, die man sonst zu geben gewöhnt ist, wenig Werth gelegt.

Den meisten der hier ertheilten Namen kommt ein etwas grösserer Umfang zu, als den sogenannten „Formen" der neueren Systematik, es wurde ihnen daher auch nicht ein „n. f.", sondern „n. sp." nachgesetzt. Doch hat dies nur ungefähre Giltigkeit, denn ein strenger Unterschied zwischen „Species" und „Form" lässt sich ja doch nicht angeben.

Übrigens muss ich gestehen, dass nicht allen der hier beschriebenen Species der gleiche Werth zukommt. So wurden z. B. die *Haploceras* aus der Gruppe des *H. difficile* enger gefasst, als etwa *Lyt. recticostatum* oder *Sil. culpes* Coq. Bei den letzteren Arten lagen mir nämlich mehrere Exemplare vor, welche unzweifelhafte Übergänge vermittelten; bei den Haploceren fehlten sie. Ich halte es zwar persönlich für ausserordentlich wahrscheinlich, dass sich unter den Haploceren der genannten Gruppe die mannigfaltigsten Übergänge als bestehend erweisen werden, allein mir fehlte es an Material, wodurch ich diese Verhältnisse klarzulegen im Stande gewesen wäre, und ich musste daher die sich mir darbietenden Typen zur specifischen Beschreibung benützen.

Selbst wenn man übrigens diese Übergänge nachgewiesen haben wird, wird man ja doch die Haupttypen besonders benennen, und so hoffe ich, dass die von mir ertheilten Namen sich als haltbar herausstellen werden. Eine andere Gruppe, deren Darstellung viel Mängel enthalten dürfte, und mir selbst sehr verbesserungsbedürftig erscheint, sind die Hamulinen. Mir lagen davon zwar ziemlich zahlreiche Reste vor, allein die allermeisten in

---

[1] Sitzungsb. d. k. bayr. Akad. 1866, p. 421.
[2] Strassburg, p. VIII.

einem sehr bedenklichen Erhaltungszustand. Um nicht allzuviel ganz zu übergehen, mussten auch manche dürftigere Exemplare berücksichtigt werden. Ich bedauere dies um so mehr, als gerade diese Gruppe bei gutem und reichlichem Material die Erzielung schöner Resultate verspricht.

Der grösste Theil der hier zu beschreibenden Arten lässt sich gut und natürlich in den Rahmen der zahlreichen von Suess, Waagen, Zittel, Neumayr u. A. geschaffenen Gattungen einfügen, einige Gruppen aber zeigten nach allen Richtungen eine derartige Sonderstellung, dass für dieselben die Schaffung neuer Gattungsnamen nicht zu umgehen war. Würde man z. B. die Gruppe der Pulchellien zu *Hoplites* stellen oder die *Holcodiscus* u. g. zu *Oleostephanus*, so erweitert man dadurch diese wohlumschriebenen Gattungen durch Formenreihen, deren natürliche Verwandtschaft mit den übrigen Angehörigen derselben nicht direct erweisbar ist, wenn auch das Entstammen aus derselben Wurzel sehr wahrscheinlich gemacht werden kann.

Das Studium und die Bildung engerer Gruppen zeigt sich überhaupt für die Erkenntniss der natürlichen Verwandtschaft von grossem Werthe. Diese Gruppen und Formenreihen, wie sie Waagen und Neumayr für jurassische Ammoniten in so erfolgreicher Weise ausgeschieden haben, zeigen in der Regel grosse Veränderlichkeit in Bezug auf Sculptur, Form des Querschnittes, Dicke und Involubilität, nur die Lobenlinie zeichnet sich meist durch grosse Beständigkeit aus. Wir haben in der Scheidewandlinie überhaupt kein specifisches, sondern eher ein generisches oder Gruppen- und Reihenmerkmal zu erblicken.

Die Linien der zu einer Gattung zu stellenden Formenreihen oder Gruppen werden sich zwar unter einander durch untergeordnete Abweichungen unterscheiden, aber sie werden leicht auf einander zu beziehen und aus einander ableitbar sein.

Ich war daher bestrebt, zu jeder der Formengruppen, die ich zu erkennen meinte, den bezeichnenden Lobus nachzuweisen, was oft nur unter Zuhilfenahme des französischen Materiales möglich war, allein ich konnte darin, dass von manchen Arten der Wernsdorfer Schichten der Verlauf der Scheidewandlinie nicht zu erkennen war, bei sonst guter Erhaltung kein Hinderniss zur Gründung einer neuen Species erblicken. Die Lobenlinie, die z. B. Orbigny von *A. galeatus* aus Südamerika abbildet, stimmt bis auf alle Einzelheiten so vollkommen mit der des französischen *galeatus*, *Didayi*, *Dumasianus* etc. überein, dass wohl auch für den Wernsdorfer *A. Karsteni* n. sp. keine andere Scheidewandlinie vorausgesetzt werden kann.

In manchen Fällen, wenn sich die abzweigenden Formenreihen von den Stammtypen weit entfernen und sich stark verändern, verliert auch dieses leitende Merkmal an Verlässlichkeit und Beständigkeit. Dies tritt z. B. bei den von *Lytoceras* abstammenden aufgerollten Formen, den Hamiten (in der weiteren Fassung Neumayr's) ein. Jene Formen, die mit den regelmässig involuten in inniger Verwandtschaft stehen, wie *Macroscaphites Yeani* mit *Lyt. recticostatum*, *Pictetia Astieri* mit den Fimbriaten, ist die Übereinstimmung im Lobenbau eine schlagende; auch bei der Gruppe der *Ham. Astieri* ist sie gross, verliert sich aber immer mehr und mehr bei *Ham. subcylindrica* und ihren Verwandten, bei *Ptychoceras* ist sie kaum mehr zu erkennen. Es war desshalb die weite Fassung der Gattung *Hamites* im Sinne Neumayr's nicht möglich, es mussten engere Termini, — zum grössten Theil bereits bestehende — angewendet werden.

Damit soll jedoch keineswegs einer solchen generischen Zersplitterung das Wort geredet werden, wie sie z. B. Bayle in seinem oft citirten Tafelwerke vornimmt, wo Formen, die mehrere, augenscheinlich sehr innig zusammengehörige Formenreihen, ja selbst nur eine Reihe bilden, in mehrere Gattungen auf Grund gradueller Abstufungen einer sich gleich bleibenden Variationsrichtung gestellt werden (wie z. B. die Harpoceren des Lias und Dogger), ein Vorgehen, welches Neumayr (Kreideammonitiden, p. 873) ausdrücklich und mit Recht als verwerflich und ganz unzulässig betont.

Es wird vielleicht auffallen, dass in dieser Arbeit so zahlreiche Vorkommnisse ohne specifischen Namen einfach aufgeführt oder auch beschrieben und abgebildet werden. Es hat dies seinen Grund in dem häufig sehr mangelhaften Erhaltungszustand der Exemplare. Wären die Barrême-Arten Südfrankreichs besser bearbeitet, als dies jetzt der Fall ist, so würde es zweifellos leicht gelingen, noch eine grosse Anzahl dieser unvollständig beschriebenen Arten zu identificiren und specifisch zu bestimmen; denn viele Exemplare liegen in einem derartigen Zustand vor, dass sie nach bereits bestehenden Werken wohl bestimmt werden könnten, allein sich nicht zur selbstständigen Aufstellung von Arten eignen. An dem Vorhandensein noch zahlreicherer, Schlesien und Südfrankreich gemeinsamer Formen ist kaum zu zweifeln, denn wo die Haupttypen der verschiedensten Gruppen gemeinsam auftreten, ist wohl auch eine, wenigstens theilweise übereinstimmende Entwicklung der selteneren Formen zu erwarten.

Literatur-Verzeichniss.

In das folgende Verzeichniss wurden die Publicationen aufgenommen, welche Cephalopoden der unteren Kreide behandeln. Bei den häufiger citirten ist die Abkürzung angegeben, unter welcher sie im Texte vorkommen. Arbeiten, welche ausschliesslich die mittlere und obere Kreide betreffen, wurden nur dann berücksichtigt, wenn sich entweder häufiger die Nothwendigkeit ergab, sie zu citiren, oder aber, wenn es sich um alpine Vorkommen handelte. Dagegen wurden die Schriften über den russischen und nordeuropäischen Gault nicht aufgenommen. Ebenso wurden die zahlreichen Arbeiten über das Tithon nicht namhaft gemacht, weil das Tithon der Wernsdorfer Stufe doch schon ziemlich fern steht; doch muss ich erwähnen, dass ich häufig die bekannten Tithonarbeiten Zittel's zu citiren u die Lage kam, es geschah dies unter den Abkürzungen „Zittel, Stramberg" und „Zittel, Älteres Tithon".

Ich bemerke im Vorhinein, dass dieses Verzeichniss keinen Anspruch auf Vollständigkeit erhebt. Wer da weiss, mit welchen Schwierigkeiten es in Wien verbunden ist, die Literatur über irgend einen Gegenstand vollständig zusammenzubringen, wird mich entschuldigen, wenn mir einzelne Schriften unbekannt geblieben sind. Die mit einem Sternchen bezeichneten kenne ich nur nach Literaturnotizen. Indessen hoffe ich doch, dass mir keine Arbeit entgangen ist, welche auf die Benennung der Arten und die gesammte Auffassung der hier behandelten Gegenstände einen bestimmenden Einfluss ausgeübt hätte.

Wenn also auch das folgende Verzeichniss nicht ganz vollständig ist, glaube ich es doch veröffentlichen zu sollen. Derartige Verzeichnisse existiren z. B. für den Jura bereits mehrere und erweisen sich bei der immer mehr anwachsenden und vielfach zersplitterten Literatur namentlich für denjenigen Forscher, der sich erst in irgend einen Gegenstand einarbeiten muss, als sehr nützlich. Für die untere Kreide dagegen wird ein derartiges Verzeichniss bisher noch vermisst, und es wird daher das folgende vielleicht trotz seiner Unvollständigkeit keine unnütze Beigabe sein.

Endlich möchte ich noch bemerken, dass ich die allerälteste Literatur mit Absicht unberücksichtigt gelassen habe; das Herbeiziehen dieser Schriften erscheint ziemlich zwecklos, da sie doch nicht als paläontologische Werke im heutigen Sinne der Wissenschaft gelten können.

Ablch H. Verzeichniss einer Sammlung von Versteinerungen von Daghestan. Zeitschr. der deutsch. geolog. Ges. Bd. III, 1851. S. 15..

Astier. Catalogue descriptif des *Ancyloceras* appartenant à l'étage néocomien d'Escragnolles et de Basses-Alpes, in: Annales de la Société nationale d'agriculture, d'histoire naturelle et des arts utiles de Lyon, 1851. — Astier, Cat. d. Ancyl.

Bayle E. Explication de la carte géologique de la France, T. IV, 1878. (Nur Atlas).

Bayle et Coquand. Mémoire sur les fossiles secondaires, recueillis dans le Chili par Ig. Domeyko et sur les terrains, auxquels ils appart. Mém. Soc. géol. de France II. Ser.. Bd. IV, Paris 1851.

Bittner A. Der geologische Bau von Attica, Boeotien, Lokris und Parnassis. Denkschr. der kais. Akad. Wien, Bd. XL, 1880. (S. 21. *Haploc. latidorsatum, Mayorianum, Benlanti(?) Lyt. Agassizianum, Hamites* sp.)

Blainville D. de. Mémoire sur les Bélemnites etc. Paris 1827.

Buch L. v. Die Anden in Venezuela *(Ann. Tacuyensis)* Zeitschr. der deutsch. geol. Gesellschaft, Bd. II, 1850, p. 339.

Buch L. de. Pétrifications recueillis en Amérique par M. A. de Humboldt et par M. Ch. Degenhardt. Berlin 1839.

Buch L. v. Über Ammoniten, Berlin. Abhandl. Acad. 1830.

Buch L. v. Explication de trois planches d'Ammonites.

Buch L. de. Sur les Ammonites et leur distribution en familles etc. Ann. sc. nat. 1833, Bd. XXIX.

Buvignier A. Statistique minéral. géol. et pal. du départ. de la Meuse. Paris 1852.

Catullo T. Prodromo di geognosia paleozoica delle Alpi Venete. Mailand 1847.

Catullo T. Intorno ad una nuova classificazione delle calcarie rosse ammonitique dell'Alpi Venete. Memor. dell'I. R. Istituto Veneto di Sc. Lett. ed Arti, vol. V, 1853.

Coquand M. H. Monographie paléontologique de l'étage aptien de l'Espagne. Mém. de la Soc. d'émulation de la Provence, Bd. III. 1863, p. 191.

Coquand M. H. Géologie et Paléontologie de la region sud de la province de Constantine. Mém. de la Soc. d'émulation de la Provence. II. 1862, p. 1.

Coquand H. Description géologique de la province de Constantine, Mém. Soc. géol. France, 2. ser., T. V, 1854.

Coquand M. H. Notice sur les richesses paléontologiques de la Province de Constantine. Journal de Conchyliologie, Bd. III. Paris 1852, p. 418.

Coquand H. Études supplémentaires sur la Paléontologie Algérienne faisant suite à la description géologique et pal. de la région Sud de la prov. de Constantine. Bull. Acad. d'Hippone 1880. (Bone.)

Coquand et Bayle, siehe Bayle.

Cotteau G. Études sur les mollusques fossiles du départ. de l'Yonne, Paris 1853—57. (Prodrôme.)

Dames W. Über Cephalopoden aus dem Gaultquader des Hoppelberges bei Langenstein, Zeitschr. der deutsch. geol. Ges. 1860, p. 685.

Darwin. Geological observations on South-Amerika.

Dunker. Über *A. Geordianus* Orb. etc. Palaeontographica I, 1851, p. 324.

Domeyko siehe Bayle et Coquand.

Duval-Jouve J. Bélemnites des terrains crétacés inf. des environs de Castellane (Basses-Alpes). Paris 1841. Duval-Jouve Bel. de Castellane.

Duval-Jouve. Sur une espèce de Crioceratite. Bull. Soc. géol. France 2. ser, IX, 1837—38, p. 326.

Eichwald. Lethaea rossica ou Paléont. de la Russie. Stuttgart 1868, vol. II.

Ewald. Über die Grenze zwischen Néocomien und Gault. Zeitsch. d. deutsch. geol. Gesellsch. Bd. II, 1850, p. 440.

Fischer v. Waldheim. Sur le Crioceras Voronzowi Sperk. Bull. Soc. nat. Moscou, XXII, 1849, p. 215.

Fitton. Observations on some of the strata between the Chalk and the Oxford Oolite etc. Geolog. Soc. Transact. IV, 1836.

Forbes Ed. Report on the cretaceous fossils from Santa Fe de Bogotá, presented to the Geol. Soc. by Evan Hopkins. Quart. Journ. Geol. Soc. of London, 1, 1845, p. 174.

Forbes Edw. Catologue of Lower Greensand Fossils in the Museum of the Geol. Soc. with notices of species new to Britain contained in other collections. Ebendaselbst, p. 345.

Forbes Edw. Report on the fossil Invertebrata from Southern India, collected by Mr. Kaye and Mr. Cunliffe, Transact. Geol. Soc. of London, vol VII, 1846, p. 97.

Gabb. W. Synopsis of the Mollusca of the cretaceous Formations 1861.

Gabb W.M. Description of the cretaceous fossils, in: Geological Survey of California, Palaeontology, vol. I, 1864, vol. II, 1869.

Galeotti, siehe Nyst.

Giebel C. G. Fauna der Vorwelt, Bd. III, Cephalopoden. Leipzig 1852.

Gilliéron V. Aperçu géologique sur les Alpes de Fribourg en général et description spéciale du Monsalvens. Beiträge zur geolog. Karte der Schweiz, Bd. XII, Bern 1873. Gilliéron, Alp. de Fribourg.

Glocker. Über eine neue räthselhafte Versteinerung aus dem thonigen Sphaerosiderit der Karpatensandsteinformation im Gebiete der Beskiden. Nova Acta Acad. Leop. vol. XIX. (*Nautilus plicatus.*)

Hauer Fr. v. Cephalopoden vom Rossfelde bei Hallein. Haidinger's Berichte über die Mitth. von Freunden der Naturw. Wien III, 1848, S. 476; auch im Bull. Soc. géol. Fr. 1846 und im neuen Jahrbuch für Min., Geol. etc. 1849.

Hauer Fr. v. Heterophyllen der österr. Alpen, Sitzungsberichte der kais. Akad. Wien XII, 1854, p. 861.

Hell H. de. Les steppes de la mer Caspienne etc. Paléontologie du voyage de H. de Hell par d'Orbigny.

Handtken M. v. Die geolog. Verhältnisse des Graner Braunkohlengebietes. Mittheil. aus dem Jahrbuch der k. ung. geol. Anstalt, Bd. I, 1. Heft. Pest 1872, S. 115 (*Amm. furcato-sulcatus* und *Cressyi*), vergl. Schloenbach, Verhandl. der geol. Reichsanstalt 1867, p. 358.

Karsten H. Die geognostischen Verhältnisse Neu-Granada's. Verhandl. der Versammlung deutscher Naturforscher in Wien, 1856. Karsten, Columbien.

Keyserling. Wissenschaftl. Beobachtungen auf einer Reise in das Petschoraland. Petersburg 1846.

Lagusen. Über Versteinerungen aus dem Thon von Ssimbirsk. Schr. d. Russ. Min. Gesellsch. Ser. 2, Bd. IX, 1874.

Lea Is. Notice of the Oolitic Formation in America with Descriptions of some of its Organic Remains, Transact. Am. Phil. Soc. 2. ser., vol. VII, 1840.

Leymerie M. A. Sur le terrain crétacé du dep. de l'Aube Mém Soc. géol. France, T. V, 1842.

Léveillé Ch. Description de quelques nouvelles coquilles fossiles du dep. de Basses-Alpes. Mém. de la Soc. géol. de France, II, 1835, p. 313.

Loriol P. de. Description des animaux invertébrés fossiles, contenus dans l'étage Néocomien moyen du Mont Salève, Genf 1861, Loriol, Mont Salève.

Loriol et Pictet, siehe Pictet.

Mathéron Ph. Catalogue méthodique et descriptif des corps organisées fossiles etc. Marseille 1842.

Mathéron Ph. Recherches paléontologiques dans le midi de la France, 1878—1880, Liv. I—VI (nur Atlas, ohne Text) Mathéron, Rech. pal.

Meek F. B. Invertebrate Palaeontology, im Report of the United States Geolog. Survey of the territories, by F. V. Hayden, vol. IX, Washington 1876.

Mo esch C. Zur Paläontologie des Seutisgebirges. Nachtrag zu Lief. XIII der Beiträge zur geolog. Karte der Schweiz, 1878.

Neumayr M. Die Ammonitiden der Kreide und die Systematik der Ammonitiden. Zeitschrift der deutsch. geol. Gesellschaft, 1875, S. 854, Neumayr, Kreideammonitiden; auch in Sitzungsb. d. kais. Akad. Wien, Bd. LXXI, 1875.

Neumayr und Uhlig. Über Ammonitiden aus den Hilsbildungen Norddeutschlands. Palaeontographica, Bd. XXVII, 1881, Cassel, Neumayr und Uhlig. Hilsammonitiden.

Neumayr und Holub. Über einige Fossilien aus der Uitenhage-Formation in Süd-Afrika. Denkschr. der kais. Akad. der Wissensch. 1881, Bd. XLIV.

Niedzwiecki J. Beiträge zur Geologie der Karpathen. Jahrb. der geolog. Reichsanstalt, 1876, Bd. XXVI, S. 331.

Nyst et Galeotti. Sur quelques fossiles du calcaire jurassique de Tehuacan au Mexique. Bull. Acad. roy. Sc. et belles lett. de Bruxelles, p. 212, 1840.

Ooster W. A. Catalogue des Céphalopodes fossiles des Alpes Suisses, in Neue Denkschr. der allgem. schweiz. Gesellsch. für die gesammten Naturwissensch, Bd. XVII u. XVIII, 1860. Ooster, Céph. Suiss.

Ooster W. A. und Fischer-Ooster C. v. Protozoë helvetica, Bd. II, 1870—71, Die organ. Reste der Pteropodenschicht, Unterlage der Kreideformation in den Schweizer Alpen von W. A. Ooster.

Orbigny Al. d'. Paléontologie française, terr. crétacés, I. Céphalopodes, Paris, 1840—1841, Orbigny, Pal. fr.

Orbigny Al. d'. Voyage dans l'Amérique méridionale, Bd. III, Paléontologie. Paris 1842. Orbigny, Am. mérld.

Orbigny Al. d'. Paléontologie universelle de coquilles et des Mollusques. Paris 1845.

Orbigny Al. d'. Prodrôme de l'paléontologie stratigr. universelle etc. II. vol. Paris 1850, Orb., Prodr. II.

Orbigny Al. d'. Note sur quelques nouvelles espèces remarquables d'Ammonites des étages Néocomien et Aptien de France, Journal de Conchyliologie, Bd. I. Paris 1850, p. 196.

Orbigny Al. d'. Notice sur le genre *Heteroceras*, de la classe des Céphalopodes. Journal de Conchyliologie, Bd. II, 1851, p. 217, Taf. 3 u. 4.

Orbigny Al. d'. Notice sur le genre *Hamulina*. Journal de Conchyliologie, Bd. III, Paris 1852, S. 207, Orbigny, *Hamulina*.

— Sur quelques coquilles fossiles, recueillies dans les montagnes de la Nouvelle-Grenade par M. gén. J. Acosta. Ebendaselbst, Bd. IV, 1853, p. 208.

Orbigny Al. d'. Descript. de quelques espèces d'Ammonites nouvelles des terrains jur. et crét. Rev. et Magasin de Zoo logie etc. VIII, 1856, p. 105.

Orbigny Al. de. Description de quelques fossiles ramarquabl. de la Répub. de la nouvelle Grenade. Rev. et Mag. de Zoo logie III, 1851, p. 378.

Paul C. M. u. E. Tietze. Neue Studien in der Sandsteinzone der Karpathen, Jahrb. d. geol. Reichsanstalt, 1877, Bd. XXVII, Beschreibung eines Perisphinctes cf. Enthymi aus dem ob. Teschner Sch. p. 39.

Phillips. Geology of Yorkshire, 1829.

Pictet F. J. et P. de Loriol. Description des fossiles, contenus dans le terrain néocomien des Voirons, in: Materiaux pour la Paléontologie Suisse. II. sér. Genf 1858. Pictet et Loriol, Voirons.

Pictet F. J. et Campiche G. Description des fossiles du terrain crétacé des environs de St. Croix. Ebendaselbst, II. und III. Ser. Genf 1858—1860. Pictet, St. Croix.

Pictet F. J. et W. Roux. Description des Mollusques fossiles, qui se trouvent dans les grès verts des environs de Genève. Genf 1847—53. Pictet, Grès verts.

Pictet F. J. Mélanges peléontologiques, Mém. de la Soc. de Physique et d'Histoire naturelle de Genève. Tome XVII.

    I. Lieferung, Genf 1863 :

      1. Sur les limites du genre *Toxoceras* et sur le *Toxoceras obliquatum* Orb.

      2. Sur la limite des genres *Ancyloceras* et *Crioceras*, au sujet de l'existence d'une bouche dans le *Crioceras Ducali*.

      3. Sur enroulement varié de l'*Ammonites angulicostatus* et sur la limite: des genres *Ammonites* et *Crioceras*.

      4. Discussion sur les variations et les limites de quelques espèces d'*Ammonites* du groupe des *A. rotomagensis* et *Mantelli*.

    II. Lieferung, Genf 1867 :

      Études paléont. sur la faune à *Terebratula diphyoides* de Berrias (Ardèche).

    III. Lieferung, Genf 1867 :

      Étude monographique des *Térébratules* du groupe de la *T. diphya*.

      Note sur le gisement des *Térébratules* du groupe de la *diphya* dans l'empire d'Autriche par Ed. Suess.

    IV. Lieferung, Genf 1868 :

      Étude provisoire des fossiles de la Porte-de-France, d'Aizy et de Lémenc.

      Pictet, Mél. pal.

Pictet et Renevier, Description des fossiles du terrain Aptien de la Perte du Rhône, Mater. p. la paléont. Suisse, I, 1858.

Puzos. Über *Scaphites Yvani*. Bull. Soc. géol. France. 1. sér., Bd. II, 1831, p. 355, Taf. II.

Quenstedt Fr. A. Petrefactenkunde Deutschlands, Bd. I, Cephalopoden. Tübingen 1846—49. Quenstedt, Ceph.

— Handbuch der Petrefactenkunde. Tübingen 1867.

*Raspail. Histoire naturelle des Bélemnites. Annal. de soc. d'observation, vol. I, p. 271.

— Histoire naturelle des *Ammonites* et des *Terebratules*, Paris-Bruxelles 1866.

*Reynès. Sur quelques points de l'organisation des Ammonites, t. I ; Descr. de quelques espèces d'Ammonites, qui se trouv. d. le Mus. d'hist. nat. de la ville de Marseille ; Bull. de la Soc. Scientif. Industr. de Marseille, t. IV.

Roemer F. A. Die Versteinerungen des norddeutschen Kreidegebirges. Hannover 1841.

Rousseau L. Descript. de principaux foss. de la Crimée, in: Demidoff, Voyage dans la Russie mérid. et la Crimée. Paris 1842.

Ronville P. de. Description d'une espèce nouvelle d'*Ancyloceras* de l'étage néocomien de Claret (Hérault) Mém. Acad. Sc. et Lettr. de Montpellier, 1856. (*Ancyl. Clareti*) nach Coquand et Boutin (Bull. soc. géol. Fr. Bd. XVI, p. 819.) *Ammon. Clareti.*

Schafhäutl. Südbayerns Lethaea geognostica. Leipzig 1863.

Schloenbach. Kleine paläontol. Mittheil. über *Amm. Austeni* Sh. (*Liparicensis* Zeusch.). Jahrb. der geol. Reichsanst. 1868, Bd. XVIII.

Schlotheim v. Die Petrefactenkunde auf ihrem jetzigen Standpunkte, und Nachträge zur Petrefactenkunde. Gotha 1820—23.

Schmidt Mag. Über die Petrefacten der Kreideformation von der Insel Sachalin. Mém. Acad. Imp. sc. Bd. XIX, 1873.

Sharpe. Description of fossils from secondary rocks of Sunday river etc. Transact. Geol. Soc. II. ser., vol. VII.

Sharpe. Descr. of the fossil remains of Mollusca found in the Chalk of England, Palaeontogr. Soc. 1853.

Seeley H. On *Ammonites* from the Cambridge Greensand, Annals and Magazine of Natur. History, 1865.

Sowerby. Mineral Conchology of Great Britain, 1812—1829.

— Letter on the genus *Crioceratites* and on *Scaphites gigas.* Transact. geol. Soc. V, 1840, p. 409.

— On the new genus of fossil shells Tropaeum. Geol. Soc. Proceed. II, 1838, p. 535.

Steinmann G. Zur Kenntniss der Jura und Kreideformation von Caracoles, Neues Jahrb. für Min., Beilageband I, 1881.

Steinmann G. Über Tithon und Kreide in den perruanischen Anden. Neues Jahrbuch für Mineral., Geol. etc. 1881, p 130.

Stoliczka F. et Blanford H. The fossil Cephalopoda of the Cretaceous Rocks of Southern India. Memoirs of the Geol. Survey of India, Palaeontologia Indica. Calcutta 1865.

Stoliczka F. On the Charakter of the Cephalopoda of the South-Indian Cretaceous Rocks. Quart. Journ. Geol. Soc. London 1865, p. 407.

Stoliczka F. Additional observations regarding the cephalopodous Fauna of theSouth-Indian Cretaceous deposits. Records of the Geological Survey of India, 1868, p. 32.

Tate R. On the correlation of the Cretaceous Formations of the Northeast of Ireland. Quart.Journ. geol. Soc. XXI, 1865, p. 15.

— On some secundary fossils from South-Afrika. Quart. Journ. geol. Soc. 1867.

Tietze E. Geologische und paläontologische Mittheilungen aus dem südlichen Theile des Banater Gebirgsstockes. Jahrb. der k. k. geol. Reichsanstalt. Wien 1872, Bd. XXII, S. 35. Tietze, Banat.

Toula F. Grundlinien der Geologie des westlichen Balkan. Denkschr. der kais. Akad. 1881, Bd. XLIV.

Uhlig und Neumayr, siehe Neumayr.

Uhlig V. Zur Kenntniss der Cephalopoden der Rossfeldschichten. Jahrb. der geol. Reichsanstalt, 1882, Bd. XXVII.

Vacek M. Über Vorarlberger Kreide. Jahrb. der k. k. geol. Reichsanst. Bd. XXIX, Wien 1879, p. 659.

Vilanova J. Memoria geognostico-agricola sobre la provincia de Castellon, 1858.

Voltz Ph. L. Observations sur les Bélemnites. Mém. Soc. d'hist. nat. de Strassburg, 1830.

Waagen W. Description of three cret. Cephalopoda from Kachh, in: Jurassic Fauna of Kutsch. Mem. of the geol. Survey of India, vol I. Calcutta 1875. (*Am. Martini, Deshayesi, Crioc. australe.*)

Whiteaves. Mesozoic fossils, p. II. On the Fossils of the Cretaceous Rocks of Vancouver and adjacent Islands in the Strait of Georgia. Geol. Surv. of Canada, Montreal 1879.

Winkler G. G. Versteinerungen aus dem bayrischen Alpengebiet. I. Die Neocomform des Urschlauerachenthales bei Traunstein. München 1868.

Zeuschner. Geognostische Beschreibung des Liaskalkes in der Tatra und in den angrenzenden Gebirgen. Sitzungsb. der kais. Akad. Wien, Bd. XIX, 1856. (*Haplocerus Liparicense*), p. 135.

Zigno Ach. Bar. de. Memoria sopra due fossili della calcaria bianca dei monti Padovani. Giorn. dell'Istituto Lombardo, T. XII.

Artenbeschreibung.

BELEMNITES Agric.

Ähnlich wie sich seinerzeit die Nothwendigkeit ergab, der Erkenntniss zahlreicher grosser Organisationsunterschiede in der grossen Gruppe der Ammoniten durch die Schaffung engerer Gattungen äusseren Ausdruck zu verleihen, so wird man wohl auch heute ein ähnliches Bestreben in Bezug auf die Belemniten gerechtfertigt finden müssen. Trotz der Gleichartigkeit in der äusseren Erscheinung bestehen doch zwischen den einzelnen Belemniten bedeutende Abweichungen, welche schon frühzeitig zur Ausscheidung mehrerer Gruppen geführt haben, die der Hauptsache nach, als Zusammenfassungen von wirklich verwandten Formen erscheinen und daher bei Aufstellung eines Systems und engerer Gattungen werthvolle Hinweise enthalten.

In neuerer Zeit wurden die Belemniten von Bayle, wenn auch nicht in ihrer Gesammtheit, in Untergattungen getheilt (Explic. de la carte géol. etc.) und für dieselben theils neue, theils alte, halb in Vergessenheit gerathene Namen angewendet. Leider ist der Text zu dem betreffenden Werke Bayle's noch immer nicht erschienen und damit fehlt die nothwendige Grundlage zur Beurtheilung der neuen Systematik. Es scheint mir zwar vollständig richtig zu sein, wenn Bayle für die *Notocoeli* und *Canaliculati* besondere Gattungsnamen anwendet *(Duvalia* und *Hibolites)*, aus dem eben angeführten Grunde aber musste von dem Gebrauche derselben vorläufig noch Abgang genommen werden.

In der Fauna der Wernsdorfer Schichten treten die Belemniten nach Arten-, wie Individuenzahl gegen die Ammoniten sehr zurück. Die meisten Arten fanden sich nur in je einem oder nur wenigen Exemplaren; nur *Belemnites minaret* liegt in mehreren Exemplaren vor; sonderbarer Weise aber waren darunter verhältnissmässig viel neue Arten. Sie gehören den Gruppen der *Notocoeli* (*Notosiphites* Duval-Jouve) und der *Canaliculati* an. Zu der ersteren Gruppe gehören:

Belemnites Grasi Duval.	*Belemnites* aff. *extinctorius* Rasp.
„ *Hoheneggeri* n. sp.	

Zu der zweiten:

Belemnites gladiiformis n. sp.	*Belemnites Beskidensis* n. sp.
„ *Fallauxi* n. sp.	„ *minaret* Duv.
„ *carpaticus* n. sp.	„ *pistilliformis* Bl.

Die mir zur Verfügung stehende Literatur ist gerade bezüglich der Belemniten etwas lückenhaft, es fehlt mir Raspail's bekannte Arbeit aus den Ann. d'observat., ferner Orbigny's Pal. univ.

Auf Taf. I, Fig. 16, 17 wurden zwei Belemniten abgebildet, wovon einer dem *Belemnites minaret* sehr nahe steht. Sie sind durch die bereits bei so vielen Belemniten, namentlich der unteren Kreide, nachgewiesenen eigenthümlichen Löcher ausgezeichnet. Diese Löcher sind nicht zahlreich, aber ziemlich gross, tief, elliptisch länglich und mit scharfen Umrissen versehen.

Belemnites Grasi Duval.

Taf. I, Fig. 5, 6, 11.

1841. *Belemnites Grasianus* Duval-Jouve, Bélemnites des Basses-Alpes, Taf. VII, Fig. 1—4, p. 63.
    „   „   Orbigny, Paléont. univ., Taf. LXXIII.[1]
    „   „   Orbigny, Prodrôme, p. 97.

Von dieser charakteristischen Art liegen mir vier Exemplare vor, die zwar nicht ganz mit einander übereinstimmen, aber doch als zusammengehörig erkannt werden können. Das Rostrum ist flach, breit, zusammengedrückt, und zeigt am Alveolarende auf der Mitte der Flanken zwei, mehr oder minder kräftige Kiele, welche gegen die Spitze zu verschwinden und in seichte, breite Verflachungen übergehen. Die Siphonal- und die Canalseite sind scharf gekielt, der Canal erstreckt sich bei der typischen Form etwa so weit, als die Kiele des Alveolarendes.

Die schlesischen Exemplare vertreten extreme Entwicklungsformen. Bei dem einen reicht der Canal sehr tief hinab und die seitlichen Kiele des Alveolarendes sind eben nur angedeutet; bei dem anderen sind die Kiele sehr kräftig, der Canal aber sehr kurz, er erstreckt sich nicht so weit, als die Alveolarkiele reichen. Das kleine Jugendexemplar scheint dem Typus am meisten zu entsprechen. Bei einem Exemplar ist die Lage des Sipho erkennbar.

Bel. Grasi tritt zuerst im oberen Néocomien (Barrémien) auf, wie schon Duval betont hat. Orbigny citirt diesen Belemniten aus dem „Urgonien" und „Aptien".

Ein Exemplar stammt von Grodischt (Hoh. S.), zwei von Mallenowitz (Fall. S.)

---

[1] Ich gebe dieses Citat nach Orbigny's Prodrôme; in dem einzigen Wiener Exemplare der Paléont. univ., im Besitze des k. k. Hof-Mineraliencabinetes, fehlt nämlich die Taf. LXXIII, ebenso die Tafel, auf welcher *Bel. minaret* abgebildet ist.

Belemnites Hoheneggeri n. sp.

Taf. I, Fig. 10.

Das Rostrum ist am unteren Ende breit und flach, verjüngt sich allmälig gegen das Alveolarende und sehr rasch gegen die Spitze, und erhält so die bekannte Tropfen- oder Pistillform, wie manche Exemplare von *Belemnites pistilliformis*. Während jedoch die letztere Art einen rundlichen Querschnitt besitzt, hat *Bel. Hoheneggeri* schmal elliptischen Querschnitt. Das abgebildete Exemplar hat am breiteren Ende einen Durchmesser von 14 Mm., am Alveolarende eine Breite von 9 Mm. Die letztere Zahl lässt sich übrigens nicht ganz genau feststellen, da das Alveolarende verdrückt ist. Es zeigt nämlich jene lose, lockere Anlage der einzelnen Schalenlamellen, welche die sogenannte Actinocamaxbildung im hohen Grade befördert. Seitliche Kiele sind nicht deutlich entwickelt; ob ein Canal vorhanden, lässt sich nicht ganz bestimmt aussagen, es scheint nicht, jedenfalls war er nur kurz und schwach angedeutet.

In der mir zugänglichen Literatur finde ich diese Form nirgends beschrieben, welcher ich einen besonderen Namen ertheile, obwohl mir zur Charakterisirung derselben nur ein Exemplar zur Verfügung steht. Bei einem zweiten Exemplare ist die Zugehörigkeit fraglich. Das verjüngte Alveolarende, die blättrige Entwicklung desselben, der Mangel eines deutlichen Canals sind Eigenthümlichkeiten, welche die beschriebene Form leicht von ihren Verwandten, *Bel. latus, dilatatus, Emerici, Grasi* etc. unterscheiden lassen.

Die Lage des Sipho konnte nicht erkannt werden, trotzdem scheint mir aus der ganzen Anlage und Beschaffenheit des Rostrums die Zugehörigkeit zu den Notocoeli mit Sicherheit hervorzugehen.

Ein Exemplar von Grodischt (Fall. S.).

Belemnites aff. extinctorius Rasp.

Taf. I, Fig. 12.

Das Rostrum hat eine spitz-kegelförmige Gestalt und besitzt am breiteren Ende einen Durchmesser von 12 Mm. Die Alveole zeigt an derselben Stelle einen Durchmesser von 6·3 Mm. Der Querschnitt ist allenthalben rundlich, Kiele sind nicht zu sehen. Ein Canal kommt zur Entwicklung, doch ist derselbe ziemlich seicht und kurz.

Es kann keinem Zweifel unterliegen, dass *Belemnites extinctorius* Rasp. (Duval-Jouve, Bélemnites de Castellane, Taf. 8, Fig. 1—3, Quenstedt, Ceph., Taf. 30, Fig. 19, 20, p. 453) als die nächst verwandte Form zu betrachten ist. Die Unterschiede liegen darin, dass die angezogene Form stets einen sehr langen, tiefen, fast bis zur Spitze reichenden Canal entwickelt zeigt, während der Canal unserer Form viel kürzer ist, und dass die Spitze der Scheide bei der ersteren flach zusammengedrückt ist, während bei der letzteren auch die Spitze stiftförmig gerundet erscheint.

Da nur ein Exemplar dieser Art vorhanden ist, so lässt sich nicht ersehen, in wieweit den angegebenen Unterscheidungsmerkmalen Beständigkeit und Bedeutung zukommt. Da jedoch die Länge des Canals bei *Bel. Grasi* nicht unbedeutenden Schwankungen unterworfen ist, so ist es wohl sehr leicht möglich, dass hier ein ähnliches Verhältniss stattfindet. Unter diesen Umständen konnte ich mich nicht entschliessen, das Exemplar zur Grundlage einer besonderen, neuen Art zu erheben. Es muss vorläufig noch unentschieden bleiben, ob wir es hier mit einem extrem entwickelten Exemplare von *Bel. extinctorius* oder einer besonderen Art zu thun haben. Wahrscheinlich würde sich die Lösung dieser Frage durch Untersuchung eines einigermassen reichlichen südfranzösischen Materials leicht ergeben.

Quenstedt hat bereits die Wahrscheinlichkeitsgründe betont, welche für die Zustellung des *Bel. extinctorius* zu den „Notosiphiten" geltend gemacht werden können. Leider war ich selbst nicht in der Lage, Beobachtungen über die Lage des Sipho machen zu können.

Von manchen Autoren wird *Bel. extinctorius* mit *Bel. conicus* identificirt; ob mit Recht oder nicht, kommt hier nicht in Betracht, da auch *Bel. conicus* eine lange Furche hat und daher von unserer Form unterscheidbar ist.

Liegt nur in einem Exemplar von Grodischt vor. (Fall. S.)

Belemnites pistilliformis Blainv.

Taf. I, Fig. 15.

Synonymie siehe bei Pictet et Loriol, Voirons, p. 5 — und Loriol, Mt. Salève, p. 18

Mehrere, meist jugendliche Exemplare gehören höchst wahrscheinlich der von den Autoren *Belemnites pistilliformis* oder *subfusiformis* genannten Art an. Ein Exemplar zeigt die Pistillform in ganz typischer Ausbildung. Von den nahestehenden, durch ihre äusserst schlanke Form ausgezeichneten Canaliculaten, die im Folgenden als neu beschrieben werden sollen, unterscheidet sich diese im Allgemeinen ziemlich indifferente Species durch stets fast kreisrunden Querschnitt, während die ersteren elliptischen Querschnitt besitzen.

Ich lege dieser Bestimmung indessen keinen besonderen Werth bei. Bei genauerer Betrachtung findet man, dass der Querschnitt doch nicht ganz kreisrund ist, es wäre daher nicht unmöglich, dass es sich hier um Jugendexemplare vielleicht von *Bel. minaret* oder eine verwandte Art handelt, die die Actinocamaxbildung erleiden mussten. Ein sicherer derartiger Nachweis wäre gewiss recht interessant, er ist aber nach meinem Material nicht zu erbringen. Zwei Exemplare, die wohl auch hieher gehören, zeigen die eigenthümlich löcherige Oberfläche, wie sie schon bei mehreren Arten der unteren Kreide nachgewiesen wurde.

Fundorte: Wernsdorf und Grodischt. (Hoh. S., Fall. S.)

Belemnites minaret Rasp.

Taf. I, Fig. 8, 9, 17.

Synonymie siehe bei Pictet et Loriol, Voirons, p. 7.

Nach dem Vorgange Hohenegger's identificire ich mehrere Exemplare mit dieser Art, die Orbigny, Prodr., p. 97 in seiner „Etage Urgonien" anführt. Sie stimmen in äusserer Form und Grösse namentlich mit jenen gut überein, die Pictet und Loriol (Voirons) abgebildet haben. Eines ist mit der eigenthümlich löcherigen Oberfläche versehen, die man bei so vielen Belemniten der unteren Kreide beobachtet hat.

Fundorte: Grodischt, Tierlitzko. (Hoh. S., Fall. S.)

Belemnites glantiformis n. sp.

Taf. I, Fig. 2.

Noch eine Art aus dem Formenkreis des *Belemnites subfusiformis* Rasp. Sowie die vorhergehende Form, unterscheidet sich auch diese durch flacheres Rostrum mit elliptischem Querschnitt, welches sich gegen das Alveolarende zu nur sehr langsam und wenig verjüngt, so dass die Breite daselbst nicht viel geringer ist, als die grösste Breite überhaupt. Diese letztere liegt ungefähr da, wo der Canal sein Ende nimmt, während sie bei *Bel. subfusiformis* in der Nähe der Scheidenspitze gelegen ist. Es ist also auch die Verjüngung gegen die Scheidenspitze zu eine viel langsamere, als bei der angezogenen Art. Endlich ist auch der Canal länger und tiefer, so dass eine Verwechslung mit *subfusiformis* wohl nicht möglich ist.

Auch von der folgenden Art, *Bel. corpulicus* n. sp., lässt sich die in Rede stehende gut unterscheiden. Die Flachheit der Scheide ist wohl beiden gemeinsam, allein die erstere ist am Alveolarende deutlicher verengt, der Canal ist weit schwächer entwickelt, die allgemeine Form schlanker.

Bricht man die Scheide in der Gegend ab, wo der Canal aufhört, so zeigt sie durchaus den charakteristischen strahligen Bau, weiter gegen das Alveolarende zu kann man aber, wie bei der folgenden Art, eine centrale dichte Axe unterscheiden, die gegen das Ende zu wie eine Alveole breiter wird, bei gleichzeitiger Abnahme der Dicke der strahligen Lagen. Manchmal scheidet sich die dichte Axe so scharf von den äusseren strahligen Lagen ab, dass man darin auf den ersten Blick die dichte Ausfüllungsmasse der Alveole vor sich zu haben glaubt, welche aber in Wirklichkeit erst weiter oben angelegt und mit krystallinischem Kalkspath oder Braunspath ausgefüllt ist. Leider war es mir unmöglich, diese bemerkenswerthe Eigenthümlichkeit, die vielleicht mit der Actinocamaxbildung in Zusammenhang steht, im Dünnschliffe näher zu studiren, da die betreffenden Exemplare Unica sind. Quenstedt, Orbigny, Duval und A. betonen das Vorhandensein einer besonderen härteren Axe, erwähnen aber nichts über ihre nähere Beschaffenheit, wahrscheinlich war sie daher strahlig.

Ein Exemplar von **Grodischt**. (Fall. S.)

Belemnites carpaticus n. sp.

Taf. 1, Fig. 1.

Gehört in die Verwandtschaft des *Bel. subfusiformis* Rasp. (Duval-Jouve l. c. Taf. 9; Orbigny, Pal. fr., Taf. 4, Fig. 9—16; Pictet et Loriol, Voirous, Taf. I, Fig. 1—4, p. 5 etc.) und *pistilliformis* Blainv. welche Arten von den meisten Autoren zusammengezogen werden. Die schlesische Species steht beiden sehr nahe, auch sie hat ein langes, ausgezeichnet spindelförmiges Rostrum mit schwachem Canale und einer verhältnissmässig kurzen Alveole, die in das verjüngte und sich wieder erweiternde Ende eingesenkt ist. Während jedoch die grösste Breite bei *Bel. subfusiformis* und noch mehr bei den *pistilliformis* genannten Exemplaren in der Nähe des spitzen Endes gelegen ist, liegt hier die grösste Breite in der Mitte, eher etwas der Alveole genähert. Ferner ist der Querschnitt bei *subfusiformis* kreisförmig, hier aber ist er, selbst in der Nähe des Alveolarendes elliptisch. Endlich scheinen unter den französischen *subfusiformis* so schlanke Formen, wie die karpathische, doch nicht vorzukommen. Alle diese Abweichungen zwingen wohl zur Ertheilung eines neuen Namens.

Wenn man das Alveolarende abbricht, so bemerkt man, dass nur die äusserste Schalenlage eine deutlich fasrige Zusammensetzung besitzt, die inneren Lagen nehmen eine dichte Beschaffenheit an. In dieser dichten Masse ist die Scheide eingelagert.

Leider ist von dieser Art nur ein Exemplar vorhanden, und so lässt sich nicht feststellen, in wie weit den vorhandenen Unterschieden Beständigkeit zukommt. Auch lässt sich nicht sicher angeben, ob die Krümmung, die das Exemplar in der Seitenansicht zeigt, eine ursprüngliche war, oder nur durch den Erhaltungszustand hervorgerufen wurde.

Fundort: **Grodischt.** (Fall. S.)

Belemnites Fallauxi n. sp.

Taf. 1, Fig. 4. 13(?), 14.

Eine Art aus der nächsten Verwandtschaft *Belemnites semicanaliculatus* Blainv. (Blainv., Mém. sur les Bélem. 1827, Taf. I, Fig. 13, S. 67; Orbigny. Pal. fr., Taf. 5, Fig. 10—15, p. 58.) Bei weiter Artfassung könnte vielleicht eine directe Identification vorgenommen werden. Wie man aus der Abbildung entnehmen kann, ist das schlesische Vorkommen durch breitere und flachere Scheide ausgezeichnet, und zeigt einen allgemeineren gedrungeneren, plumperen Bau. Das Alveolarende ist bei der französischen Art länglich und der Canal liegt auf der Schmalseite desselben, bei der schlesischen dagegen ist es mehr quadratisch, gerundet. Diese Differenzen machen eine Identification wohl unmöglich, es musste ein neuer Name ertheilt werden. Die Seitenlinien sind deutlich entwickelt, Canal, wie bei *Bel. semicanaliculatus*. *Bel. stilus* Blanf. ist eine ebenfalls nahe verwandte Form, die durch kürzeren Canal, länglicheren Querschnitt des Alveolarendes, gerundet quadratischen Querschnitt der Scheidenmitte unterschieden werden kann.

Mit Sicherheit kann nur ein Exemplar von Grodischt (Fall. S.) hierhergestellt werden. Ein zweites, ein Jugendexemplar, gehört wahrscheinlich hierher. Noch unsicherer ist die Zugehörigkeit des Exemplares, Taf. I, Fig. 13, welches durch die eigenthümliche, sich abblätternde oberste Schalenlage auffällt.

Belemnites beskidensis n. sp.

Taf. 1, Fig. 3, 7(?).

Diese zum Verwandtschaftskreis des *Belemnites semicanaliculatus* Blainv. gehörige Form besitzt ein langes, stiftförmiges Rostrum, welches seine grösste Breite da besitzt, wo der Canal anhört. Gegen das Alveolarende verschmälert sich die Scheide nur sehr wenig, gegen die Spitze verjüngt sie sich unter Bildung eines langen schnabelförmigen Fortsatzes, ähnlich wie dies bei *Bel. minimus* List. der Fall ist. Der Querschnitt ist am

Alveolarende fast kreisförmig, wird dann in der Mitte der Scheide mehr elliptisch, gegen die Spitze wieder kreisförmig.

Von *Bel. semicanaliculatus* Blainv. unterscheidet sich die beschriebene Art durch schlankeres Rostrum und das kreisförmige Alveolarende; durch dieselben Merkmale, jedoch in noch viel erhöhterem Masse von *Bel. Fallauxi* n. f.

Leider steht mir zur Charakterisirung dieser Art nur ein grosses Exemplar zur Verfügung; vielleicht gehören hiezu gewisse Jugendexemplare, doch lässt sich dies bei so indifferenten Formen, wie canaliculaten Belemniten nur in günstigen Fällen einigermassen genau angeben. Das Exemplar stammt von Hotzendorf. (Hoh. S.) Bei einem zweiten Exemplare (Taf. I, Fig. 7) ist die Zugehörigkeit nicht ganz sicher.

Nautilus bifurcatus Oost.
Taf. II, Fig. 1.

1860. *Nautilus bifurcatus* Ooster, Cat. Céph. Suisse, p. 10, Taf. IX, Fig. 6; Taf. X, Fig. 1—2.

Unter diesem Namen beschrieb Ooster aus den Schweizer Alpen eine Art, die dem *Nautilus Neocomiensis* nahe steht, von demselben aber durch geringere Dicke und abweichende Sculptur unterschieden werden kann. Die vom Nabel ausgehenden und in der Nähe der Externseite nach rückwärts umgebogenen Rippen spalten sich nämlich meist in der Nähe des Nabels, häufig aber kommen sie noch ein zweites Mal auf der Mitte der Flanken oder in der Nähe der Externseite zur Spaltung, so dass einer Rippe in der Nabelregion auf der Externseite vier Rippen entsprechen. *Naut. Neocomiensis* dagegen zeigt nach Orbigny gar keine Rippenspaltung, nach Pictet's (St. Cr., Taf. XV, p. 128) besserer Darstellung tritt wohl zuweilen, namentlich auf dem älteren Theile des letzten Umganges Rippenspaltung ein, doch nicht Doppelspaltung. Dieses letztere Merkmal, sowie die Flachheit des Gehäuses und Höhe der Mündung lassen die Ooster'sche Art leicht von der verwandten unterscheiden.

Das schlesische Vorkommen stimmt mit dem schweizerischen gut überein, sowohl in Bezug auf die Sculptur, als die Form des Gehäuses. Nur der Nabel scheint etwas weiter zu sein, als dies nach der Ooster'schen Abbildung bei *Naut. bifurcatus* der Fall sein sollte. Da jedoch der Autor in der Beschreibung erwähnt, dass im Nabel auch ein Theil der vorhergehenden Umgänge sichtbar wird, so dürfte vielleicht auch in dieser Hinsicht der Unterschied kein erheblicher sein.

Ooster führt den *Naut. bifurcatus* von mehreren Localitäten an, die dem Neocomien, aber auch dem Albien angehören sollen. Gerade das auf Taf. 10 abgebildete Exemplar, das mit den schlesischen so gut übereinstimmt stammt von Gurgentobel (Schwyzer Alpen) und soll mit Albienfossilen zusammenliegend gefunden worden sein.

Localität: Wernsdorf (?), Grenze zwischen Tierlitzko und Grodischt. (Hoh. S. u. S. d. k. k. geol. Reichsanst.)

Nautilus plicatus Fitt.
Taf. III.

Nautilus plicatus Fitton, Observations on some of the strata between the Chalk and the Oxford Oolite etc. Geol. Soc. Transact. IV, 1836, p. 129.

„   *Requienianus* Orbigny, Paléont. franç., Taf. X, p. 72; cf. Glocker, Über eine neue, räthselhafte Versteinerung aus dem thonigen Sphärosiderit der Karpathensandsteinformation. Nova Acta Caes. Leop. Carol. Nat. Curios. XIX, p. 673. Taf. LXXIX.

F. v. Hauer in Haidinger's Berichten über die Mittheil. von Freunden d. Naturw. Bd. II, 1847, p. 316.

Bei dieser Art treffen bekanntlich die das ganze Gehäuse bedeckenden Furchen auf den Flanken unter einem, nach hinten offenen Winkel zusammen, während sie auf der Externseite einen nach vorn offenen Winkel bilden. Dabei vereinigt sich, wenigstens nach den bisherigen Darstellungen, eine vom Nabel ausgehende Furche mit einer von der Externseite kommenden, nur hie und da endigt eine Furche, ohne mit einer anderen zur Bildung eines Winkels zusammenzutreten.

Eine ähnliche Sculptur findet sich auch bei den schlesischen Exemplaren, nur trifft es sich da sehr häufig, dass zwei, selbst drei oder vier auf einander folgende Furchen endigen, ohne sich mit Gegenfurchen zur

Winkelbildung zu vereinigen, und zwar ist dies sowohl bei den vom Nabel ausgehenden, als auch den von der Externseite kommenden Rippen der Fall. Diese Unregelmässigkeiten finden sich auch auf der leider ziemlich schlecht erhaltenen Externseite, während bei dem echten *Naut. plicatus* daselbst die Winkelbildung besonders regelmässig erfolgen soll. In der Nähe des Aussenrandes des abgebildeten Exemplares ist dasselbe leider etwas schlecht erhalten. Es scheint daselbst eine *V*-förmige Rippenspaltung unterhalb der Flankenmitte einzutreten, statt der bisherigen Rippen treten unregelmässig wellig verlaufende Wülste auf, welche Sculpturveränderungen wohl die Nähe des Mundrandes andeuten.

Diesem nicht unbedeutenden Sculpturcunterschiede zu Folge sollte dem schlesischen Vorkommen wohl ein eigener Name ertheilt werden, ich unterliess dies jedoch aus zweierlei Gründen: Erstens bin ich bei dem mangelhaften Erhaltungszustand der Exemplare nicht in der Lage, etwas Näheres über die Dicke, Beschaffenheit der Septallinie etc. auszusagen, und zweitens muss ich die Darstellung dieser Art in der Pal. fr. mit einigem Misstrauen betrachten. Es ist ja bekannt, dass Orbigny's Abbildungen, namentlich wenn es sich um Einzelnheiten der Sculptur handelt, nicht immer ganz zuverlässig sind; sowie Orbigny die zeitweilige Spaltung der Rippen bei *Naut. neocomiensis* übersehen hat, so konnte auch hier die Berippung regelmässiger dargestellt werden, als sie in Wahrheit ist. Überdies liegen mir mehrere Bruchstücke vor, welche eine etwas regelmässiger ausgebildete Sculptur zeigen, so dass man sich der Anschauung zuneigen muss, dass es sich hier bis zu einem gewissen Grade nur um individuelle Abweichungen handelt.

Ich meinte daher, das schlesische Vorkommen lieber unter dem alten Namen beschreiben zu sollen, als einen neuen schaffen, dessen Begründung nicht ganz feststeht.

Orbigny stellt diese Art in sein Aptien (Prodr., p. 112). *Naut. plicatus* wurde aus den Westkarpathen von Tichau bei Frankstadt schon von Glocker (l. c.) beschrieben, aber seiner Natur nach nicht erkannt. Wie uns v. Hauer berichtet (l. c.), gelangte Glocker's Originalexemplar in den Besitz des k. k. Hofmineralien-cabinets in Wien und wurde von L. v. Buch bei einem gelegentlichen Aufenthalte in Wien als Fragment eines *Nautilus* erkannt. v. Hauer selbst beschrieb das Stück eingehend und wies dessen Identität mit *Naut. plicatus* nach. Liegt mir in mehreren Exemplaren von Grodischt, Niedek, Mallenowitz und Gurek vor. Das Originalexemplar stammt von Gurek. (Fall. S.)

PHYLLOCERAS Suess.

Die Gattung *Phylloceras* ist in den Wernsdorfer Schichten nur durch vier Arten vertreten, wovon zwei *Phylloceras* cf. *Guettardi* und *Ph. Ernesti* n. sp. der Formenreihe des *Ph. ultramontanum*, eine *Ph. Thetys* Orb. der Reihe des *Ph. heterophyllum* zufallen, während die vierte, *Ph. infundibulum* Orb. nach Neumayr[1] möglicher Weise mit *Ph. seroplicatum* v. Hauer, *subobtusum* Kud., *Beneckei* Zitt. in genetischem Zusammenhange steht. Nur die letztere Art gehört zu den häufigen, die übrigen drei treten verhältnissmässig selten auf; sie fanden sich in nur wenigen Exemplaren und in wenigen Localitäten.

Phylloceras infundibulum Orb.

Taf. IV. Fig. 1–5, 11.

1813. *Nautilites Argonauta* Schlotheim in Leonhard's Mineral. Taschenb. VII, Abth. I, Taf. III, Fig. 1, p. 51.
1820.   „   „   „   Petrefactenkunde, p. 84.
1840—42. *Ammonites Rouyanus* Orbigny. Paléont. franç. Céph. crét. Taf. CX, Fig. 3—5, p. 362.
   „   „   *infundibulum*   „   „   „   „   Taf. XXXIX, Fig. 4—5, p. 131.
1846.   „   *Rouyanus* Forbes, Invertebrata South-India, p. 108, Taf. VIII, Fig. 6.
1849.   „   *infundibulum* Quenstedt, Deutschl. Petref. I, Taf. XVI, Fig. 6, p. 251.
1850.   „   *Rouyanus* Ewald, Zeitschr. d. deutsch. geol. Gesellsch. II, p. 452.
1850.   „   *Rouyanus* Orbigny, Prodrôme II, p. 98.
1850.   „   *Forbesianus*   „   „   II, p. 213.
1852.   „   *infundibulum* Giebel, Cephalop. III, p. 439.
1854.   „   „   „   Hauer, Heterophyllen, p. 905.

---

[1] Phylloceraten des Dogger und Malm. Jahrb. d. k. k. geol. Reichsanst. 1871, Bd. XXI, p. 346.

1858.   *Ammonites Rouyanus* Pictet et Loriol, Voirons. p. 18, Taf. III, Fig. 2.
1858—60.   „   „   Pictet, pt. Cr., p. 347.
1861.   „   „   Cat. Céph. Suisse, p. 109, Taf. XXI, Fig. 8, 9.
1865.   „   „   Stoliczka, Ceph. of Cret. Rocks, p. 117, Taf. LIX, Fig. 5—7.
1868.   „   *infundibulum* Winkler, Neoc. d. Urschlauerachenthales, Taf. I, Fig. 9; Taf. II, Fig. 1, p. 7.
1872.   „   *Rouyanum* Tietze, Mittheil. aus dem Banater Geb. p. 153, Taf. IX, Fig. 7 u. 8.
1881.   „   *Rouyanus* et *infundibulum* Coquand, Études suppl. sur la Paléont. Algér., p. 14.

Die voranstehende, lange Liste wurde keineswegs in der Absicht zusammengestellt, um eine Synonymik aller für identisch gehaltenen Vorkommnisse zu geben, sondern nur, um alle Darstellungen anzuführen, welche der Formenkreis des *Phyll. Rouyanum* und *infundibulum* bisher erfahren hat. Es ist im Gegentheil, wie weiter unten ausgeführt werden soll, sehr wahrscheinlich, dass nicht nur *Phyll. infundibulum* und *Rouyanum*, welche Arten Orbigny aufgestellt und später wieder vereinigt hat, doch getrennt zu halten sind, sondern auch noch andere nahe verwandte Formen davon abgetrennt werden müssen. Die genannten Arten bedürfen überhaupt einer gründlichen, auf Grundlage reichlichen Materiales durchgeführten Revision. Eine solche zu liefern bin ich aus Mangel an Material nicht in der Lage, ich werde mich daher auf einzelne Bemerkungen beschränken müssen.

Die schlesische Form ist wohl sicher mit jener identisch, welche Orbigny ursprünglich als *A. infundibulum* beschrieben hat. Eine vollständige Neubeschreibung dürfte wohl überflüssig sein, es sollen nur jene Verhältnisse eingehendere Berücksichtigung finden, welche geeignet sind, eine Vervollständigung und Erweiterung unserer Kenntnisse herbeizuführen. Die zahlreichen, mir vorliegenden Exemplare sind zum Theil Steinkerne, welche die äussere Gestalt mehr oder minder gut wiedergeben, zum Theil sind sie mit Schale versehen. Die letzteren Stücke sind stets verdrückt, lassen aber die Sculptur in allen ihren Einzelheiten sehr gut erkennen. Die ganze Schale ist mit einer ausserordentlich dichten und feinen Streifung versehen, welche den groben, etwas geschwungenen Rippen nahezu parallel läuft und sowohl die Rippen selbst, als auch die Zwischenräume zwischen ihnen bedeckt. Die Linien beginnen in der Tiefe des trichterförmigen Nabels, verlaufen anfangs in einem nach vorn offenen Bogen, um dann, sobald sie die Rippen erreicht haben, in schwachem Schwunge nach rückwärts umzubiegen. Gegen die Externseite zu stehen diese Linien naturgemäss weniger dicht und sind etwas stärker. Nicht bei allen Exemplaren ist diese Streifung gleich stark ausgesprochen; es scheint indessen diese Ungleichheit zum Theil durch den Erhaltungszustand bedingt zu sein. Auffallend ist, dass die Schalenzeichnung namentlich auf dem ungefähr vor der Mündung der ausgewachsenen Exemplare gelegenen Theile der Externseite des vorhergehenden Umganges besonders gut ausgeprägt und an dieser Stelle bald mehr, bald minder regelmässig und deutlich gekräuselt ist, ähnlich wie dies bei den Fimbriaten beobachtet wird. Diese Streifung, schon von Forbes, Ooster, Stoliczka bemerkt und beschrieben, ist wohl nicht als specifisches, sondern eher als generisches Merkmal zu betrachten, welches nach den Beobachtungen von Hauer, Benecke, Zittel, Neumayr u. A. vielen Heterophyllen zukommt, und dessen Abwesenheit wohl vielfach mit dem Erhaltungszustande im Zusammenhange stehen dürfte. Es zeigen natürlich nur die Schalenexemplare die beschriebene Streifung, bei Steinkernen, wie z. B. denen aus Südfrankreich, bemerkt man hievon gar nichts, man sieht höchstens schwache Spuren der Anwachslinien. Bezüglich der groben Rippen wäre zu erwähnen, dass sie in der Jugend fast alle gleich gross sind, erst mit zunehmender Grösse bildet sich allmälig der Unterschied zwischen längeren Haupt- und kürzeren Schaltrippen aus. Die Rippen sind bei den mir zur Verfügung stehenden Exemplaren der Wernsdorfer Schichten und aus Südfrankreich etwas stärker geschwungen, als man dies nach den Darstellungen in der Literatur erwarten sollte. Die äussere Form der karpathischen Art ist nach vorhandenen grösseren Bruchstücken zu schliessen, die nämliche, wie beim südfranzösischen Typus.

Die Wohnkammer beträgt zwei Drittel eines Umganges, der Mundsaum ist einfach, er folgt ungefähr der Schalenstreifung, nur wendet er sich in etwas energischerem Bogen nach vorn. Der Schalenstreifung entsprechend, kommt an der Interseite ein sogenannter Intern- (Ventral-)lappen von nicht geringer Grösse zur Entwicklung; nur ist er leider bei dem mit Mundsaume versehenen Exemplare etwas zerdrückt. Ungefähr 18 Mm. (auf der Externseite gemessen) vor dem Mundsaum verschwinden die kräftigen Rippen, deren zwei letzte kurze Schaltrippen sind; an ihre Stelle treten 9 schwache, dichtstehende, dem Mundsaum parallele Rippen, welche ebenfalls mit der früher geschilderten Parallelstreifung versehen sind. Nur die zwei hintersten derselben haben nahezu die Länge der Hauptrippen, die übrigen sind um so kürzer, je weiter sie nach vorn gelegen sind. Bemerkenswerth ist die ausserordentlich geringe Dicke der Schale, sie beträgt bei dem abgebildeten Exemplare 0·3—0·4 Mm.; die Rippen erscheinen auf gut erhaltenen Steinkernen fast eben so kräftig ausgeprägt, wie bei Schalenexemplaren, da die Schale im Verlaufe der Rippen nicht oder wenigstens kaum merklich verdickt ist.

Die Scheidewandlinie ist bereits mehrfach, aber niemals sehr gut abgebildet worden. Merkwürdig ist die ausserordentliche Länge des Externlobus, welcher eben so oder fast eben so lang, ja zuweilen sogar um ein Geringes länger ist, als der erste Seitenlobus. Die Loben haben ziemlich breite Körper, die Sättel sind durch einen langen Secundärlobus paarig getheilt. Auffallend ist die Ausbildung des ersten Lateral im Gegensatz zum zweiten und den Auxiliarloben. Der erste Seitenlobus hat einen subsymmetrischen Bau, die äusseren Seitenäste desselben sind grösser und gliedern sich nur am weniges tiefer unten vom Stamme ab, als die inneren. Beim zweiten Seitenlobus besteht zwar auch dieselbe Ungleichheit in der Ausbildung der äusseren und inneren Seitenäste, die äusseren zweigen sich jedoch viel höher ab, als die inneren, und es erhält dadurch der zweite Lateral ein eigenthümlich unregelmässiges Gepräge, welches im Verhältniss zum regelmässigen Bau des ersten Seitenlobus sehr auffallend ist, was sich aber in ähnlicher Weise bei vielen Heterophyllen wiederholt. Die Hilfsloben sind so gestaltet, wie der zweite Seitenlobus und nehmen gegen den Nabel allmälig an Grösse ab; ihre Zahl konnte nicht mit Sicherheit festgestellt werden. Ausser der Lobenlinie eines karpathischen Exemplares wurde auch noch die eines Exemplares von Swinitza des Vergleiches wegen zur Abbildung gebracht, beide Linien zeigen keinen wesentlichen Unterschied.

Bezüglich des ersten Auftretens der Rippen muss noch erwähnt werden, dass die Exemplare bereits bei dem Durchmesser von 10ᵐᵐ deutliche Rippen entwickelt zeigen. Leider sind alle kleinen schlesischen Exemplare, die mir vorliegen, mit Schale versehen, es lässt sich daher nicht angeben, wie sich Steinkerne derselben Grösse verhalten. Bei der Dünnheit der Schale ist vorauszusetzen, dass auch sie die Rippen bei gutem Erhaltungszustand erkennen lassen.

Die specifische Identität mit dem südfranzösischen *Phyll. infundibulum* Orb. dürfte kaum anzuzweifeln sein, in der äusseren Form und Berippung besteht, wie durch Vergleichung mit französischen Exemplaren besser hervorgeht, als durch die nicht ganz gute Abbildung bei Orbigny, kein Unterschied. Die Scheidewandlinie wurde von Orbigny zwar nicht dargestellt, allein es sind in dieser Hinsicht keine Abweichungen zu erwarten, da ja die Scheidewandlinie der schlesischen Exemplare mit der der Banater Vorkommnisse (Taf. IV, Fig. 11) und mit der des *Rouganus* völlig übereinstimmt und die Scheidewandlinie nahe verwandter Formen überhaupt selten Unterschiede erkennen lässt.

Das reichlichste Material, das ich Vergleiches halber zu untersuchen in der Lage war, ist das von Swinitza, worüber wir Tietze interessante Mittheilungen verdanken. Tietze betont (l. c.), dass einzelne Exemplare von Swinitza bereits beim Durchmesser von 1·5ᵐᵐ auf der Externseite schwache Rippen entwickelt zeigen, während andere viel länger glatt bleiben. Das grösste Exemplar hat leider nur einen Durchmesser von 3·5ᵐᵐ und ist bei dieser Grösse noch völlig glatt. Ich möchte noch hinzufügen, dass einzelne Exemplare merklich schwächer sind, als andere gleich grosse, im Lobenbaue aber völlig übereinstimmen. Die von Tietze hervorgehobenen gestreiften Exemplare (cf. Tietze, Swinitza, Taf. IX, Fig. 8) haben viel Ähnlichkeit mit den von Stoliczka abgebildeten (l. c. Taf. LIX, Fig. 6), von denen der letztere Autor sagt, dass sie mit *A. infundibulum* nicht ganz übereinstimmen, da sie nicht so scharf ausgesprochene Rippen besitzen. Stoliczka hält seine indischen Vorkommnisse für durchaus identisch mit *A. Rouganus*, dessen Identität mit *A. infundibulum* ihm nicht festgestellt erscheint. Auch Coquand spricht sich für eine Sonderung der beiden Arten aus (l. c.), während Pictet und Loriol für die Zusammenziehung beider eintreten. Der Umstand, dass einzelne Exemplare bei einer Grösse glatt bleiben, wo andere schon mächtige Rippen entwickelt haben und die dazu tretenden Unterschiede im Querschnitt, die namentlich von Stoliczka bedenklich gefunden wurden, sprechen wohl sehr für die Aufrechterhaltung der beiden Namen. Berücksichtigung verdient auch der Umstand, dass die *Rouganus*-Formen gewöhnlich in Pyrit, die *infundibulum*-Formen in Kalkstein, Mergel, erhalten sind.

Wir hätten demnach Formen zu unterscheiden, die schon frühzeitig mit groben Rippen versehen sind (*infundibulum*), solche, die mindestens bis 35ᵐᵐ Durchmesser glatt bleiben und verhältnissmässig dick aufgebläht sind (*Rouyanus*), dann sehr flache Formen, und endlich gestreifte (*Forbesianus* Orb.?). Auch wäre noch zu erwähnen, dass ich bereits für die dicht und scharf gerippten Exemplare der Rossfeldschichten den selbstständigen Namen *Phyll. Winkleri* ertheilt habe. Ob es natürlicher und zweckentsprechender ist, alle hier nur provisorisch unterschiedenen Formen durch besondere Namen zu kennzeichnen, oder aber eine sehr weitgehende Variationsfähigkeit anzunehmen, kann, wie schon erwähnt, wenn überhaupt, so nur durch vergleichende eingehende Untersuchungen reichlicher Materialien entschieden werden. Bei dem Mangel letzterer muss man sich auf Vermuthungen beschränken.

Nautilites Argonauta Schloth. ist nach mündlicher Mittheilung des Herrn Geheimrathes Beyrich an Herrn Prof. Zittel mit *A. infundibulum* identisch. Ich glaube den alten, übrigens recht bezeichnenden Namen doch nicht wieder aufnehmen zu sollen, da sich der Orbigny'sche Name bereits allgemein eingebürgert hat, und überdies die Schlotheim'sche Beschreibung und Abbildung, deren Original aus der Schweizer Nagelflue stammt, nicht derart ist, dass das Wiedererkennen leicht möglich wäre.

Phyll. infundibulum und *Rouyanum* gehören zu den vertical und horizontal am weitesten verbreiteten Formen der unteren Kreide; sie werden aus Spanien, Südfrankreich, Oberitalien, Algier, Constantine, der Schweiz, überhaupt dem ganzen alpino-karpathischen Bezirke angegeben, ebenso aus Daghestan (nach Abich) und Südindien.

Aus den Wernsdorfer Schichten liegen mir zahlreiche Exemplare vor, jedoch meist in sehr schlechtem Erhaltungszustande. Die Fundorte sind: Grodischt, Krasna, Wernsdorf, Mallenowitz, Ostri, Mistrowitz, Ernsdorf, Lippowetz, Lipnik, Strazonka. Einzelne, fast glatte, aber doch schon schwach gerippte Jugendexemplare stimmen gut mit solchen der oberen Teschner Schiefer, so dass diese Art als beiden Niveaus gemeinsam gelten kann (vergl. C. Fallaux, Verhandl. d. geol. Reichsanst. 1869, p. 310).

Phylloceras Thetys Orb.

Viel seltener, als die vorhergehende Art, kommt in den Wernsdorfer Schichten eine Form aus der Reihe des *Phyll. heterophyllum* vor; sie liegt mir nur in wenigen Bruchstücken, Abdrücken und schlecht erhaltenen, verdrückten Schalenexemplaren vor, so dass ich mich darauf beschränken muss, ihre Vertretung anzugeben, ohne nähere paläontologische Angaben machen zu können. Die Bestimmung kann daher auch nur den Werth einer sogenannten Niveaubestimmung in Anspruch nehmen. Eine genauere Bestimmung wäre übrigens ohne Zuhilfenahme eines bedeutenden südfranzösischen Materiales unter den jetzt obwaltenden Umständen nahezu unmöglich. Nach Orbigny ist *A. Thetys* identisch mit *A. semistriatus* Orb. und *Buchiana* Forb. nach Loriol und Pictet vielleicht auch mit *A. Morelianus* Orb.; nach Neumayr (Phylloceraten des Dogger und Malm, Jahrb. d. geol. Reichsanst. 1871, XXI.Bd., p. 318) stehen auch *A. picturatus* Orb., *Monsoni* Oost. und *serum* Opp. damit in nahen verwandtschaftlichen Beziehungen. Die Beziehungen dieser Formen sind noch wenig gekannt, man weiss weder genau, ob und wie sie sich unter einander unterscheiden lassen, noch auch sind die Abweichungen gegen den jüngeren, durch Pictet genau studirten *A. Velledae* hinreichend angegeben. In dieser Richtung könnte nur ein eingehendes Studium, namentlich des südfranzösischen Materiales und der Orbigny'schen Originalexemplare genügende Aufklärung verschaffen.

Fundorte: Gurek, Mallenowitz, Grodischt, Lipnik, Lippowetz, Strazonka, Ernsdorf. Ein Bruchstück von Gurek (Abdruck) weist auf einen Durchmesser von 140ᵐᵐ; es könnte vielleicht mit *Phyll. Velledae* in engerem Zusammenhange stehen.

Phylloceras cf. *Guettardi* Rasp.
Taf. IV, Fig. 9.

Kommt in den Wernsdorfer Schichten nur sehr selten vor. Ein Exemplar von Mallenowitz (Münch. Samml.) ist mit der Schale in Pyrit erhalten und lässt die Suturlinien nur an wenigen Stellen undeutlich sehen; ein anderes Stück von derselben Localität ist ein Steinkern. Das karpathische Vorkommen unterscheidet sich von dem namentlich durch Orbigny (Pal. fr., Taf. LIII, Fig. 1—3, p. 169) und Quenstedt (Ceph., Taf. XX, Fig. 2,

p. 265) dargestellten französischen durch grössere Dicke. Bei unserem Exemplare ist bei dem Durchmesser von 30ᵐᵐ die Dicke des letzten Umganges 14·5ᵐᵐ, während sie bei einem südfranzösischen von Barrême vom gleichen Durchmesser nur 13ᵐᵐ beträgt. Während jedoch bei dem letzteren die grösste Dicke gegen die Mitte zu gelegen ist, findet sie sich beim ersteren in der Nähe der Nabelwand, welche steiler, fast unter Bildung einer schwachen Nabelkante gegen das Innere einfällt. Auf dem letzten Umgange stehen sechs verdickte Einschnürrungen, die viel weniger geschwungen sind, als die zahlreichen feinen Streifen, die auch über die Einschnürungen, letztere unter einem allerdings sehr spitzen Winkel kreuzend, ungestört hinwegsetzen. Was an Loben zu sehen ist, der kurze Aussen- und der erste Seitenlobus stimmt ganz mit dem französischen Vorkommen überein. (Taf. IV, Fig. 10.)

Der erwähnte Steinkern von Malenowitz ist ein Fragment von der Länge eines halben Umganges, auf welchem keine Einschnürrungen entwickelt sind; die Zugehörigkeit desselben ist demnach ziemlich zweifelhaft. Es zeigt eine Scheidewandlinie, die mit der von *A. Guettardi* ganz übereinstimmt; sie wurde daher nicht abgebildet.

Phylloceras Ernesti n. sp.
Taf. IV, Fig. 6.

Nur nach längerem Zaudern entschloss ich mich, die in den folgenden Zeilen zu beschreibende Art als neu zu bezeichnen. Sie steht dem *Ph. Guettardi* ungemein nahe und unterscheidet sich von demselben nur durch die grössere Zahl der Einschnürrungen (11 auf einem Umgange, bei *Guettardi* 6 oder 7), durch die grössere Breite der Lobenkörper und wahrscheinlich auch durch schmäleres Gehäuse und höhere Mündung. Über das letztere Merkmal lässt sich jedoch der Verdrückung wegen kein ganz sicheres Urtheil fällen. Die ganze Schale ist mit feinen sichelförmigen Streifen versehen, welche etwas lebhafter geschwungen sind, als die Einschnürrungen, auf der Externseite besonders deutlich hervortreten, jedoch als ganz feine Linien bis zur Nabelnaht verlaufen. Gerade an der Nabelwand erscheinen sie ziemlich scharf ausgesprochen. Bei guter Erhaltung der Schale sind die Einschnürrungen fast gar nicht zu sehen oder schimmern, da sie nach innen gelegenen Verdickungen der Schale entsprechen, mehr oder minder deutlich hindurch. Obwohl die Schale nur sehr dünn ist, bröckelt sich doch zuweilen die obere Schichte derselben ab und die innere bleibt, dieselbe Sculptur zeigend, an dem Gesteine haften; im letzteren Falle sind die Einschnürrungen sehr gut zu sehen. Sie zeigen die Tendenz zu immer weniger geschwungenem Verlauf, wie dies von Neumayr bei vielen Formen nachgewiesen wurde. Die letzte, die auf dem abgebildeten Stücke zu sehen ist, und welche wohl überhaupt die letzte dieses Individuums war, verläuft fast gerade, nachdem schon die vorhergehenden den Übergang hiezu vermittelten.

Die Scheidewandlinie zeichnet sich wie bei *Ph. Guettardi* namentlich durch ausserordentliche Kürze des Aussenlobus, ziemlich grosse Breite der Lobenkörper und das Überragen des ersten Seitensattels über alle übrigen Theile der Lobenlinie aus. Ich habe zum Vergleiche die Scheidewandlinie eines Exemplares von Barrême abbilden lassen, da die Darstellung bei Orbigny nicht in allen Einzelheiten ganz zutreffend ist. (Taf. IV, Fig. 10.)

Da die Zahl der Einschnürrungen ein bei Phylloceren grossen Schwankungen unterworfenes Merkmal darstellt und die anderen Abweichungen gegen *Ph. Guettardi* nur sehr geringe sind, so wird sich die hier beschriebene Art bei genauerem Studium reichlicheren Materiales möglicher Weise als unhaltbar herausstellen.

Es wurden zwei Exemplare, eines von Grodischt und eines von Koniakau, untersucht und Herrn Ernst Favre zu Ehren benannt.

LYTOCERAS Suess.

Es ist bekannt, dass mit Beginn der Kreideformation eine grosse Anzahl merkwürdiger *Lytoceras*-Typen auftreten, die in der Juraformation keine Vorläufer besitzen, also vollkommen unvermittelt auftauchen und während der ganzen unteren und mittleren Kreide einen sehr wichtigen und interessanten Bestandtheil der Cephalopodenfauna namentlich in der sogenannten mediterranen Provinz bilden. Auch in den Wernsdorfer Schichten sind zahlreiche Lytoceren enthalten, die sich in zwei Gruppen eintheilen lassen.

Lytoceras Phestus Math. [1] | *Lytoceras* n. f. (?) cf. *anisoptychum.*
    „   *raricinctum* n. sp. | „   *crebrisulcatum* n. sp.
    „   n. f.(?) cf. *subfimbriatum* Orb. | „   n. sp. ind. (aff. *Julietti* Orb.).

bilden die Gruppe der **Fimbriaten** im engeren Sinne und

Lytoceras recticostatum Orb. | *Lytoceras nodosostriatum* n. sp.
    „   *oleostephanoides* n. sp. | „   n. sp. ind.
    „   *Rakusi* n. sp. | „   *Grebenianum* Tietze

gehören einer anderen Gruppe an, die man vielleicht die **Recticostaten** nennen könnte.

Die erstere Gruppe wurde bereits mehrfach charakterisirt. Sie steht mit liasischen und jurassischen Vorläufern in innigem, lückenlosem Zusammenhange, und zwar gilt dies namentlich von *Lyt.* n. f. (?) cf. *subfimbriatum*, n. f. (?) cf. *anisoptychum* und *crebrisulcatum* n. f. Eine Art aus dieser Gruppe oder Formenreihe war es, welche **Suess** [2] bei Ertheilung des Namens *Lytoceras* im Auge hatte. Quenstedt, Zittel, Meneghini, Neumayr, Gemmellaro, Waagen u. A. haben so vielfache Beiträge zur zoologischen Kenntniss dieser Gruppe geliefert, dass meine Untersuchungen nicht mehr viel Neues ergeben konnten.

Was die Lobenlinie anbelangt, hat **Zittel** [3] gezeigt, dass bei grossen Exemplaren der Siphonallobus viel kürzer ist, als der erste Seitenlobus, dessen äusserer (oder oberer) Ast mächtiger entwickelt ist, als der innere (oder untere), sich gegen die Siphonalseite zu ausdehnt und mit seinen äusseren Enden in einer Längslinie hinter den Spitzen des Siphonallobus zu liegen kommt. Auf den inneren Windungen dagegen hat der Siphonallobus fast dieselbe Länge, wie der erste Seitenlobus und der äussere Ast zeigt noch nicht das oben beschriebene Verhalten. Diese interessante Beobachtung konnte ich auch an dem mir vorliegenden Materiale wiederholen und so bestätigen. Bei *Lyt.* n. f. (?) cf. *subfimbriatum* der Wernsdorfer Schichten, wie bei französischen Exemplaren dieser Art zeigt der zweite Seitenlobus eigenthümlichen Bau.

Der äussere paarige Endast überwuchert nämlich den inneren, die innere Hälfte desselben nimmt die Grösse und Stellung eines selbstständigen Endastes an, so dass die paarige Entwicklung des zweiten Seitenlobus dadurch vollkommen unkenntlich wird und er nicht mehr paarig getheilt erscheint (vergl. Taf. V, Fig. 11, 12). Bei anderen Formen hingegen, wie *Lyt. Phestus, crebrisulcatum* ist die symmetrisch paarige Theilung auch beim zweiten Seitenlobus deutlich und typisch durchgeführt.

Sehr bezeichnend für die ganze Gruppe ist die Beschaffenheit des **Internlobus**. Er endigt gewöhnlich in gleicher Linie, wie der erste Seitenlobus, geht in zwei feine Spitzen aus und sendet jederseits einen langen Ast rechtwinklig ab, welcher mit seiner äussersten Zacke häufig schon auf der Nabelwand sichtbar wird. Er erhält dadurch ungefähr die Form eines Kreuzes. An einem Exemplare von *Lyt. crebrisulcatum* von Swinitza sieht man sehr deutlich, wie die beiden Spitzen seitlich an den Sattel der vorhergehenden Scheidewand anstossen und an diesem letzteren abgeschnitten erscheinen. In Wirklichkeit heften sie sich in zwei mächtigen Ästen, die die paarige Entwicklung des Siphonallobus wiederholen, auf der vorhergehenden Scheidewand an und reichen mit ihren äussersten Spitzen bis fast in die halbe Höhe der betreffenden Scheidewand hinauf. Die beiden, den Internlobus seitlich begleitenden, nach vorn vorspringenden Sättel sind es, welche von den Internloben des folgenden Septums überkleidet werden.

---

[1] Von den in den Wernsdorfer Schichten nicht vorkommenden Formen der unteren Kreide gehören noch in diese Gruppe:

Lytoceras subfimbriatum Orb. (*inaequalicostatum* Orb. und | *Lytoceras intemperans* Math.
        lepidum Orb.). | „   *Honnorati* Orb.
    „   *ophiureum* Orb. | „   *Julietti* Orb.
    „   *quadrisulcatum* Orb. | „   *strangulatus* Orb.
    „   *multicinctum* Haan. | „   *Gresslyi* Handtk.

[2] Über Ammoniten. Sitzungsb. d. kais. Akad. d. Wiss. Bd. LII, 1865.
[3] Zittel, Stramberg, p. 75.

Internloben von der besehriebenen Kreuzform wurden bereits von vielen Fimbriaten ohne genauere Angaben über „Scheidewandloben" abgebildet; es ist wohl zweifellos, dass dann in den meisten, wenn nicht allen Fällen der Antisiphonallobus ebenfalls mit zwei Ästen auf dem vorhergehenden Septum ausgebreitet war. Eine Ausnahme scheint *Lytoceras velifer* Meneghini [1] zu bilden, wo der Abbildung zu Folge der Internlobus mit einem unpaaren Aste in ziemlicher Entfernung von der vorhergehenden Scheidewand endigt. Vielleicht liegt in diesem Falle ein Beobachtungsfehler vor.

Dieses Verhalten des Antisiphonallobus wurde zuerst von Quenstedt bei *Lyt. ventrocinctum* (Ceph., Taf. XVII, Fig. 14, p. 223) erkannt und später noch vielfach bei Fimbriaten des Lias und Dogger nachgewiesen.[2] Auch Oppel[3] verdanken wir diesbezügliche Beobachtungen und Zittel[4] und Neumayr[5] nehmen dieses Verhalten mit Recht als Gattungseigenthümlichkeit für *Lytoceras* in Anspruch. Nur bei der Gruppe der Recticostaten trifft dies nicht zu, wie wir weiter unten sehen werden.

Die Bildung von Scheidewandloben musste gewiss zur Festigung des ganzen Gehäuses beitragen und war demnach für das Thier nicht ganz bedeutungslos. Da die Umgänge einander eben nur berühren, so können sie sich gegenseitig wenig Stütze bieten und es musste daher jede, wenn auch geringe Vermehrung der Widerstandsfähigkeit von grossem Werthe sein. Es dürften demnach die Scheidewandloben physiologisch etwa jenen Zweck erfüllt haben, der bei einer anderen Gattung mit sehr evoluten Umgängen, *Arietites* durch den Externkiel mit den zwei tiefen begleitenden Furchen erreicht wird.

Die Wohnkammer beträgt nach Zittel $\frac{1}{2}$, nach Neumayr $\frac{2}{3}$ eines Umganges. Beide Forscher haben wahrscheinlich vorwiegend jurassische Typen aus der engeren Gruppe der Fimbriaten im Auge gehabt. Mir liegt ein Exemplar von *Lytoc. subfimbriatum* aus St. Anban (Dép. Var) vor, bei welchem die Wohnkammer noch etwas grösser ist und wahrscheinlich $\frac{3}{4}$ eines Umganges betrug. Es wäre gewiss sehr wichtig, wenn die Angaben über die Länge der Wohnkammer möglichst genau gestellt werden würden, um zu erfahren, in wie weit das wichtige Merkmal der Wohnkammerlänge innerhalb der so natürlichen Gruppe der Fimbriaten Schwankungen unterworfen sei.

Ganz anders stellt sich die Gruppe der Recticostaten dar, zu welcher folgende Arten gestellt werden müssen:

Lytoceras recticostatum Orb.	*Lytoceras Grebenianum* Tietze.
„ *olcostephanoides* n. sp.	„ *striatisulcatum* Orb.
„ *Rakusi* n. sp.	„ n. sp. ind.
„ *nodosostriatum* n. sp.	

Schon die Sculptur ist sehr auffallend. Sie besteht aus kräftigen, geraden Rippen, die sich in der Nähe der Naht spalten und selbst Knoten entfalten können. Orbigny hat die Rippenspaltung bei *Lyt. recticostatum* wahrscheinlich übersehen. Ich hatte Gelegenheit, mehrere Exemplare aus Südfrankreich zu sehen, welche sämmtlich auf den inneren Umgängen Spaltrippen zeigten und darin mit den schlesischen Exemplaren gut übereinstimmten. Dadurch wird das Vertrauen zu der Darstellung der genannten Art in der Paléont. franç. sehr erschüttert. Ausserdem befinden sich auf jedem Umgange tiefe, nach vorn geneigte Einschnürungen, welche von besonders mächtigen Rippen eingefasst werden, und namentlich auf der Wohnkammer stark und zahlreich hervortreten.

Die Wohnkammer ist bei keinem Exemplare meines Materials vollständig erhalten; bei einem Stück von *Lyt. recticostatum* gehört der letzte Umgang in seiner ganzen Länge der Wohnkammer an, bei einem zweiten aber erkennt man, dass die Wohnkammer mehr als einen ganzen Umgang betrug. Die Wohnkammerlänge bei

---

[1] Paléontologie Lombarde. Taf. XXII, Fig. 2.

[2] Neues Jahrbuch für Mineralogie etc. 1856, p. 448. — Jura, Taf. LIV, Fig. 7, 8; Taf. LXXVII, Fig. 3. — Handbuch der Petrefactenkunde, Taf. XXXVII, Fig. 13, p. 433.

[3] Paläontol. Mittheilungen, Taf. LXXVI, Fig. 5, p. 278.

[4] Ältere Tithonbildungen, p. 44.

[5] Kreideammonit., p. 892.

den anderen Formen dieser Gruppe ist nicht bekannt. Die Eigenthümlichkeit der kurzen Wohnkammer gilt daher nur für die engere Gruppe der Fimbriaten, nicht für die der Recticostaten.

Auch die Scheidewandlinie ist von der der Fimbriaten im engeren Sinne in vieler Hinsicht verschieden. Der Siphonallobus ist auch bei grossen Exemplaren so lang als der erste Seitenlobus oder noch länger und wird niemals durch den äusseren Ast des ersten Laterals eingeengt und zurückgedrängt. Der erste Lateral ist schön symmetrisch gebaut, mit sehr langem und schmalem Körper, die paarigen Äste sind fast gleich stark entwickelt. Der zweite Lateral steht an der Naht; bei *Lyt. recticostatum* und *Grebenianum* greift ein Seitenast des zweiten Lateral auf die Innenseite über und breitet sich daselbst mächtig aus. Bei *Lyt. striatisulcatum* dagegen folgt auf den zweiten Seitenlobus ein kleiner Secundärlobus und dann ein innerer Seitenlobus, welche zusammen fast dieselben Elemente darstellen, wie bei den ersteren Formen, nur hatten sie hier Raum zu selbstständiger Entwicklung. Der Antisiphonallobus, zu dessen Seiten sich reich gezackte Internsättel befinden, ist lang, schmal, subsymmetrisch und endigt in einen langen, einspitzigen, unpaaren Endast, ohne Scheidewandlobus.[1] Zum Vergleiche wurde die Lobenlinie von *Lyt. striatisulcatum* nach einem Exemplare von Castellane[2] abgebildet (Taf. V, Fig. 19), der vortreffliche Erhaltungszustand der französischen Vorkommnisse gestattet ohne Schwierigkeiten die Erkennung aller Einzelheiten der Loben. Der Internlobus von *Lyt. recticostatum* ist nicht so gut bekannt, wie der der ersteren Art, aber es lässt sich doch ersehen, dass er im Wesentlichen denselben Bau hat; der Internlobus der übrigen Formen ist ganz unbekannt.

Es zeigt also auch die Scheidewandlinie, namentlich der Internlobus bei beiden Gruppen weitgehende Abweichungen. Der Internlobus besitzt nicht die paarige Entwicklung, wie bei den Fimbriaten; Septalloben mangeln. Der durch die letzteren bewirkten Festigung des Gehäuses erfreuen sich die Recticostaten nicht, sie bedürfen derselben auch nicht so sehr, da ihre Umgänge breiter und dicker sind und die vorhergehenden stärker umfassen, als bei den Fimbriaten.

Die Gruppe der Recticostaten lässt sich daher in Kurzem folgendermassen charakterisiren:

Evolute, dicke, einander wenig, aber mehr als bei den Fimbriaten umfassende Umgänge, mit hohen, geraden, meist einfachen, bisweilen gespaltenen oder Knoten bildenden Rippen und Einschnürungen. Scheidewandlinie mit paarig getheilten Seitenloben, Lobenkörper lang und schmal, Verzweigungen reichlich, Zacken schmal und spitzig. Internlobus endigt mit unpaarem, langem, einspitzigem Endast ohne Septalloben. Ein Ast des zweiten Lateral greift auf die Innenseite über oder es ist ein besonderer innerer Seitenlobus vorhanden. Wohnkammer länger, als ein Umgang.

Im Gegensatz dazu stellen sich die Fimbriaten im engeren Sinne als Formen dar, bei denen die Umgänge fast drehrund sind, einander oft nur berühren, jedenfalls wenig umfassen, mit fadenförmigen, häufig gekerbten Rippen versehen sind. Scheidewandlinie mit paarig getheilten Lateralen, Siphonallobus im Alter meist kurz, Antisiphonallobus wiederholt die paarige Entwicklung des Siphonallobus, mit Septalloben. Wohnkammer $1/2$—$3/4$ Umgang.

Wenn es auch sicher ist, dass dieser Versuch einer Charakteristik beider Gruppen durch nachfolgende Untersuchungen noch mancherlei Änderungen und Vervollständigungen erfahren wird, so kann man doch schon jetzt ersehen, dass sehr weit gehende Unterschiede vorhanden sind, welche die Annahme nicht zulassen, dass die Recticostaten aus irgend einer fimbriaten Form der Jura- oder Kreideformation ihren Ausgangspunkt genommen haben. Sie entspringen wohl zweifellos derselben gemeinsamen Wurzel, wie die Fimbriaten, allein sie müssen schon frühzeitig selbstständige Stämme gebildet und ihren eigenen Entwicklungsgang genommen haben, und ich glaube daher diesem Verhältnisse am besten dadurch Ausdruck zu verleihen, wenn ich den Namen *Lytoceras*

---

[1] Das Exemplar befindet sich im paläontologischen Universitäts-Museum in Wien. Es stimmt besser zur Beschreibung als zur Abbildung Orbigny's, namentlich ist der Ausschnitt zur Aufnahme der Externseite des vorhergehenden Umganges grösser, als man nach der Abbildung erwarten sollte.

[2] Nur die äussersten Spitzen einzelner Zacken erscheinen durch das vorhergehende Septum abgeschnitten; dies ist aber eine Erscheinung, die sich in diesem geringen Maasse bei vielen Ammonitiden wiederholt.

auf die Fimbriaten im engeren Sinne beschränke und für die Gruppe der Recticostaten einen Untergattungsnamen — *Costidiscus* — einführe. Da es vielleicht manche Forscher missbilligen dürften, wenn nun auch die
Gattung *Lytoceras*. die man bisher als eine der natürlichsten und best begrenzbaren zu betrachten gewöhnt war,
in Untergattungen zersplittert werden soll, so muss ich noch mit einigen Worten dieses Vorgehen zu rechtfertigen suchen. Ich betone, dass ich die Bezeichnung *Costidiscus* zunächst nur als Untergattungsnamen aufgefasst
wissen will, und dass es nicht als „Zersplitterung" bezeichnet werden kann, wenn man sich bemüht, das
Zusammengehörige, in engerer Verwandtschaft Stehende aufzusuchen, zusammenzufassen und von dem entfernter
Verwandten zu trennen und gesondert zu halten. Es ist wohl sicher, dass dieses Bestreben viel eher zur Erkenntniss der genetischen Beziehungen, also des natürlichen Systemes der Ammonitiden führt, als das Zusammen-
werfen zahlreicher, oft wenig oder gar nicht verwandter Typen. Wenn ich für die Bezeichnung *Costidiscus* auch
nicht die Bedeutung eines Gattungsnamens in Anspruch nehme, so muss ich doch anderntheils hervorheben,
dass die beiden unterschiedenen Gruppen nicht etwa gleichwerthig sind mit den sogenannten „Formenreihen".
Innerhalb der Gruppe der Subfimbriaten lassen sich verschiedene Typen unterscheiden, wie *Lyt. quadrisulcatum*,
Phestus, *torulosum*, welche von der Formenreihe des *Lyt. fimbriatum*, *Eudesianum Adeloides*, *subfimbriatum* etc.
so sehr abweichen, dass sie nicht mehr in dieselbe eingeordnet werden können. Freilich sind wir noch nicht
in der Lage, dafür ganze Reihen aufzustellen, weil unsere Formenkenntniss dazu noch nicht ausreicht. Dasselbe dürfte auch von den noch viel unvollständiger gekannten Recticostaten gelten. Namentlich aber sind es
die zahlreichen auf *Lytoceras* zurückführbaren evoluten Formen, welche zu einer engeren Fassung der Lytoceren zwingen, wie weiter unten bei *Hamites* auseinander gesetzt werden soll.

Wahrscheinlich wird sich die Nothwendigkeit ergeben, für die Gruppe des *Lyt. Agassizianum* Piet., *cen-
trocinctum* Qu. und A., die sich namentlich durch einen ausserordentlich stark entwickelten Nahtlobus auszeichnen, noch einen weiteren Untergattungsnamen einzuführen. (Vergl. den Text von *Lytoc.* n. sp. aff. *Agassizianum* Piet.) Überhaupt gehören die Lytoceren der unteren und mittleren Kreide zu den interessantesten und
merkwürdigsten Ammonitiden. Leider sind sie noch sehr unvollständig und ungenügend bearbeitet.

Im Anschluss an *Lytoceras* wurden drei Arten *Lytoceras* (?) *visulicum* n. sp. und *Lytoceras* (?) n. sp. und
Lytoceras n. sp., aff. *Agassizianum* Piet. beschrieben und abgebildet, deren Zugehörigkeit zu dieser Gattung
nicht verbürgt werden kann. Die erstere Form erinnert einigermassen an *Lyt. Vishnu* Forb. oder *Lyt. ophiurus*
Orb., die letztere an *Am. Trionae* Karst. Die Scheidewandlinie konnte ich leider bei keiner von beiden nachweisen, doch sind die Form und Sculpturverhältnisse der einen von beiden so gut erkennbar, dass ich ihr einen
besonderen Namen ertheilen zu dürfen meinte.

Lytoceras Phestus Math. 1878.

Taf. V, Fig. 1—4, Fig. 20.

Ammonites Phestus Ph. Mathéron, Recherches paléont. dans le midi de la France. Marseille 1878. Liv. 3—4, Taf. C—20,
Fig. 5.

Das flach scheibenförmige, sehr evolute Gehäuse besteht aus mehreren einander nur äusserst wenig
umfassenden Umgängen von elliptischem Querschnitte, deren Flanken wenig, deren Externseite stark gewölbt
ist; auch die Nabelwand ist gewölbt, fällt aber sehr steil gegen das Innere ein. Die Sculptur ist sehr einfach
und gleichmässig. Schon bei einem Durchmesser von 11ᵐᵐ besteht sie aus radialen Rippen. die, an der Nabelnaht
schwach beginnend, rasch an Stärke zunehmen, anfangs etwas nach vorn geneigt sind, auf den Flanken aber
einen nahezu geraden Verlauf annehmen, um mit gleichmässiger Stärke und ununterbrochen über die Externseite hinwegzusetzen. Auch das grösste mir zu Gebote stehende Exemplar mit einem Durchmesser von 108ᵐᵐ
zeigt noch dieselbe Sculptur, nur treten die Rippen mit zunehmendem Wachsthume etwas weiter auseinander
und werden unbedeutend stärker. Zwischen den Rippen verlaufen diesen parallel feine, dichte Anwachslinien.

Bei einem Durchmesser von 88ᵐᵐ beträgt die Zahl der Rippen auf den letzten Umgang 40. Ausserdem
sieht man, wenn die Schale gut erhalten ist, zahlreiche, im Sinne der Involutionsspirale verlaufende Linien,
welche die Rippen verqueren, ohne jedoch eine Festonirung derselben zu bewirken. Diese Spirallinien sind

y *

nicht stärker als die Wachsthumsstreifen, verleihen aber doch der Schale ein eigenthümliches charakteristisches Aussehen.

Die Suturlinie setzt sich aus dem Siphonallobus, den beiden Lateralen und einem kurzen Nahtlobus zusammen. Der Siphonallobus ist nur um Weniges kürzer, als der erste Lateral, der Externsattel ist durch einen ziemlich kurzen Secundärlobus in zwei ungleiche Blätter getheilt, ein grösseres äusseres und ein kleineres inneres. Der erste Seitenlobus hat einen ziemlich schmalen Körper, der äussere paarige Endast ist grösser, als der innere. Der zweite Seitenlobus ist ebenfalls deutlich paarig abgetheilt, er ist viel kleiner, endigt aber doch nur um Weniges höher, als der erste Seitenlobus. Der erste Seitensattel ist symmetrisch getheilt, der zweite ist unsymmetrisch. Der Nahtlobus ist ganz klein und kürzer, als der zweite Seitenlobus.

Als Typus muss die am häufigsten auftretende, unter Fig. 1 abgebildete Form angesehen werden. Nur wenige Exemplare zeichnen sich durch etwas weniger dichte Stellung der Rippen aus, wie das unter Fig. 2 abgebildete. Ein Exemplar hingegen zeigt viel dichtere Berippung, die in der Nähe des Mundsaumes plötzlich verschwindet, wo dann nur mehr die feinen, scharfen Wachsthumslinien zu sehen sind. Es dürfte wohl am passendsten erscheinen, diese beiden Formen, die in Hinsicht auf die Sculptur die entgegengesetzten Extreme vertreten, mit in den Formenkreis des *Lyt. Phestus* zu ziehen und auf die Ertheilung besonderer Namen zu verzichten.

Die Übereinstimmung mit den südfranzösischen Vorkommnissen ist eine ganz befriedigende. Dieselben sind Steinkerne und lassen daher die Berippung nicht so deutlich wie unsere Exemplare erkennen, geben aber ein richtiges Bild der äusseren Form. Es steht mir ein Exemplar von Anglès (Basses-Alpes) aus dem Genfer Museum zur Verfügung, von welchem unter Fig. 20 die Loben abgebildet wurden. In Hinsicht auf die Suturlinie fand sich, soweit sie beobachtbar war, kein wesentlicher Unterschied vor, nur ist der Körper des Externsattels des französischen Exemplares etwas schmäler. Es könnte jedoch diese Abweichung damit zusammenhängen, dass die Suturlinie des letzteren von einem grösseren, erwachseneren Stücke herrührt, und könnte daher auf Altersunterschiede zurückführbar sein. Die Form des Querschnittes wurde von Matheron richtig zur Darstellung gebracht. Die Form- und Sculpturverhältnisse der beschriebenen Art sind so eigenthümliche, dass es wohl nicht nothwendig ist, Unterscheidungsmerkmale gegen bereits bekannte Lytoceren anzugeben. Eine Verwechslung könnte nur bei oberflächlicher Betrachtung mit Jugendexemplaren von *Lyt. subfimbriatum* oder einer anderen, diesem nahestehenden Art stattfinden, bei näherer Einsicht ergeben sich die Differenzen von selbst, deren wesentlichste der jegliche Mangel von stärkeren Hauptrippen bei *Lyt. Phestus* ist.

Matheron bildet diese Art ohne Beschreibung aus dem Barrémien von Südfrankreich ab; mir liegen zahlreiche Exemplare von Grodischt, Niedek, Malenowitz, Ernsdorf, Lipnik vor.

Im Anschlusse an *Lyt. Phestus* muss ein Exemplar von Grodischt (Taf. 19, Fig. 15) erwähnt werden, welches einer nahe verwandten, aber doch specifisch zu trennenden Art angehört. Es zeichnet sich durch stärkere Entwicklung des Nahtlobus aus, und scheint etwas rascheres Anwachsen und schmäleren Querschnitt zu besitzen, wofern der Thoneisensteinkern die natürliche Form nur einigermassen richtig darstellen. Die Rippen stehen so dicht, wie bei *Lyt. Phestus*, scheinen sich aber gegen die Externseite zu verbreitern.

Lytoceras raricinctum n. sp.

Taf. V, Fig. 5, 6, 7.

Schliesst sich enge an die vorhergehende Art, namentlich die weniger dicht berippten Exemplare derselben an. Bis zu 15 oder 20^{mm} Durchmesser stehen die Rippen fast eben so dicht, wie bei *Lyt. Phestus*, dann aber treten sie in immer weiteren Zwischenräumen auf, so dass bei einem Exemplare von etwa 41^{mm} Durchmesser nur 12 Rippen vorhanden sind. Zwischen den Rippen sieht man sehr feine Anwachslinien, und quer dazu die auch bei *Lyt. Phestus* vorkommenden Spirallinien. Die Dimensionen sind der Verdrückung wegen nicht genau anzugeben, dürften aber mit denen von *Lyt. Phestus* ziemlich übereinstimmen; ebenso könnte die Lobenlinie nicht nachgewiesen werden. Jugendexemplare der als *Lytoceras* n. f.? aff. *subfimbriatum* beschriebenen Form haben, wenn noch keine Schaltlinien entwickelt sind, mit *Lyt. raricinctum* einige Ähnlichkeit, das raschere

Anwachsen der ersteren, die Spirallinien der letzteren Form ermöglichen jedoch die Unterscheidung, auch wenn der Erhaltungszustand nicht sehr günstig ist.

Von dieser Art liegen mir fünf Exemplare von Mieschowitz vor (Hoh. S.), drei Exemplare, deren Zugehörigkeit nicht ganz sicher ist, stammen von Niedek, Gurek (Fall. S.) und Kozy (Hoh. S.).

Lytoceras subfimbriatum Orb.

Taf. V, Fig. 11.

Dem französischen Forscher lag bei Begründung dieser so häufig citirten Art (Pal. fr. I, Taf. 35, p. 121) offenbar ein nicht ganz gut erhaltenes, platt gedrücktes Exemplar vor, bei dem die Sculptur der inneren Windungen nicht deutlich erkennbar war. Er überträgt die Schalenzeichnung, welche der Art erst bei einem Durchmesser von etwa 60ᵐᵐ zukommt, auch auf die Anfangsumgänge und zeichnete Querschnitt und Loben, letztere wissentlich, falsch oder mindestens sehr ungenau. Pictet und Loriol (Néoc. des Voirons, Taf. II, Fig. 1—4, p. 13; St. Cr., p. 272, 350) verbesserten die Irrthümer Orbigny's, indem sie zeigten, dass diese Art fast drehrunde Umgänge besitze und in der Jugend mit entfernt stehenden, feinen Linien versehen war, die sich erst später allmälig dichter stellen. Sie machten ferner geltend, dass *A. lepidus* Orb. pl. 48 und *inaequalicostatus* Orb. pl. 29 nur Jugendzustände von *Lyt. subfimbriatum* darstellen. Die Wiedergabe dieses Verhältnisses durch die Zeichnung (Voirons, pl. II) fiel jedoch nicht ganz richtig aus, da diese die Vorstellung wachruft, als ob zwei Schalenlagen vorhanden wären, eine oberflächliche, dicht gerippte und eine untere mit entfernter stehenden Rippen versehene, und als ob dann die inneren Gewinde der oberflächlichen Schalenlage verlustig gegangen wären.

Dies ist jedoch keineswegs der Fall, sondern *Lyt. subfimbriatum* besitzt anfangs feine, festonirte oder gerade Rippen, von denen einzelne stärker hervortreten. Die Rippen stellen sich mit zunehmender Grösse immer dichter und dichter und werden immer deutlicher gekräuselt. Erst in einem viel späteren Stadium treten die Rippen wieder etwas mehr auseinander (bei etwa 140ᵐᵐ Durchmesser), knapp vor der Mündung sind bei einem Exemplare von St. Auban (Münchener Sammlung) mehrere nahe bei einander stehende Hauptrippen zu sehen.

Die Abbildungen bei Pictet und Loriol genügen, wenn man den schon angeführten Zeichnungsfehler berücksichtigt, zur Versinnlichung der äusseren Form und der Sculptur. Die Suturlinie hingegen hat noch keine ganz richtige Wiedergabe erfahren, und wurde daher nach einem Exemplare aus den Basses-Alpes (Genfer Museum) zur Abbildung gebracht. Der Siphonallobus ist ziemlich lang, jedoch kürzer, als der erste Lateral, dessen oberer Ast sich mit der Spitze des Siphonal nahezu in eine Linie stellt. Besonders bezeichnend ist der Bau des zweiten Laterallobus, welcher nicht paarig, sondern unsymmetrisch entwickelt ist. Diese Ausbildung ist wohl durch das Überwuchern der oberen Hälfte des zweiten Seitenlobus entstanden zu denken. Durch das letztere Merkmal unterscheidet sich *Lyt. subfimbriatum* sowohl von den tithonischen *Lyt. Liebigi* Opp. und *sutile* Opp., bei welchen nach Zittel's trefflicher Darstellung die inneren Windungen ebenfalls nur wenig berippt sind, als auch von dem neocomen *Lyt. sequens* Vac.

Lytoceras n. f.? aff. *subfimbriatum* Orb.

Taf. V, Fig. 12—14.

Durch zahlreiche, jedoch schlecht erhaltene Bruchstücke wird eine Art vertreten, die mit *Lyt. subfimbriatum* in sehr naher Verwandtschaft steht. Die Jugendindividuen sind bis zu einem Durchmesser von 35ᵐᵐ völlig glatt, nur vier bis fünf hohe, kammförmige, ungekränselte Rippen umfangen in radialer Richtung die Umgänge. Allmälig finden sich zwischen diesen Hauptrippen ziemlich weit auseinander stehende strichförmige Schaltlinien ein, die sich immer dichter und dichter stellen und immer deutlicher gekränselt werden, bis bei einem Durchmesser von 60ᵐᵐ die Umgänge mit sehr dicht und fein festonirten Linien bedeckt sind. Einzelne Bruchstücke weisen darauf hin, dass die Stellung der Kränsellinien fast eben so eng wurde, wie bei *Lyt. densifimbriatum*, andere Exemplare wieder sind weniger dicht gezeichnet. Von der Lobenlinie konnte der erste und zweite

Laterallobus an einem Exemplare blossgelegt werden, dessen Zugehörigkeit zu dieser Art übrigens nicht ganz zweifellos ist. Der zweite Laterallobus ist wie bei *subfimbriatus* deutlich unpaarig entwickelt.

Hohenegger hat diese Form mit dem Manuscriptnamen *Am. textus* versehen; es ist jedoch, wie ich glaube, unthunlich, diesen Namen aufrecht zu erhalten, da die Art zu unvollständig bekannt ist. Es ist nach den vorliegenden Anhaltspunkten nicht einmal möglich, die specifische Verschiedenheit von *Lyt. subfimbriatum* mit Sicherheit zu behaupten, geschweige denn eine auch nur halbwegs hinreichende Charakterisirung zu geben. Es ist wohl möglich, dass der im Barrêmien vorkommende Subfimbriat von dem des Néocomien hinreichend abweicht, um mit einem eigenen Namen belegt werden zu können, allein aus meinem Materiale ergibt sich die Lösung dieser Frage nicht.

Die in Rede stehende Form ist namentlich in Gurek häufig, ferner tritt sie in Niedek, Grodischt, am Ostri auf. Ein 40ᵐᵐ grosses Exemplar von Niedek, welches schon viel früher festonirte Linien erhält, ist dadurch merkwürdig, dass sich zwischen die in 1ᵐᵐ Entfernung stehenden gekräuselten Schalllinien je drei feine, ebenfalls schwach gekräuselte Schalllinien zweiter Ordnung einfinden. Das Exemplar dürfte wohl auch eine neue Art vertreten, ist aber zu schlecht erhalten, um benannt werden zu können.

Lytoceras anisoptychum n. sp.
Taf. IV, Fig. 7; Taf. XIV, Fig. 9.

Diese Art steht der vorher beschriebenen sehr nahe, da sie auch ein sehr evolutes, weitnabliges, mit Krausrippen bedecktes Gehäuse besitzt. Ein wesentliches Unterscheidungsmerkmal lässt sich aus der Form des Querschnittes herleiten, welcher mehr elliptisch ist, als bei *Lyt. subfimbriatum*. Bei einem unverdrückten, gut erhaltenen Exemplare beträgt die Höhe eines Umganges über der Naht gemessen 23, die Breite 18ᵐᵐ. Bei 15ᵐᵐ Durchmesser sind feine, schwach gekräuselte Rippen in Abständen von 3—5ᵐᵐ vorhanden, bald aber treten einzelne stärkere Rippen auf, zwischen welchen sich meist drei, selten zwei oder vier feinere festonirte Schalllinien befinden. Erst unfern der Mündung der mir vorliegenden Exemplare, von denen das grösste den Durchmesser von 80ᵐᵐ erreicht, wird die Zahl der Schalllinien auf fünf bis sechs erhöht, der Unterschied in der Stärke der Haupt- und Nebenrippen wird geringer und zuletzt sind zwischen zwei Hauptrippen 28 Nebenlinien eingeschaltet.

In Bezug auf die Suturlinie wäre zu bemerken, dass der zweite Seitenlobus deutlicher paarig entwickelt ist, und dass der obere Ast der ersten Laterals nicht so nahe an den Siphonallobus herantritt, wie dies bei *Lyt. subfimbriatum* der Fall ist.

Lyt. anisoptychum scheint bisher als *Lyt. subfimbriatum* citirt worden zu sein, obwohl es davon ganz verschieden ist und entschieden auf specifische Sonderstellung Anspruch erheben kann; flachere, mehr elliptische Umgänge, zahlreichere Hauptrippen und weniger dicht stehende Nebenrippen und die Beschaffenheit der Lobenlinie ermöglichen leicht die Unterscheidung. Von *Lyt. intemperans* Math. 1878 weicht die beschriebene Form namentlich durch das Vorhandensein gekräuselter Rippen ab. Es ist wohl möglich, dass Orbigny's *A. inaequalicostatus* (Taf. 29, Fig. 3, 4) mit der vorliegenden Art ident ist, sowie die genannte Art beschrieben und abgebildet wurde, konnte jedoch eine Identification unmöglich vorgenommen werden. *Lyt. multicinctum* aus den Rossfelder Schichten unterscheidet sich durch die grössere Anzahl und dichtere Stellung der feinen Zwischenrippen.

Die Untersuchungsexemplare gehören dem Néocomien von Cheiron (Basses-Alpes), an und befinden sich im Genfer Museum.

Lytoceras n. f.? aff. *anisoptychum* n. sp.
Taf. IV, Fig. 8.

Die Jugendwindungen sind mit feinen Linien versehen, die in 1½ᵐᵐ Entfernung auftreten. Sowie der Durchmesser von etwa 15ᵐᵐ erreicht ist, heben sich einzelne, hoch kammförmige Hauptrippen stärker hervor und erhalten zwei bis vier schwach gekräuselte Linien in Abständen von 1 bis 2ᵐᵐ zwischen sich eingeschaltet. Loben, Querschnitt etc. unbekannt.

Die ungemein hohen, kräftigen und zahlreichen Haupttrippen verleihen der Art zwar ein sehr charakteristisches Aussehen, es ist aber die Kenntniss derselben doch zu spärlich, um entweder die Identität mit *Lyt. anisoptychum* oder ihre specifische Selbstständigkeit zu behaupten.

Das beschriebene, platt gedrückte Schalenexemplar stammt von Lipnik (Hoh. S.); ausserdem dürften noch Bruchstücke und Jugendexemplare von Wernsdorf und Ernsdorf hierher zu stellen sein.

Lytoceras densifimbriatum n. f.

Taf. VI, Fig. 1, 2.

Auch diese Form dürfte bisher häufig mit *Lyt. subfimbriatum* zusammengeworfen worden sein, obwohl sie von demselben durch wichtige Merkmale scharf zu trennen ist. Die Umgänge sind um ein Merkliches höher, als breit, der Querschnitt ist elliptisch, das Anwachsen ein sehr rasches, die Umgänge umfassen einander fast gar nicht. Die Sculptur besteht aus ungemein dichten, sehr regelmässig und fein gekräuselten Linien, welche viel dichter gestellt sind, als bei *Lyt. subfimbriatum*. Die Festonirung ist eine so regelmässige, die Stellung der Linien so eng, dass die aufeinander folgenden Krausen den Eindruck von Spirallinien hervorrufen. Selbst bei dem Durchmesser von 165ᵐᵐ ist die Zeichnung noch immer ungemein dicht; dagegen sind auf den Jugendumgängen die dann auch weniger deutlich oder gar nicht gekräuselten Linien in grösseren Entfernungen von einander angelegt (bis zum Durchmesser von 45ᵐᵐ). Einzelne, stärker hervortretende Rippen sind kaum wahrzunehmen.

Bezüglich der Suturlinie ist namentlich das Vorhandensein eines gut entwickelten unpaarigen Auxiliarlobus hervorzuheben. Auch der zweite Lateral ist nicht deutlich paarig entwickelt, wenn auch nicht in dem Maasse wie bei *Lyt. subfimbriatum*. Der Siphonal ist viel kürzer als der erste Lateral, dessen oberer Ast sich mit der Spitze des Siphonal nahezu in eine Linie stellt.

Die Dimensionen des abgebildeten Exemplares sind:

Durchmesser . . .	. 165ᵐᵐ	Höhe des letzten Umganges	55ᵐᵐ (üb. d. Naht)
Nabelweite	68	Dicke „ „ „	. 50. -

Von *Lyt. subfimbriatum* unterscheidet sich die beschriebene Art durch viel dichtere und feinere Zeichnung, rascheres Anwachsen, hochmündigeren elliptische Umgänge und die Beschaffenheit der Lobenlinie, namentlich das Vorhandensein eines gut entwickelten Auxiliarlobus. An *Lyt. sutile* Opp. der Stramberger Schichten erinnert der elliptische Querschnitt, doch ist eine Verwechslung bei der feinen Berippung und der Verschiedenheit der Suturlinie ausgeschlossen. Eine verwandte, aber unterscheidbare Art ist ferner auch *Lyt. Gresslyi* Handtk.

Lyt. densifimbriatum kommt im südfranzösischen Mittelneocom mit *Lyt. subfimbriatum* vor. Die Untersuchung wurde an einem Exemplare von St. Auban (Var) und zwei Exemplaren von der Veveyse bei Freiburg vorgenommen; die letzteren zeichnen sich durch besonders dichte und feine Zeichnung aus.

Lytoceras crebrisulcatum n. sp.

Taf. V, Fig. 8—10.

Umgänge fast eben so hoch als breit (Dicke 18ᵐᵐ, Höhe 17·5ᵐᵐ), einander sehr wenig umfassend, mit flachen Flanken, wenig gerundeter Externseite, mit hoher, gewölbter, aber sehr steil einfallender Nabelwand; die grösste Dicke liegt in der unteren Hälfte der Umgänge. Auf den inneren Windungen befinden sich zahlreiche, schief nach vorn geneigte Einschnürungen (bei 45ᵐᵐ Durchmesser etwa 8—10 auf dem letzten Umgange), deren Zahl mit zunehmender Grösse des Gehäuses abnimmt (fünf beim Durchmesser von 80ᵐᵐ). Auf dem Steinkerne sind diese Einschnürungen weniger deutlich wahrzunehmen, als auf den beschalten Exemplaren, die ich hierherstellen zu müssen glaube; von besonderen Rippen sind die Einschnürungen auch bei Schalenexemplaren nicht begleitet. Die Schale ist fast ganz glatt, nur hie und da bemerkt man eine feine, radiale Linie, oder spirale Streifen wie bei *Lyt. Phestus*, dagegen sieht man in der Nähe der Externseite häufig eine feine und dichte Radialstreifung.

Die Scheidewandlinie besteht aus dem Siphonallobus, den beiden Lateralen und einem Hilfslobus. Der obere Lateral hat einen ziemlich kurzen und breiten Körper, aber lange, unter einem verhältnissmässig spitzen Winkel sich abzweigende Endäste, von welchen der obere nur sehr wenig länger ist, als der gut entwickelte Siphonallobus. Der zweite Lateral ist viel kürzer als der erste und ähnlich gebaut, wie bei *Lyt. subfimbriatum*. Es folgt sodann der ähnlich gestaltete, aber viel kleinere Hilfslobus, welcher schon die Nabelwand einnimmt. Beim Internlobus findet sich jene interessante Ausbildungsweise vor, die Quenstedt bei seinem *A. ventrocinctus* (Cephalopoden, p. 223, Taf. 17, Fig. 2) beschrieben hat. Der Internlobus legt sich mit zwei paarigen, mächtig entwickelten Ästen an die vorhergehende Scheidewand an und breitet sich daselbst sehr energisch aus. Seine äusserste Spitze reicht bis in die Gegend des Externsattels der Scheidewand hinein. Auf der Innenseite der Umgänge stellt sich der Internlobus in Form eines Kreuzes dar, dessen zwei äusserste Spitzen durch die Sättel der vorhergehenden Scheidewand abgeschnitten erscheinen.

Dimensionen:

Durchmesser	49ᵐᵐ	Höhe des letzten Umganges	17·5ᵐᵐ
Nabelweite	20	Dicke „ „ „	18

Als die nächstverwandte Form ist *Lyt. quadrisulcatum* (Zittel, Stramb., Taf. 9, Fig. 1—5, p. 71) zu bezeichnen, lässt sich aber durch gerundete Umgänge, deren grösste Breite in der Mitte, nicht gegen die Naht zu gelegen ist, weniger zahlreiche und mehr radial gestellte Einschnürungen, sowie die etwas einfachere Scheidewandlinie leicht unterscheiden. Von *Lyt. Duvalianum* Orb. weicht unsere Form durch weniger zahlreiche Einschnürungen und den Bau der Scheidewandlinie ab, die nach Orbigny drei Hilfsloben aufweist. Die von Tietze aus Swinitza (l. c. p. 138, Taf. 9, Fig. 12) als *Am. quadrisulcatus* beschriebene Form gehört ebenfalls hierher und ebenso dürften wohl die meisten oder alle Citate aus den genannten Ammoniten aus höherem als mittelneocomen Niveau unserer Art angehören. Die Unterschiede beider sind allerdings nicht sehr gross, allein da sie bestehen, und mit ihnen gleichzeitig geologische Altersverschiedenheiten verbunden sind, so wird es wohl gerechtfertigt erscheinen, wenn ich für diese Form einen besonderen Namen in Vorschlag bringe. Der Internlobus eines *Lyt. quadrisulcatum* aus den Schichten mit *Bel. latus* wurde von Gilliéron (Beiträge zur geologischen Karte der Schweiz, Bd. XII, Taf. 9, Fig. 11, p. 226) dargestellt.

Liegt vor von Grodischt, Mallenowitz, Koniakau, Chlebowitz, Skalitz.

Lytoceras n. sp. ?aff. *Jullieti* Orb.

Taf. XVI, Fig. 7.

Ammonites Jullieti Orb., l'aléont. franç. Taf. CXI, Fig. 3, p. 364.

Es liegen mir zwei gut erhaltene Schalenexemplare von Gurek vor, welche mit der citirten Abbildung bei Orbigny im Allgemeinen ziemlich gut übereinstimmen. Sie haben dieselbe Nabelweite und eine Schale, welche mit sehr feinen, dichten, schwach sichelförmig geschwungenen Linien versehen ist, welche von der Naht zur Externseite ohne sich zu spalten einfach verlaufen und nur gegen die letztere zu etwas an Deutlichkeit zunehmen. In der Nahtgegend sind sie oft so fein, dass sie nur mit der Lupe wahrgenommen werden können. Stellenweise verlaufen ihnen parallel schwache Einschnürungen, deren Ränder nur sehr schwach aufgewulstet sind. Ein wesentlicher Unterschied gegen die angezogene Form liegt darin, dass bei der letzteren die Linien, welche die Schalenoberfläche verzieren, nach Orbigny's Darstellung viel stärker, deutlicher und weniger zahlreich entwickelt sind, als bei unserer Art. Es konnte aus diesem Grunde die Identificirung nicht vorgenommen werden. Orbigny scheint unter dem Namen *Lyt. Jullieti* zwei verschiedene Formen zusammengeworfen zu haben; die Fig. 1 der Taf. 50 passt nicht recht zu Fig. 3 der Taf. 111; nach den Abbildungen zu schliessen, hat man es wahrscheinlich mit zwei besonderen Formen zu thun. Auch bemerkt Pictet (St. Cr., p. 351), dass die Fig. 3 auf Taf. 111 sehr gut zu einer Aptienform passe, die in Barrême vorkomme. Möglicherweise repräsentirt also Fig. 3 auf Taf. 111 die geologisch jüngere, Fig. 1 auf Taf. 50 die geologisch ältere Form.

Nach dem Gesagten ist eine Identität mit keiner der beiden zu erwarten, trotzdem unterliess ich die Ertheilung eines specifischen Namens, da so viele Merkmale nicht bekannt sind, wie die Form des Querschnittes, Dicke, Scheidewandlinie. Namentlich der Mangel der letzteren ist ein recht empfindlicher; es gibt gewisse Haploceren, die sich nach der Sculptur nur unsicher von gleichaltrigen Lytoceren unterscheiden lassen und erst die Kenntniss der Scheidewandlinie verscheucht jeglichen Zweifel über die generische Natur der betreffenden Stücke. Ähnlich ist der hier vorliegende Fall; die äussere Form und Sculptur stimmt mit der von *Lyt. Jaulieti* nicht so gut überein, dass mit dem Zweifel der specifischen Identität auch jegliches Bedenken über die generische Zugehörigkeit hinwegfiele.

Lytoceras n. sp. ind.

Es muss noch einer *Lytoceras*-Form gedacht werden, die nur durch ein Exemplar von Skalitz vertreten ist. Sie hat drehrunde, ziemlich langsam anwachsende, einander fast gar nicht umfassende Umgänge. Die Schale, welche nur in kleinen Partien erhalten ist, erscheint glatt und zeigt nur schwache Anwachslinien. Einschnürungen sind nicht vorhanden. Nach dem Verlaufe der Scheidewandlinie gehört sie der Gruppe der Fimbriaten im engeren Sinne an und steht innerhalb dieser wahrscheinlich dem *Lyt. Jaulieti* am nächsten, unterscheidet sich aber von dieser übrigens nicht genügend bekannten Art durch langsameres Anwachsen. Leider ist das Stück, welches sich mit keiner bekannten Art identificiren lässt, zu schlecht erhalten, um die Gründung einer neuen Art zu ermöglichen. Von der vorhergehenden Art unterscheidet sich das Stück durch den Mangel der feinen und regelmässigen Streifung.

Lytoceras (Costidiscus) recticostatum Orb.

Taf. II, Fig. 2; Taf. V, Fig. 15; Taf. VII; Taf. VIII, Fig. 1—3.

Ammonites recticostatus Orbigny. Paléont. franç. Céph. crét. Taf. XI, Fig. 3, 4, p. 134.
        "   "   "   Prodrôme II. p. 98.
        "   "   Pictet, St. Cr. I, p. 349.
        "   "   Quenstedt, Ceph., p. 275, 276.

Das Gehäuse besteht aus gerundeten, fast cylindrischen, sich nur wenig umfassenden Umgängen, die durch gerade, hoch kammförmige, scharfe Rippen auffallend gekennzeichnet erscheinen. In der Jugend sind die letzteren deutlich nach vorne geneigt und vermehren sich anfangs namentlich durch Einschaltung kurzer Secundärrippen von der Externseite, seltener durch Spaltung in der Nähe der Naht. Bei dem Durchmesser von etwa 15mm verliert sich allmälig der Neigung der Rippen nach vorn, die Rippen verlaufen radial, zeigen aber noch immer Einschaltung in der Nähe der Externseite oder der Mitte der Flanken und Spaltung an der Nabelnaht.

Dieses geschieht jedoch um so seltener, je grösser die Exemplare werden, bis bei einem Durchmesser von etwa 50mm fast alle Rippen selbstständig an der Naht ihre Entstehung nehmen; in diesem Stadium tritt die Bildung von Spalt- oder Schaltrippen nur mehr selten ein, verliert sich aber vollends erst bei einem Durchmesser von etwa 120mm. Besonders bezeichnend für die Beschaffenheit der Rippen ist, dass sie schon knapp an der Naht fast dieselbe Stärke besitzen, wie an der Externseite und nicht wie das meist der Fall ist, gegen die letztere zu an Stärke gewinnen oder verlieren.

Ausserdem finden sich an jedem Umgange 2—5 tiefe Einschnürungen vor, die von zwei überaus kräftig verdickten Rippen eingefasst und ziemlich stark nach vorn geneigt sind. Durch diese nach vorn geneigte Richtung der Einschnürungen wird bedingt, dass ein oder zwei Rippen vor und hinter denselben die Nabelnaht nicht erreichen, sondern schon früher verlöschen. Die dem Embryonalende zugekehrte Einschnürungsrippe ist die dickere und zeigt häufig am inneren Ende eine nach hinten geneigte zapfenähnliche Verdickung. Auf der Wohnkammer treten die Rippen weiter auseinander und werden besonders stark; die Vermehrung der

Einschnürungen deutet wohl auf die Nähe des definitiven Mundsaumes hin, der jedoch bei keinem Exemplare erhalten blieb.

Die Umgänge sind etwas dicker als hoch und sind an den Flanken und der Externseite gerundet. Die grösste Dicke liegt etwas unter der Mitte der Flanken. An der Innenseite besitzen sie einen ziemlich breiten Ausschnitt zur Aufnahme der Externseite des vorhergehenden Umganges, der stets etwas breiter ist, als der nachfolgende.

Folgendes sind die Dimensionen eines unverdrückt erhaltenen Thoneisensteinkernes (Fall. S.), an welchem auch der Lobenbau studirt werden konnte:

Durchmesser . . . . 122^{mm}
Nabelweite 63
Höhe des letzten Umganges über der Externseite gemessen . 28
„ „ „ „ „ „ Naht „ . 33·5
Breite „ „ „ 40

Das grösste mir vorliegende Exemplar (aus der Hoh. S), bei welchem die Wohnkammer nicht vollständig erhalten ist, aber doch den letzten Umgang einnimmt, besitzt einen Durchmesser von 260^{mm}.

Die reich verzweigte Suturlinie besteht aus dem Siphonallobus, den beiden Seitenloben und dem Innenlobus. Der erste Lateral ist um Weniges länger, als der Siphonallobus, beide besitzen lange, schmale Körper, deren beiderseitige Äste so nahe an einander herantreten, dass der symmetrisch entwickelte Externsattel einen schmalen Körper erhält. Der Secundärlobus, der den Externsattel symmetrisch abtheilt, ist ebenfalls schmal und ungefähr so lang, als der Körper des ersten Lateral. Der zweite Seitenlobus dagegen hat einen kurzen, breiten Körper, dessen paarige Endäste eine ungleiche Entwicklung zeigen; der externe ist stärker ausgebildet und breitet sich mehr aus, als der der Nabelnaht ungefähr parallel gerichtete interne Seitenast. Ausserdem aber besitzt der zweite Seitenlobus noch einen mächtigen Internzweig, welcher sich über den paarigen Ästen in der Nähe der Naht vom Körper des zweiten Seitenlobus abgliedert und sich auf der Columellarseite des Umganges ausbreitet. Der Internlobus konnte leider nicht in seinem ganzen Verlaufe verfolgt werden; er ist ebenfalls lang und schmal und reicht tiefer hinab, als der zweite Seitenlobus. Seine beiderseitigen Verzweigungen sind nicht symmetrisch angeordnet, die Endigung entzog sich leider der Beobachtung, höchst wahrscheinlich ist sie, wie bei *L. striatisulcatum* einspitzig.

Variationen. Die Hauptmasse der zahlreichen untersuchten Exemplare zeigt bezüglich der Sculptur und ihrer Veränderungen im Verlaufe des Wachsthums das im Vorhergehenden beschriebene Verhalten. Daneben aber finden sich noch einzelne Exemplare vor, die gewisse Abweichungen zu erkennen geben. Bei zweien, von denen das eine auf Taf. VIII, Fig. 3 abgebildet wurde, dauert die Bildung von Schalt- und Spaltrippen nur bis zu einem Durchmesser von etwa 12^{mm} und spielt überhaupt eine untergeordnete Rolle, sobald der Durchmesser von etwa 20^{mm} erreicht ist, entspringen nahezu alle Rippen mit Ausnahme der vor und hinter jeder Einschnürung stehenden selbstständig an der Naht. Da diese Exemplare nur die verhältnissmässig geringe Grösse von etwa 60^{mm} besitzen, so konnte ihr Verhältniss zum oben beschriebenen Typus nicht mit voller Sicherheit ermittelt werden. Doch ist es sehr wahrscheinlich, dass die allerdings nicht ganz unbedeutenden Sculpturunterschiede nur bei Jugendexemplaren wahrzunehmen sind, im höheren Alter aber verschwinden. Desshalb erachtete ich es für passend, sie einstweilen mit den übrigen zu vereinigen, ohne jedoch die Möglichkeit einer Trennung in Abrede zu stellen.

Bei anderen Exemplaren (cf. Taf. VIII, Fig. 2) aber entsteht bis zu einem Durchmesser von etwa 50^{mm} jede zweite oder dritte Rippe durch Spaltung, beziehungsweise Einschaltung; später tritt die Rippenspaltung zwar seltener auf, aber immerhin noch merklich häufiger, als in den entsprechenden Stadien der eingangs beschriebenen Formen. Bei denselben Exemplaren ist ferner auch eine deutliche Neigung zum knotenartigen Anschwellen der Internenden der Hauptrippen wahrzunehmen. Bei einem Exemplare vom Ostri (Fall. S.) treten diese Merkmale in sehr verstärkter Form zu Tage und halten bis zu dem Durchmesser von mindestens

100^{mm} an, so dass dieses Stück wohl unter besonderem Namen beschrieben werden müsste, wenn es nicht zu schlecht erhalten wäre. Es ist desshalb von grossem Interesse, weil es sich einerseits zweifellos an *Lyt. recti-costatum* anschliesst, andererseits aber in seiner Skulptur einen Übergang zu *L. olcostephanoides* und *nodoso-striatum* darbietet, und auf diese Weise das Verständniss zweier Formen erschliesst, die auf den ersten Blick als völlig unvermittelt erscheinen.

Besondere Erwähnung verdient ferner auch ein Exemplar aus dem Museum der geologischen Reichsanstalt, welches nach dem Erhaltungszustande von Malenowitz herrühren dürfte. Es stimmt in allen Stücken mit *Am. reticostatum* überein, nur ist bis zum Durchmesser von 75^{mm} jede dritte Rippe in einiger Entfernung von ihrem Internende mit einem ziemlich kräftigen Knoten versehen, von welchem meist eine Secundärrippe ausgeht; zuweilen vereinigen sich auch zwei Rippen zur Bildung eines Knotens. An einer Stelle des letzten Umganges ist ein Bündel von doppelt gespaltenen Rippen wahrzunehmen, und ausserdem treten noch andere Unregelmässigkeiten in der Berippung auf, so dass dieses Exemplar wohl als krankhaft verändert zu bezeichnen sein dürfte.

Endlich muss noch bemerkt werden, dass auch die Anzahl der Rippen auf gleich grossen Exemplaren gewissen geringen Schwankungen unterworfen ist. Leider vereitelt der Erhaltungszustand eine ziffermässige Darstellung dieses Verhältnisses, da es bei dem verschieden hohen Grade der Verdrückung nicht möglich ist, vollkommen gleiche Stadien auszuscheiden.

Bemerkungen. Orbigny schreibt seinem *Am. reticostatus* (l. c.) cylindrische Umgänge zu, die im Nabel fast mit ihrer gesammten Breite sichtbar und mit sehr vorspringenden, geraden, ungespaltenen, ununterbrochenen Rippen bedeckt sind. Mündung fast kreisförmig, Ausschnitt für die Externseite des gehenden Umgangs sehr gering. Das Vorhandensein von Einschnürungen wird von ihm nicht erwähnt. Pictet (l. c.) adoptirt die Darstellung Orbigny's und gründet für *A. reticostatus* direct eine Untergruppe der Lineaten, welche vornehmlich durch hohe, gerade, ungespaltene Rippen und den Mangel der Einschnürungen ausgezeichnet sein soll.

Orbigny's Beschreibung und Abbildung ist jedoch sicher nicht ganz richtig und zutreffend, so sind gewiss stets Einschnürungen vorhanden, wie schon von Quenstedt hervorgehoben wurde (Ceph., p. 276). Auch ist es sehr wahrscheinlich, dass wenigstens im Jugendzustande Schaltrippen vorkommen, wenn sie auch später verschwinden. Es liegt mir ein Exemplar von Castellane vor, welches mit den schlesischen in dieser Hinsicht gut übereinstimmt. Die Zeichnung der Seitenansicht bei d'Orbigny beruht, wie der Autor selbst erwähnt, auf Restauration, wobei, wie es scheint, die Dicke im Verhältniss zur Höhe unterschätzt wurde.

Es lässt sich demnach, ohne Orbigny's Originalexemplar, nicht mit Gewissheit festsetzen, ob er bei Ertheilung des Namens wirklich eine mit der unsrigen ganz identische Art im Auge hatte. Mit der Diagnose stimmt am besten das oben erwähnte, auf Taf. VIII, Fig. 3, abgebildete Exemplar von Wernsdorf überein. Es könnte daher vielleicht passend erscheinen, d'Orbigny's Namen auf dieses zu übertragen und die übrigen Exemplare mit einem besonderen neuen Namen zu belegen. Da es mir nicht möglich ist, auf Grundlage der Literatur und meines Untersuchungsmateriales eine so präcise Charakterisirung beider Typen zu geben, dass sie leicht unterschieden werden könnten, so habe ich, nicht ohne einige Bedenken, den ganzen Formenkreis unter einem Namen zusammengefasst.

Lyt. recticostatum gehört zu den häufigsten und verbreitetsten Formen der Wernsdorfer Schichten. Es fand sich in Wernsdorf, Mallenowitz, Grodischt, Niedek, Krasna.

Lytoceras (Costidiscus) olcostephanoides n. sp.

Taf. VIII, Fig. 4.

Die allerinnersten Windungen dieser interessanten Art sind leider nicht deutlich erhalten; bei einem Durchmesser von etwa 15^{mm} besteht die Sculptur aus schwach nach vorne geneigten, verhältnissmässig entfernt stehenden, scharfen und geraden Rippen, die an der Nabelseite deutlich verdickt sind und in der Weise Schaltrippen zwischen sich nehmen, dass zwischen je zwei Hauptrippen eine kurze, kaum bis zur Hälfte

z *

der Windung reichende Nebenrippe zu liegen kommt. Im Verlaufe des weiteren Wachsthums stellen sich die Rippen mehr radial, die Secundärrippen werden länger und entwickeln sich häufig durch Spaltung in der Nähe des knotenartig verdickten Internendes der Hauptrippen. Die Zahl der nicht besonders kräftigen Einschnürungen beträgt auf dem letzten Umgange drei. Die Massverhältnisse lassen sich der Verdrückung wegen nicht genau angeben, doch lässt sich entnehmen, dass die Art erheblich involuter ist, als *Am. recticostatus*, welcher entschieden die nächst verwandte Form ist. Die Unterscheidungsmerkmale beruhen hauptsächlich auf der höchst eigenartigen Berippung, die, wie der specifische Namen ausdrücken soll, lebhaft an manche *Olcostephanus* erinnert. Die radiale Stellung der hohen, scharfen Rippen, und das Vorhandensein von Einschnürungen befürworten schon an sich die Zugehörigkeit zu den recticostaten *Lytoceras*, die einen weiteren, sicheren Beleg in dem Vorhandensein von Exemplaren findet, die wie das auf Taf. VIII, Fig. 2 abgebildete und bei *L. recticostatum* beschriebene die bei der letzteren Art nur in der Jugend vorhandene Rippenspaltung und Verdickung der Internenden der Hauptrippen in sehr auffallender Weise noch bei einem Durchmesser von 90^{mm} zur Schau tragen und dadurch schon sehr vom Typus des *L. recticostatum* abweichen. Namentlich ein Exemplar von Mallenowitz zeigt dies sehr auffallend und vermittelt ohne Zweifel den Übergang zu *Am. olcostephanoides*, wenn es sich auch noch näher an *L. recticostatum* anschliesst. Ich glaube daher keinen Fehler zu begehen, wenn ich diese merkwürdige Form, trotzdem ihr Lobenbau unbekannt ist, hier anschliesse. Das einzig vorhandene Exemplar stammt von Mallenowitz. (Fall. S.)

Lytoceras (Costidiscus) Rakusi n. sp.

Taf. VIII, Fig. 5.

Die äusseren Form- und Massverhältnisse des Gehäuses lassen sich der Verdrückung wegen nicht angeben. Die Sculptur besteht in geraden, radial gestellten Rippen, welche ungefähr so dicht stehen, wie bei *L. recticostatum*, aber weniger hoch und scharf sind, wie bei dieser Art. Jede vierte bis sechste Rippe verstärkt sich nach innen zu und schwillt knapp an der Naht zu einem kräftigen, spitzen Knoten an. Von jeder verstärkten Rippe gehen in der Regel zwei, selten drei Spaltrippen aus, von welchen eine in der Nähe des Knotens entspringt, während die andere, kürzere, zwischen der letzteren und der verstärkten Rippe eingeschaltet erscheint. Die übrigen Rippen nehmen fast sämmtlich selbstständig an der Naht ihre Entstehung. Auf dem letzten Umgange des abgebildeten Exemplares stellt sich eine, bei einem anderen von gleicher Grösse zwei kräftige Einschnürungen ein, in deren Nähe die Rippen schwächer entwickelt sind und die Schale mit feinen, unregelmässigen, radialen Linien versehen ist. Es scheint mit zunehmendem Alter die Tendenz zur Abschwächung der Rippen und gleichzeitigen Verstärkung der Einschnürungen einzutreten. Die rückwärtige Einschnürungsrippe ist stärker und schwillt am Internende knotenartig an. Den Einschnürungen entsprechen am inneren Theile des Gehäuses die verstärkten Rippen. Die weitere Entwicklung dieser Art ist leider nicht bekannt, ebenso wenig die Suturlinie und die innersten Windungen.

Für die Gattungsbestimmung wurde die grosse Evolubilität, die geraden, radial gestellten Rippen und die Einschnürungen als massgebend angesehen, wodurch entschieden eine Annäherung an *L. recticostatum* gegeben ist. Die Verstärkung einzelner Rippen und die Knotenbildung ist freilich sehr auffallend, allein es sind davon auch bei *L. recticostatum* und bei einigen zunächst verwandten Formen Andeutungen vorhanden. Überdies liegt mir (Münch. S.) ein Steinkern von Krasna vor, bei welchem die geraden Rippen an der Nabelseite zu deutlichen, unverkennbaren Knoten anschwellen und Lytocerasloben vorhanden sind, die mit denen von *Lyt. recticostatum* vollkommen übereinstimmen. Der Erhaltungszustand ist zwar nicht so gut, dass man mit Sicherheit die Zugehörigkeit zu dieser Art aussprechen könnte; jedenfalls aber ist das Stück ein Beweis dafür, dass Lytoceren mit kräftigen Internknoten vorkommen.

Gewisse Formen, die weiter unten beschrieben sind, haben allerdings eine grosse Ähnlichkeit mit der hier abgehandelten, doch fehlen ihnen die Einschnürungen, und die Rippen haben eine Neigung nach vorne, so dass sie einem anderen Stamme angehörig betrachtet werden müssen.

Obwohl von dieser Art nur dürftige Überreste vorhanden sind, glaubte ich doch einen neuen Namen ertheilen zu sollen, da sie durch ihre höchst eigenthümlichen Sculpturverhältnisse leicht wieder erkenntlich und von allen bekannten Arten gut unterscheidbar ist.

L. Rakusi liegt in zwei Exemplaren von Straconka vor, ein drittes von demselben Fundorte ist so schlecht erhalten, dass seine Zugehörigkeit nicht ganz sicher ist. Von anderen Localitäten ist diese Art bisher nicht bekannt geworden; sie zeichnet sich demnach auch durch ihr isolirtes Vorkommen aus.

Lytoceras (Costidiscus) nodosostriatum n. sp.

Taf. II, Fig. 3; Taf. IX, Fig. 2—4.

Besitzt ein sehr evolutes Gehäuse mit zahlreichen geraden, radial gestellten oder nur wenig nach vorn geneigten Rippen, welche aus kleinen Nahtknoten entspringen und sich in der Nähe der Externseite zuweilen nochmals spalten. Aus einem Nahtknoten entspringen in der Regel zwei Rippen. Dicke und Form des Querschnittes unbekannt.

Ein Exemplar, ein Steinkern von Krasna zeigt eine ähnliche Sculptur, Rippen, mit deutlichen nahtwärts gelegenen Anschwellungen und lässt ganz deutliche und unzweifelhafte Costidiscusloben, die mit denen von *C. recticostatus* ganz übereinstimmen, erkennen. Da das Exemplar Steinkern ist und daher die Rippen nur schwach und mangelhaft erhalten sind, so lässt es sich nicht mit Sicherheit entscheiden, ob man es besser zu *L. Rakusi* oder hierher zu stellen habe. Jedenfalls beweist dieses Exemplar, dass die Bildung von Internknoten der Gruppe der Recticostaten nicht fremd ist und damit fallen auch die Bedenken, die man etwa gegen die Gattungsbestimmung des *L. nodosostriatum* haben könnte, hinweg. Bei oberflächlicher Betrachtung würde man *L. nodosostriatum* etwa als ein *Oleostephanus* aus der Verwandtschaft des *O. Astieri* ansehen, doch der Mangel der Neigung der Rippen nach vorn, sowie die geringe Zahl der aus einem Knoten entspringenden Rippen (2) und endlich die grosse Evolubilität würden auch ohne Kenntniss der Loben lehren, dass man es mit anderen Formen zu thun habe.

Alle drei Exemplare sind übrigens unter einander nicht völlig gleich; bei zweien findet zuweilen in der Nähe der Externseite eine nochmalige Rippenspaltung statt, bei dem dritten ist dies nicht der Fall.

Das Material zur Aufstellung dieser Art ist ein sehr dürftiges, ich vermag dieselbe nur sehr unvollständig zu charakterisiren, allein ich glaubte doch einen besonderen neuen Namen ertheilen zu sollen, um diese merkwürdige Art besser zu fixiren; hoffentlich wird die sehr bezeichnende Sculptur dazu beitragen, dass sie auch anderwärts wieder erkannt werde.

Lyt. nodosostriatum ist nur durch drei Exemplare vertreten, von denen zwei von Ernsdorf stammen (Hoh. S.), bei dem dritten ist die Herkunft unbekannt. Es befindet sich das letztere in der paläontologischen Sammlung der Wiener Universität und gelangte mit der Kner'schen Sammlung dahin.

Lytoceras (Costidiscus) aff. *nodosostriatum* n. sp.

Taf. XXIV, Fig. 3.

Ein ziemlich schlecht erhaltenes, flachgedrücktes Exemplar von Wernsdorf schliesst sich sehr nahe an *Costidiscus nodosostriatus* an; es unterscheidet sich von dieser Art durch dichtere Berippung. Ob Übergänge zwischen beiden Formen bestehen, kann ich aus Mangel an Material nicht angeben, es ist dies aber sehr wahrscheinlich. Das Stück ist zu schlecht erhalten, um die Ertheilung eines besonderen Namens zu ermöglichen, da es jedoch einer bisher noch gar nicht bekannten Formengruppe angehört, wurde es doch abgebildet. Vermöge der dichteren Stellung der Rippen nimmt es eine Zwischenstufe zwischen *Costidiscus nodosostriatus* und der folgenden Art ein, die mit noch viel gedrängteren und feineren Rippen versehen ist. (Hoh. S.)

Lytoceras (Costidiscus) n. sp. ind.

Taf. II, Fig. 5.

Hier glaube ich am besten eine merkwürdige Form anschliessen zu sollen, welche ein sehr evolutes und mit überaus feinen, zarten und dichten Rippen verziertes Gehäuse besitzt. Diese Rippen schwellen an der Innenseite zu verhältnissmässig sehr kräftigen, runden Knoten an. Die Rippen sind rein radial gestellt, mehrere entspringen aus einem Knoten. Die Sculptur ist also ganz ähnlich, wie bei der vorher beschriebenen Art, und bei *Costid. nodosostriatus*, nur sind die Rippen viel feiner und dichter und die Knoten verhältnissmässig viel kräftiger. Dicke des Gehäuses, Form des Querschnittes und die Scheidewandlinie sind unbekannt.

Nach der Sculptur und der grossen Evolubilität dürfte diese zierliche Art wohl am besten hierherzustellen sein. Ich würde derselben auch einen Namen ertheilt haben, wenn nicht das einzig vorhandene Exemplar ein Steinkern wäre, so dass nicht sicher zu entscheiden ist, ob die Feinheit der Rippen nicht vielleicht dem Erhaltungszustand zuzuschreiben ist.

Fundort: Tierlitzko. (Fall. S.)

Lytoceras (Costidiscus) Grebenianum Tietze.

Taf. V, Fig. 16, 17; Taf. IX, Fig. 1.

Ammonites Grebenianus Tietze, Swinitza, Taf. VIII, Fig. 8, p. 139.

Unter diesem Namen wurde von Tietze eine sehr merkwürdige, seltene Art beschrieben, deren Umgänge etwas höher, als breit sind und einander wenig, aber doch etwas mehr umfassen, als dies bei den echten Fimbriaten der Fall ist.

Die Flanken sind abgeflacht, die Nabelwand ist sehr steil, bei den inneren Umgängen fast senkrecht einfallend, später etwas mehr gerundet; die Externseite ist wenig gewölbt, etwas abgeflacht. Der Querschnitt der inneren Windungen ist fast oblong, eckig; mit zunehmendem Alter verstärkt sich jedoch die Rundung sowohl an der Externseite, als auch an der Nabelwand.

Das Gehäuse ist mit ziemlich schwachen, zahlreichen Rippen versehen, die anfangs stark nach vorn geneigt fein und gerundet sind, häufig in der Nähe der Externseite, seltener in der Mitte der Flanken oder an der Nabelwand zur Spaltung kommen und Zwischenräume zwischen sich lassen, welche ungefähr zweimal so breit sind, als die Rippen selbst. Mit zunehmendem Alter verliert sich allmälig die Neigung der Rippen nach vorn, die Zwischenräume werden kleiner, die Rippen verlaufen nicht ganz gerade, sondern sind ein wenig, namentlich gegen die Externseite zu, geschwungen; ungefähr jede dritte Rippe entsteht durch Einschaltung oder Spaltung auf der Mitte der Flanken, seltener in der Nähe der Nabelnaht. In einem noch späteren Stadium (bei etwa 55^{mm} Durchmesser) werden die Rippen immer flacher und breiter, die Zwischenräume in demselben Masse schmäler und schärfer, bis sich die Rippen endlich ganz verflachen und verbreitern und nur mehr äusserst scharf begrenzte, feine, schmale Furchen zu bemerken sind.

Ausserdem sieht man namentlich auf den inneren Umgängen zeitweilig breite, tiefere nach vorn geneigte Furchen, die wohl Einschnürrungen entsprechen, aber nicht sehr scharf ausgesprochen sind, da das Exemplar ein Steinkern ist.

Die Scheidewandlinie ist sehr bemerkenswerth. Die Lobenkörper sind ausserordentlich schmal, die Verzweigung eine sehr reiche und verwickelte. Der Siphonallobus ist fast eben so lang, als der erste Seitenlobus, welcher die Mitte der Wandung einnimmt, und nicht wie bei den Fimbriaten im engeren Sinne an den Siphonallobus nahe herantritt und ihn überwuchert. Der zweite Seitenlobus ist paarig entwickelt, doch greift ein Zweig des unteren Endastes auf die Innenseite über, um sich daselbst auszubreiten. Etwas Ähnliches konnten wir bei *Lyt. recticostatum* beobachten, nur gliedert sich da der sich nach innen verbreitende Zweig schon über dem paarigen unteren Endaste vom Körper des zweiten Laterallobus ab. Internlobus unbekannt.

Dimensionen des abgebildeten Exemplares:

Durchmesser	67^{mm}	Höhe des letzten Umganges	20·5^{mm}	(üb.d.Naht)
Nabelweite	30	Dicke „ „ „	17.	

Die eigenthümliche Berippung, die flachen Umgänge und die merkwürdige Lobenlinie verleihen dieser Art ein sehr eigenthümliches Aussehen, so dass sie kaum mit irgend einer anderen bekannten Art verwechselt werden dürfte. Nach dem Baue der Scheidewandlinie schliesst sie sich am nächsten an die Recticostaten und an *Lyt. striatisulcatum* an. Mit dem letzteren hat sie auch in Hinsicht auf die Sculptur einige Ähnlichkeit.

Das von Tietze aus Swinitza abgebildete Exemplar (Fig. 8 *a* und *b*, Fig. 8 *c* gehört höchst wahrscheinlich nicht dazu) repräsentirt nur das Jugendstadium, in welchem die Umgänge noch oblongen Querschnitt besitzen und ihre Rippen gerade und ein wenig nach vorn geneigt verlaufen Die Neigung der Rippen nach vorn tritt in der Abbildung bei Tietze etwas zu wenig hervor. Die Lobenlinie, welche ich des Vergleiches halber, soweit sie sich zeichnen liess, wiedergebe, stimmt gut mit der des französischen Exemplars überein. Die Verästelungen scheinen zwar nicht so fein zu sein, wie bei dem letzteren, aber selbst dieser geringfügige Unterschied dürfte möglicher Weise auf den etwas roheren Erhaltungszustand des Stückes von Swinitza zurückzuführen sein.

Es liegt mir leider nur ein einziger, wenn auch gut erhaltener südfranzösischer Steinkern von Cheiron (Basses-Alpes) vor, der nach seinem Erhaltungszustande wahrscheinlich dem Barrémien entstammen dürfte und sich im Besitze des Genfer Museums befindet. Schalenexemplare sind bisher unbekannt; das Verhalten derselben bezüglich der Schalensculptur und die weitere Entwicklung dieser merkwürdigen Art wären gewiss sehr interessant.

Aus den Wernsdorfer Schichten liegt mir nur ein ziemlich schlecht erhaltenes Exemplar von Wernsdosf vor, welches sich im Besitze der geologischen Reichsanstalt befindet. Es kam erst in meine Hände, nachdem der Druck des kurzen Berichtes über diese Arbeit in den Sitzungsberichten, Bd. LXXXVI, p. 86 bereits vollendet war, es ist daher diese Art in dem dort gegebenen Verzeichnisse p. 87 nicht enthalten.

Lytoceras ? sp. ind.

Taf. XX, Fig. 14.

Einige kleine, ziemlich schlecht erhaltene Fragmente vertreten eine Art, die zu merkwürdig ist, um übergangen werden zu können. Das Gehäuse ist ziemlich evolut, mit feinen, überaus gleichmässigen Linien verziert, welche an der Naht sehr schwach beginnen, sich aber rasch verstärken und sichelförmig geschwungen erscheinen.

Das Umbiegen der Linien nach vorn geschieht schon im unteren Theile der Umgänge. An dem abgebildeten Exemplare hat es den Anschein, als ob mehrere Rippen aus einem flachen Knoten der Innenseite entstünden; es hängt dies jedoch mit dem Erhaltungszustand zusammen, die Schale ist an einzelnen Stellen verdrückt und dadurch wird die erwähnte Täuschung hervorgerufen. Die Rippen sind schon bei 6^{mm} Durchmesser zu sehen und ändern ihren Charakter bei 35^{mm} Durchmesser noch nicht, nur treten sie mit zunehmender Grösse etwas weiter auseinander.

Amm. Noeggerathi Karst. hat in der Berippung einige Ähnlichkeit, von Identität oder auch nur näherer Verwandtschaft kann wohl kaum die Rede sein. Die angezogene Form hat Knoten um den Nabel, ist involuter und die Rippen sind an der Aussenseite nach rückwärts umgebogen. *Amm. Trionae* hat ebenfalls feine Berippung, die Rippen sind aber doch stärker und zeigen häufig Spaltung, was bei der beschriebenen Form niemals der Fall ist.

Da die Suturlinie nicht bekannt ist, ist die Gattungsbestimmung ganz unsicher, die ziemlich grosse Evolubilität und gleichmässige Berippung sprechen für *Lytoceras*. Der Charakter der Sculptur ist eigentlich genau derselbe, den man bei vielen Phylloceren antrifft, wie *Ph. Thetys* etc. Der weite Nabel setzt sich jedoch der Annahme einer solchen Verwandtschaft entgegen.

Einige Ähnlichkeit hat die Art auch mit der vorher als *Lytoceras* n. sp. (?) aff. *Jullieti* Orb. beschriebenen. Sie unterscheidet sich von dieser durch regelmässigere Streifung und Mangel der Einschnürungen.

Wurde in Ernsdorf und Gurek in vier Exemplaren gefunden.

Lytoceras? visulicum n. sp.

Taf. XIV, Fig. 7.

Das Gehäuse ist evolut, aus zahlreichen, einander wenig umfassenden und schwach gewölbten Umgängen bestehend. Die Schale ist fast ganz glatt, nur vereinzelt stehen kräftige Rippen, welche sich in der Nähe der Externseite schwach nach vorne neigen. Auf dem letzten Umgange werden sie etwas zahlreicher (8). Hinter jedem solchen Wulste ist die Schale etwas eingeschnürt, an der Externseite aber verliert sich der Wulst, während sich gleichzeitig sein Hinterrand verdickt, wie dies bei vielen Haploceren der Fall ist.

Ausserdem zeigt die Schale mehr minder deutlich hervortretende scharfe Anwachsstreifen, deren Richtung derjenigen der Wülste parallel läuft. Nur in der Nähe der Externseite sieht man hie und da äusserst schwache, nach vorn geneigte Secundärrippen, die so schwach sind, dass sie fast nur bei schiefer Beleuchtung gesehen werden. Die Externseite ist an dem Stücke nicht erhalten. Das Gehäuse schliesst mit einem Wulste, der vielleicht schon den definitiven Mundsaum darstellt.

Da der Verlauf der Suturlinie ganz unbekannt ist, kann die Zugehörigkeit zu *Lytoceras* nicht mit Bestimmtheit ausgesprochen werden. Auf den ersten Blick hat diese Form sehr viel Ähnlichkeit mit dem glatten Extrem des *Sil. vulpes* Coq.; bei näherer Betrachtung merkt man aber, dass sie doch etwas weitnabeliger ist und die Rippen viel weniger nach vorn geneigt sind. Bei *Sil. vulpes* biegen die Rippen in der Nähe der Aussenseite plötzlich nach vorn um, was bei der beschriebenen Form entschieden nicht der Fall ist. Auch ist die Schale sonst glatter, weniger gestreift, als dies selbst bei sehr extremen Exemplaren des *Sil. vulpes* der Fall ist.

Während demnach eine Zustellung zu *Silesites* nicht gut durchführbar ist, kann aber auch die Zugehörigkeit zu *Lytoceras* nicht ohne Zweifel ausgesprochen werden. Es ist nämlich bis jetzt keine Lytocerengruppe bekannt, welcher die betreffende Form ohne Bedenken untergeordnet werden könnte. Entfernte Ähnlichkeit hat *Lyt. Vishnu* Forb. und *Lyt. ophiurus* Orb.; ob eine nähere Verwandtschaft mit letzterem vorhanden ist, lässt sich auf Grundlage der offenbar theilweise unrichtigen Abbildung in der Paléont. franç. nicht beurtheilen.

Obwohl ich diese Art nicht nach allen Richtungen hin in der erforderlichen Weise zu kennzeichnen in der Lage bin, glaubte ich doch zur Fixirung derselben einen Namen ertheilen zu sollen. Die Sculptur der Flanken und die allgemeine Form ist so gut erhalten, dass die Art gewiss leicht wieder erkannt werden dürfte.

Es liegt nur ein Exemplar von Lippowetz vor. (Hoh. S.)

Lytoceras n. sp. aff. *Agassizianum* Pict.(?)

Taf. XIV, Fig. 8.

Von Straconka (Hoh. S.) liegt mir ein sehr merkwürdiges Bruchstück von ungefähr einem halben Umgang Länge vor, welches mit breiten, gerundeten, schwach geschwungenen, rippenähnlichen Anschwellungen versehen ist. Gegen die Externseite zu verlieren sich dieselben, und die Externseite selbst scheint gerundet und glatt gewesen zu sein.

Der Mundrand, welcher erhalten ist, läuft den Rippen parallel, an der Externseite ist die Schale ziemlich stark nach vorn vorgezogen. Knapp vor dem Mundrand erscheint die Sculptur etwas abgeschwächt, die breiten Rippen lösen sich in einige schwächere Streifen von gleichem Verlaufe auf. Der Umgang hat nur geringe Mündungshöhe. Dicke, Querschnitt und Scheidewandlinie sind unbekannt.

Bezüglich der Sculptur erinnert diese Art sehr an *Lyt. Agassizianum* Pictet (Grès verts, Taf. IV, Fig. 3, 4) = *Lyt. ventrocinctum* Quenst. (Ceph., Taf. XVII, Fig. 14, p. 223), eine sehr merkwürdige Art, die sich, wie namentlich Quenstedt gezeigt hat, durch einen auffallenden Nahtlobus und Scheidewandloben auszeichnet. Nach der Sculptur könnte die Zustellung unseres Exemplares zur Gruppe des *Lyt. Agassizianum* wohl unbedenklich vorgenommen werden, da namentlich die Fig. 3 in Pictet's Grès verts eine auffallende Ähnlichkeit mit unserer Art hat; nur der Verlauf des Mundrandes spricht nicht für *Lytoceras*. Da man jedoch bei der Charakterisirung der Lytoceren nur an die Fimbriaten gedacht, und die bei anderen Lytoceren auftretenden Verhältnisse meist übersehen hat, so kann daraus kein Argument gegen die *Lytoceras*-Natur des vorliegenden Restes gebildet werden. Es ist im Gegentheil wahrscheinlich, dass die Gruppe des *Lyt. Agassizianum*, die schon durch die Entwicklung des Nahtlobus eine Sonderstellung einnimmt, auch durch den Verlauf des Mundsaumes von den übrigen Lytoceren abweicht. Ich habe in der Gattungseinleitung erwähnt, dass die Eigenthümlichkeiten, welche die Gruppe des *Lyt. Agassizianum* auszeichnen, so gross sind, dass man ihnen wohl durch Ertheilung eines besonderen Untergattungsnamens wird Rechnung tragen müssen. Sollte die vorliegende

Form wirklich die angedeutete generische Stellung einnehmen, dann wäre die Beschaffenheit des Mundrandes ein neues Trennungsmerkmal.

Da die Scheidewandlinie bei dem einzigen vorhandenen Exemplare nicht nachgewiesen werden konnte (das ganze Umgangsstück gehört wahrscheinlich der Wohnkammer an), und ohne dieselbe eine vollständige Sicherheit in Bezug auf die generische Bestimmung nicht möglich ist, so habe ich diese Form vorläufig als nur wahrscheinlich zu *Lytoceras* gehörig betrachtet, und die letzten Consequenzen, die sich daraus ergeben, in formeller Beziehung nicht gezogen.

HAMITES Park.

Es ist bekannt, dass Orbigny, dem wir so zahlreiche Beiträge zur Kenntniss der fossilen Cephalopoden verdanken, bei der Systematik der evoluten Formen nur ein Merkmal, die Art der Aufrollung berücksichtigt hat. Die Folge davon war, dass zuweilen einestheils sehr nahe verwandte Arten, wenn sie nur geringe Verschiedenheiten in der Gehäuseform aufwiesen, in verschiedene Gattungen eingereiht wurden, während anderntheils wieder sehr verschiedenen Stämmen entsprossene Arten derselben Gattung zugezählt wurden, wenn sie nur dieselbe Aufrollungsweise befolgten. Das Widernatürliche dieses Vorgehens, welches die Erkenntniss der natürlichen Verwandtschaftsverhältnisse ungemein erschwert, wurde zuerst von Neumayr in seinen „Kreideammonitiden" genügend betont und der Versuch einer Eintheilung der evoluten Ammonitiden auf Grundlage der natürlichen Verwandtschaft gemacht. Zwar haben schon früher einzelne Forscher, namentlich Quenstedt und Pictet darauf hingewiesen, dass einzelne evolute Arten, die ihrer Aufrollung halber zu *Crioceras* oder *Scaphites* gestellt wurden, mit gewissen, regelmässig spiralen Ammoniten in engen Beziehungen stehen, ja Pictet ging sogar so weit, gewisse evolute Formen mit den dazu gehörigen involuten unter einem Namen zu belassen *(Amm. angulicostatus)*; allein diese Hinweise blieben nur vereinzelt und wurden nicht zu einer neuen, naturgemässen Classification verwerthet. Quenstedt und Pictet hoben die Verwandtschaft nur dann besonders hervor, wenn sie sich nicht nur durch Übereinstimmung im Lobenbau, sondern auch der äusseren Form und Sculptur hinlänglich documentirte. Neumayr zeigte, dass die Ammoniten nach Verlassen der regelmässigen Spirale sehr frühzeitig so weitgehende Sculpturveränderungen vornehmen, dass eine Verwerthung der letzteren für den Nachweis verwandtschaftlicher Beziehungen nur in seltenen Fällen möglich wird. Constanter hingegen erweist sich der Bau und Verlauf der Scheidewandlinie, welcher zur Unterscheidung zweier grosser Gruppen unter den evoluten Ammonitiden führt. Die eine ist mit paarig getheilten *(Lytoceras-)* Loben versehen, die andere zeigt Seitenloben, die durch einen vorherrschend entwickelten unpaaren Endast ausgezeichnet sind. Innerhalb der ersteren Gruppe, welche sich an die Gattung *Lytoceras* anschliesst, unterscheidet Neumayr die Gattungen *Hamites, Turrilites* und *Baculites*. Während die Gattung *Baculites* von Neumayr in demselben Umfange, wie von den älteren Autoren aufgefasst wird, und die Gattung *Turrilites* nur durch jene Formen erweitert wird, welche früher als *Helicoceras*, zum Theil auch als *Heteroceras* bezeichnet wurden, enthält die Gattung *Hamites* im Sinne Neumayr's sehr zahlreiche, untereinander bisweilen recht stark abweichende Formen, die früher zum Theil ganz anderen Gattungen zugewiesen wurden, so dass sich die Verschiedenheit der Auffassung namentlich bei dieser Gattung besonders lebhaft bekundet.

Es kann keinem Zweifel unterliegen, dass die von Neumayr vertretene Anschauung zur richtigen Lösung der schwebenden Frage führen muss; bei jedem Bemühen, zu einer natürlichen Systematik der evoluten Ammonitiden zu gelangen, wird man fortan die Ausführungen Neumayr's als Grundlage anzusehen haben. In Bezug auf verschiedene Einzelheiten und Detailfragen jedoch, wird man nicht bei der in Neumayr's Kreideammonitiden eingehaltenen Fassung verharren können, denn es ergab sich schon jetzt die Nothwendigkeit gewisser Veränderungen und es ist sehr wahrscheinlich, dass sich diese in der Zukunft noch vermehren wird.

Fasst man die gesammte Formenmenge der Hamiten im Sinne Neumayr's näher in's Auge, so kann man bald ungefähr folgende Formenkreise unterscheiden.

1. Gruppe des *Hamites Yvani*.
2. „   „   „   *depressus* und *H. Astieri* (Crioc. Astierianum Orb. non *Hamulina Astieriana* Orb.)

5. Gruppe der Hamulinen.
4.   „   „   *Ptychoceras.*
3.   „   „   Hamiten im engeren Sinne.
6.   „   „   *Anisoceras.*

Die ausserordentlich innigen Beziehungen zwischen *H. Yvani* Puz. und *Lyt. recticostatum* Orb. hat zuerst Quenstedt (Ceph., p. 275) erkannt und sogar die Ansicht ausgesprochen, dass *H. Yvani* nur krankhaft veränderte Individuen des *Amm. recticostatus* darstelle. Die vorliegende Untersuchung bestätigt vollständig die überaus nahe Verwandtschaft beider Formen; für die letztere Annahme Quenstedt's liegen jedoch keinerlei hinreichende Gründe vor. Wenn es sich bei *H. Yvani* wirklich nur um eine pathologische Erscheinung handeln würde, dann müsste es uns Wunder nehmen, warum dieselbe unter den zahllosen bisher bekannten Ammoniten nur bei *Amm. recticostatus* eintritt, sich an vielen weit von einander entfernten Localitäten wiederholt und der Zeit nach zusammenfällt mit dem Erscheinen zahlreicher anderer aufgerollter ammonitischer Nebenformen. Es scheint hier vielmehr der Eintritt in eine neue Mutationsrichtung gegeben zu sein, die aber zur Ausbildung eines inadaptiven, sich nicht weiter fort entwickelnden Typus führte.

Was die Gruppe des *H. Astieri* und *depressus* anbelangt, so sprechen sich Pictet und Neumayr für den innigen Anschluss an *Lyt. Timotheanum* aus, während Quenstedt (Ceph., p. 280) die erstere Form als ein ausgezeichnetes Verbindungsglied zu den Lineaten bezeichnet, welches „durch und durch einem Lineaten gleicht."

Es ergibt sich daraus, dass *H. Yvani* mit den recticostaten, *H. Astieri* und *depressus* mit den fimbriaten Lytoceren viel inniger verwandt sind, als unter einander und dass es den natürlichen Verwandtschaftsverhältnissen viel besser entsprechen würde, wenn man die erstere Form bei *Costidiscus* n. g., die letzteren bei *Lytoceras* s. str. belassen würde. Da man jedoch in dem Verlassen der geschlossenen Spirale ein zu generischer Trennung nöthigendes Merkmal zu erblicken gewöhnt ist, so dürfte es wohl am passendsten erscheinen, wenn für beide Gruppen besondere Untergattungsnamen geschaffen werden.

Für *H. Yvani* hat bereits Bayle (Explicat. cart. géol. de la France Taf. 98) den Namen *Macroscaphites* in Anwendung gebracht, für *H. Astieri* und *depressus* bringe ich den Namen *Pictetia* in Vorschlag. In den Wernsdorfer Schichten kommen ausser *M. Yvani* noch drei weitere Formen vor, *M.* sp. ind., *M. Fallauxi* n. sp. und *M. binodosus* n. sp., deren Zugehörigkeit freilich nicht ganz sichergestellt werden konnte, da die Scheidewandlinien derselben unbekannt blieben. Die Untergattung *Pictetia* konnte nur um eine Form, *P. longispina* n. f. bereichert werden. Dieselbe erinnert vermöge ihrer *Crioceras*-ähnlichen Aufrollung an *H. Astieri* und *depressus*, vermöge ihrer Sculptur an die Fimbriaten im Allgemeinen, zeichnet sich aber durch das Vorhandensein langer Dornen aus.

Die Gattung *Hamulina* wurde von Orbigny (Journal de Conchyl. Bd. III) für die hamitenartigen Formen des oberen Néocomien aufgestellt, die sich nur durch zwei parallele Schenkel und einen Haken auszeichnen, während die echten Hamiten drei parallele Schenkel mit zwei Haken besitzen und erst im Gault auftreten sollten. Schon Pictet weist nach, dass diese von Orbigny geltend gemachten Unterschiede in ihrer Allgemeinheit nicht ganz zutreffend sind, behält aber den Gattungsnamen *Hamulina* bei, weil, wie er ganz richtig bemerkt, die Hamulinen gewisse gemeinsame Merkmale aufweisen und von den Gault-Hamiten, die wieder eine in sich geschlossene Gruppe bilden, gut unterschieden werden können.

Zur Untergattung *Hamulina* sind ungefähr folgende Formen zu zählen:

a) Gruppe der *Hamulina Astieri* Orb.

Hamulina Astieri Orb.	*Hamulina* aff. *Haueri* Hoh.
„ *Meyrati* Oost.	„ n. f. ind.
„ *silesiaca* n. f.	„ *alpina* Orb. (?)
„ *Haueri* Hoh. in coll.	

b) Gruppe der *Hamulina subcylindrica* Orb.

Hamulina subcylindrica Orb.	*Hamulina Davidsoni* Coq.
„ *Lorioli* n. f.	„ *Hoheneggeri* n. f.

Hamulina Boutini Math.   *Hamulina acuaria* n. f.
„   *Suttneri* n. f.   „   *ptychoceroides* Hoh. in coll.
„   *fumisugium* Hoh. in coll.   „   *paxillosa* n. f.
„   *subcincta* n. f.   „   *cincta* Orb.
„   *Quenstedti* u. f.   „   *subundulata* Orb.
„   *hamus* Quenst.

Die Formen der ersteren Gruppe zeichnen sich durch bedeutende Grösse, eigenthümliche Sculptur, bestehend aus einem Wechsel von einfachen und dreifach knotigen Rippen, und stärker verzweigte complicirte Loben aus, während in der zweiten Gruppe kleinere, einfacher berippte Formen zusammengefasst erscheinen, die sich übrigens noch in kleinere Untergruppen anordnen lassen werden. Leider sind die einzelnen Formen, namentlich in Hinsicht auf die für die Zusammengehörigkeit in erster Linie entscheidende Scheidewandlinie jetzt noch nicht so genau bekannt, als dass diese Anordnung schon jetzt vorgenommen werden könnte. Unter den von Orbigny beschriebenen Hamulinen zeigt *H. dissimilis* breite unpare Loben, wahrscheinlich auch *H. trinodosa* und *Varusensis* (vergl. bei *Crioceras*).

Das Embryonalende der Hamulinen ist meines Wissens nach unbekannt; auch scheint noch nicht festgestellt zu sein, ob auf die Anfangskammer eine Spirale folgt, oder ob der Schaft vollkommen gestreckt ist. Bei vielen Formen ist der Schaft schon bei 2—3^{mm} Durchmesser gestreckt. Die letzte Scheidewand reicht bei ausgewachsenen Individuen bis zur Wende [1] oder bis zum Beginn des breiteren Schenkels. Was die Wachsthumsverhältnisse anbelangt, so kann man wohl auch heute noch nicht über die Erörterungen Quenstedt's, Ceph., p. 288 hinausgehen.

Ein gemeinsames Merkmal der Hamulinen dürfte der Besitz von nur vier Hauptloben sein. Der Extern- und der Seitensattel sind stark entwickelt und enthalten sehr mächtige Secundärloben. Der Secundärlobus des Seitensattels ist so gross, dass man ihn bei oberflächlicher Betrachtung für einen besonderen zweiten Seitenlobus halten könnte, allein aus dem Vergleiche mit dem Secundärlobus des Aussensattels ergibt sich mit Bestimmtheit, dass der fragliche Lobus als Secundärlobus anzusehen ist. Der Antisiphonal endet mit einem unpaaren Endaste. Der Seitenlobus von *H. Astieri, H. silesiaca* n. f. zeigt ganz deutlich den *Lytoceras*-Charakter; und zwar erinnert das ganze Behaben der Linie am meisten an *Lyt. recticostatum* und *Grebenianum*; während jedoch die Macroscaphiten und *Pictetia* in innigstem Zusammenhange mit den entsprechenden ammonitischen Formen stehen, ist zwischen *Hamulina* und *Costidiscus* eine tiefe Kluft vorhanden, die dieselbe ausfüllenden Zwischenglieder fehlen uns noch vollständig. *Macr. Yeani* darf keineswegs als ein solches betrachtet werden, es deutet uns diese Form, als eine wahrscheinlich inadaptive, vielleicht nicht einmal den Weg an, auf welchem die Umgestaltung vorgeschritten ist. Kurz, wir vermissen fast jegliche Kunde über die Art und Weise der Fortentwicklung von *Costidiscus* zu *Hamulina*.

Fast bei allen Hamulinen zeigt der Hauptseitenlobus die Eigenthümlichkeit, dass der äussere, dem Siphonallobus zugekehrte paarige Endast desselben tiefer steht, als der innere, und dass sich gleichzeitig die innere Hälfte dieses Astes stärker entwickelt und die Mittelstellung einzunehmen sucht. Auf diese Weise wird der paarige Bau des Seitenlobus allmälig undeutlich und schliesslich nur mit Mühe erkennbar. Leider sind gerade die Suturlinien der Hamulinen bisher in ganz unzureichender Weise studirt worden, so dass sich noch vielfache interessante und aufklärende Details ergeben können.

Die echten *Hamiten* dagegen, wie sie namentlich aus dem Gault beschrieben wurden, zeigen in der That häufig 2 Wenden und 3 parallele Schenkel, eine grobe Sculptur und 6 Hauptloben, also 2 Seitenloben. Die Scheidewandlinie ist mir zwar nicht aus eigener Anschauung von Naturexemplaren bekannt, sondern nur aus der Literatur, aber danach muss man das Vorhandensein zweier Seitenloben annehmen. Ich bin leider nicht in der Lage, irgend etwas über das nähere Verhältniss von *Hamulina* zu *Hamites*, über etwaige Zwischen- oder

---

[1] Unter der Bezeichnung „Wende" werde ich im Folgenden den an der Umbiegungsstelle des Hakens befindlichen Gehäusetheil verstehen.

Übergangsformen mitzutheilen, da mir das hiezu unbedingt nöthige Untersuchungsmaterial vollkommen fehlt. Die Literatur gibt keine genügende Auskunft über diese Frage. Nur so viel scheint sicher zu sein, dass die Hamiten im engeren Sinne eine ziemlich geschlossene Gruppe bilden, die der Hauptsache nach geologisch jünger ist, als die Hamulinen. Ob scharfe Grenzen zwischen beiden Gruppen bestehen oder nicht, wie geartet die etwaigen Zwischenformen sind etc., muss ferneren Forschungen klarzulegen überlassen bleiben.

Die Gruppe der *Anisoceras* wurde namentlich durch Pictet genau studirt (Mél. pal.; St. Cr., p. 57; Traité de paléontologie II, p. 705); sie zeichnet sich durch grobe, mit einzelnen Knoten versehene Rippen, sechs Hauptloben und ein eigenthümlich aufgerolltes Gehäuse aus, welches aus einem *Ancyloceras*-artigen Haken und einem aus der Ebene heraustretenden spiralen Gewinde besteht.

Als letzte Hauptgruppe wäre noch die der *Ptychoceras* (und *Diptychoceras* Gabb.) namhaft zu machen. Es scheint nicht ganz richtig zu sein, wenn Neumayr (Kreideammonitiden, p. 895) behauptet, dass sich *Ptychoceras* von *Hamulina* und *Hamites* nur durch ein Merkmal der untergeordnetsten Art, nämlich das Anliegen der beiden Schenkel unterscheidet. Zu diesem letzteren Unterschiede treten nämlich noch nicht unbedeutende Differenzen in der Sculptur und im Lobenbaue hinzu. Die Schale der *Ptychoceras* ist fast immer ganz glatt, oder nur mit feinen Streifen versehen, und die allerdings noch wenig bekannte Scheidewandlinie zeigt Loben mit breiten Körpern und noch mehr unsymmetrischem Bau. Wenn man die Loben an sich, ohne Zusammenhang mit denen der verwandten Formen betrachtet, würde man sie wahrscheinlich als unpaarig bezeichnen. Leider sind auch bei dieser Unterabtheilung die Beobachtungen noch viel zu dürftig und ungenau, um mehr als Vermuthungen aussprechen zu können. Es ist wahrscheinlich, dass auch die *Ptychoceras* eine ziemlich geschlossene, von der Hauptmasse der Hamulinen unterscheidbare Gruppe [1] bilden, wenn sie auch mit gewissen Hamulinen in enger Verbindung stehen dürften. Interessant ist das Vorhandensein zweier Wenden bei *Ptychoceras Meyrati* Oost.

Man sieht also, dass die Hauptmasse der Hamiten im Sinne Neumayr's in 6 Gruppen zerfällt, die unter sich ziemlich bedeutende Verschiedenheiten erkennen lassen und mit verschiedenen *Lytoceras*-Stämmen in bald mehr, bald minder innigem Zusammenhange stehen. Die Kenntnisse, die in der Literatur niedergelegt sind, sind fast nach jeder Richtung hin lückenhaft und erweisen sich fast ganz unzureichend, wenn man es versucht, sich ein klares Bild über die gegenseitige Verhältniss der Hamitengruppen und den näheren Bau der einzelnen Formen zu schaffen. Leider ist das mir vorliegende Material aus den Werusdorfer Schichten nur wenig geeignet, diese sehr fühlbare Lücke auszufüllen. Die Exemplare, meist nur Hamulinen, sind grösstentheils schlecht erhalten, Scheidewandlinien sind nur in Ausnahmsfällen sichtbar, und dabei ist der Formenreichthum ein sehr grosser; manches konnte nur oberflächlich berührt und Einiges musste ganz übergangen werden. Soviel mir von den meist ausgezeichnet erhaltenen südfranzösischen Vorkommnissen (dem Genfer Museum gehörig) vorlag, habe ich möglichst eingehend studirt, beschrieben und abgebildet, um zur Förderung unseres Wissens beizutragen, wenn ich auch gestehen muss, dass durch einigermassen vollständigeres Material viel mehr hätte geleistet werden können.

Was nun die formelle Behandlung der grossen in Rede stehenden Gruppe anlangt, so glaube ich den thatsächlichen Verhältnissen am besten dadurch Rechnung tragen zu können, wenn ich für die unterschiedenen Gruppen, die zum grössten Theil schon bestehenden Namen als Untergattungsnamen verwende. Die nebenstehende Zeichnung mag ein ungefähr richtiges Bild der genetischen Verhältnisse geben und zur Erläuterung der folgenden Bemerkungen dienen. Behält man die Gattung *Hamites* in der Fassung bei, welche Neumayr

---

[1] Mit Ausschluss von *Ptych. Barrensis* und *nodosum* Buv., welche Pictet zu *Hamites* stellt (St. Cr., p. 106 und 107).

vorschlägt, mit Einziehung der übrigen bereits bestehenden Namen, so räumt man der Gattung *Hamites* einen Umfang ein, welcher viel zu gross ist und in gar keinem richtigen Verhältnisse zu dem anderer Gattungen steht. Ferner bezeichnet man dann unter demselben Namen Formen, die unter einander offenbar weniger verwandt sind, als mit ihren ammonitischen Vorläufern, z. B. *Macroscaphites* einerseits und *Pictetia* andererseits; die ersteren schliessen ungemein eng an den Recticostatenstamm, die letzteren den Fimbriatenstamm an; es wäre gewiss unnatürlich, die letzten Ausläufer dieser offenbar schon seit langer Zeit sich getrennt entwickelnden Stämme durch das Band eines gemeinsamen Gattungsnamen zu vereinigen, nur aus dem Grunde, weil die Umgänge derselben ein nicht einmal in gleicher Weise stattfindendes Verlassen der regelmässigen Spirale zeigen. Benützt man demnach das Aufgeben der spiralen Aufrollung als Merkmal zu generischer Trennung, so muss man noch vielmehr auch dem Bestehen zweier gesonderter Lytocerenstämme Rechnung tragen und diesem Verhältnisse formell durch besondere Namen Ausdruck verleihen. Nun könnte man es vielleicht für passend erachten, sämmtliche an die Recticostaten einerseits und an die Fimbriaten andererseits sich anschliessende Formen mit besonderen Namen zu belegen, so dass man dann zwei einander formell gleichwerthige, wenn auch in Wirklichkeit nicht gleich stark entwickelte Gruppen zu unterscheiden hätte. Dieser Vorgang würde sich aber bei dem thatsächlich sehr ungleichen Umfange und bei dem Umstande nicht sehr empfehlen, dass auch unter den Formen, für die man gemeiniglich die Abstammung von den Recticostaten annimmt, grosse Verschiedenheiten existiren, welche es als praktischer erscheinen lassen, lieber das sicher Verwandte zusammenzuziehen, auch wenn es nur eine ganz kleine Gruppe bildet, als viele Formen unter einen Hut zu bringen, deren Verwandtschaft nicht einmal so sicher erwiesen ist. Wie schon erwähnt, verändern sich die Loben bei einzelnen evoluten Formen, namentlich gewissen Hamulinen und *Ptychoceras* so sehr, dass der *Lytoceras*-Charakter nicht sogleich auffällt, sondern im Gegentheil erst vergleichende Studien nothwendig sind, um denselben anzuerkennen. Es ist nun recht misslich, wenn auch dieses wichtige Merkmal, welches hauptsächlich die Zutheilung zu *Hamites* im weiteren Sinne bedingt, solchen Veränderungen unterliegt, dass es keinen sicheren Anhaltspunkt mehr darbietet.

In Anbetracht aller dieser Umstände wird es wohl die Billigung der Paläontologen finden, wenn ich die Namen *Ptychoceras*, *Hamulina* etc. als Untergattungsnamen der Gattung *Hamites* verwende, die in ihrem weiteren Umfange eine ausgezeichnet polyphylletische Gattung darstellt. Übrigens dürften sich wohl auch mindestens die Hamulinen und die Hamiten im engeren Sinne als polyphylletische Gattungen erweisen. Mit Annahme dieser Gattungsnamen können dann die specifischen Namen *Hamulina Astieri*, *Ptychoceras Astieri* und *Pictetia Astieri* bestehen bleiben, die bei Nichtanerkennung derselben hätten durch andere ersetzt werden müssen.

Das Studium der evoluten Ammonitiden ist gewiss eben so interessant als schwierig; wenn es mir nicht gelungen ist, ein vollständigeres Bild von der Gruppe der Hamiten zu entwerfen, so mag mich einestheils die Schwierigkeit des Gegenstandes, anderntheils die Mangelhaftigkeit meines Materials und die Unzulänglichkeit und Oberflächlichkeit der meisten Literaturangaben entschuldigen.

In den Wernsdorfer Schichten erscheinen die Gattungen *Macroscaphites*, *Pictetia*, *Hamulina*, *Ptychoceras* und vielleicht auch *Anisoceras* vertreten; am reichlichsten sind die Hamulinen entwickelt, welche meist neue Arten darstellen. Der Grund hievon wird wohl nicht in einer besonderen localen Ausbildung zu suchen sein, sondern darin, dass seit O r b i g n y (1852) nur sehr wenig neue Formen beschrieben wurden.

Hamites (Macroscaphites) Yvani P u z o s.

Taf. V, Fig. 13; Taf. IX, Fig. 5, 6.

Scaphites Yvani P u z o s, Bulletin de la Soc. géol. de France, 1832, T. II, pl. II, p. 355.
     „   „   O r b i g n y, Paléont. franç., p. 515, pl. 126, fig. 1, 3.
     „   „   Q u e n s t e d t, Petref. Deutschlands, p. 275, Taf. XXI, Fig. 15.
     „   „   P i c t e t, St. Cr., p. 23.
     „   „   Q u e n s t e d t, Handbuch der Petrefactenkunde, 1867, p. 453, Taf. XXXVII, Fig, 18.
Macroscaphites Yvani B a y l e, Explic. de la carte géol. de la France, pl. 98 (ohne Text).

Diese merkwürdige Art ist bereits so vielfach abgehandelt worden, dass die Beschreibung der äusseren Form wohl überflüssig erscheinen dürfte. Auf die Schilderung der Sculptur dagegen muss um so ausführlicher eingegangen werden, weil sich mancherlei Abweichungen gegen andere Darstellungen ergeben werden.

Der spiral eingerollte Theil ist mit hohen, scharfen und dicht gestellten Rippen versehen, welche auf den innersten Umgängen ziemlich deutlich nach vorne geneigt sind, vielfach gespalten sind, oder eine Einschaltung kurzer Secundärrippen von der Externseite aus erfahren. Die Internenden der Rippen schwellen fast stets zu kleinen, zierlichen Knötchen an. Mit fortschreitendem Wachsthum verlegt sich die Rippenspaltungsstelle immer mehr nach unten, gegen die Nabelnaht, Einschaltung oder Spaltung wird immer seltener, verschwindet aber vollends erst knapp vor der Bildung des gestreckten Theiles des Gehäuses; die Endknötchen der Rippen werden stärker und deutlicher. Auf jedem Umgange sieht man ungefähr drei tiefe, von kräftigen Rippen begleitete Einschnürungen, deren Vorhandensein bereits d'Orbigny hervorgehoben hat. Sowohl der aufsteigende, wie der absteigende und der gekrümmte Theil des frei abgerollten Hakens sind mit verschieden gestalteter Berippung versehen. Auf dem aufsteigenden Theile des Hakens beginnen die Rippen an der Innenseite mit kleinen, bald mehr, bald minder deutlichen Knötchen, sind schwach nach vorne convex und gegen die Externseite gehoben und etwas verdickt. An der Umbiegungsstelle des Hakens schalten sich zwischen die Hauptrippen Secundärrippen ein, welche ungefähr halb so lang sind, als die Hauptrippen, manchmal etwas länger, manchmal etwas kürzer. Der absteigende Ast endlich ist von dem gekrümmten Theile stets durch eine tiefe Einschnürung geschieden und ist verhältnissmässig schwach berippt, zuweilen fast ganz glatt. Seine Rippen beginnen an der Innenseite mit einem ziemlich kräftigen Knoten und werden aber nach aussen allmälig schwächer, oder verschwinden zuweilen fast ganz. An ihre Stelle treten dann zahlreiche, feinere Linien und Streifen. Erst knapp vor dem einfachen Mundrande verläuft diesem parallel eine stärkere Rippe.

Der spiral eingerollte Theil besitzt eine niedrige, aber sehr steile Nabelwand, die jedoch des Erhaltungszustandes wegen nicht bei jedem Exemplare sichtbar ist. Bei der frei aufgerollten Wohnkammer bildet die Innenwand mit den Seiten einen rechten Winkel, ist nahezu glatt, nur mit schwachen, nach vorn convexen Linien versehen und schwach eingesenkt.

Die Lobenlinie wurde, wenn auch in etwas mangelhafter Weise, zuerst von Quenstedt dargestellt. Sie stimmt mit derjenigen von *A. recticostatus* so gut überein, dass eine besondere Beschreibung derselben unnöthig sein dürfte. Die letzte Scheidewand wird knapp vor dem Verlassen der Spirale angelegt.

Das grösste vorliegende Exemplar besitzt einen Längsdurchmesser von 120^{mm}, auch die übrigen Masszahlen stimmen fast ganz mit den Angaben Orbigny's in seiner Pal. fr. überein, soweit die Verdrückung überhaupt eine richtige Messung zulässt. Die meisten Exemplare sind jedoch kleiner, ihr Durchmesser schwankt meist um 100^{mm}. Das kleinste Exemplare zeigt eine Länge von nur 82^{mm}. Im Ganzen lassen sich zweierlei Formen unterscheiden, längere gestreckte und etwas kürzere gedrungene; bei den letzteren ist die Spirale im Verhältniss zum freien Haken stärker entwickelt als bei den ersteren, da bei den gedrungenen Formen die Spira in der Gesammtlänge 2$^{1}/_{3}$mal, bei den gestreckten dagegen 2$^{1}/_{4}$mal enthalten ist. Der Zahl nach sind beide ziemlich gleich stark vertreten, so dass man geneigt sein könnte, diese Verschiedenheiten auf Geschlechtsunterschiede zurückzuführen und den allgemeinen Anschauungen darüber folgend, die gestreckteren für männliche, die gedrungeneren für weibliche Individuen anzusehen. Bemerkenswerth ist ferner noch die geringe Entfernung des Mundsaumes von der Externseite der Spira, welche Entfernung bei den meisten Exemplaren kaum $^{1}/_{9}$ der Gesammtlänge beträgt.

Der Querschnitt ist von Orbigny als eine ziemlich schmale Ellipse gezeichnet worden. Da meine Exemplare alle mehr oder minder verdrückt sind, kann ich darüber natürlich keine genauen Angaben mittheilen, doch erscheint es mir nach dem Vorhandensein einer sehr steilen Nabelwand, nach der wenn auch schwachen Einsenkung der Innenseite des freien Hakens und endlich der nahen Verwandtschaft mit *A. recticostatus* nicht ganz unwahrscheinlich, dass die grösste Dicke in der Nähe der Innenseite gelegen war und der Querschnitt namentlich des Hakens ungefähr dem von *Hamulina dissimilis* Orb. ähnlich gestaltet war. Schon Quenstedt weist darauf hin, dass es unrichtig sei, die Umgänge als flach anzusehen.

Macroscaphites Yvani hat wenig Neigung zur Bildung von Spielarten. Die Rippenspaltung ist bald mehr, bald minder deutlich und verschwindet bald früher, bald später; das Nämliche gilt von der Bildung der Knötchen, die stets mindestens in Andeutungen vorhanden sind, am constantesten aber an der Umbiegungsstelle des Hakens auftreten. Bei einem Exemplar von Wernsdorf (Hoh. S.) sind die Knötchen besonders stark markirt und die Rippen gleichzeitig weniger dicht gestellt als bei allen übrigen Stücken.

Wie sich aus dem Voranstehenden ergibt, ist die Übereinstimmung mit den typischen südfranzösischen Vorkommnissen nicht ganz vollständig. Die wichtigste Abweichung liegt in der Entwicklung der Internknötchen und dem steten Vorhandensein der Einschnürung, mit welcher der absteigende Theil des Hakens beginnt. Auf die häufige Rippenspaltung bei den inneren Windungen möchte ich weniger Werth legen, da dies bei den französischen Exemplaren vielleicht übersehen wurde. Ob die angeführten Unterschiede zur specifischen Trennung hinreichen oder nicht, bleibt wohl fast ganz dem persönlichen Ermessen des jeweiligen Forschers überlassen. Ich konnte mich zur Ertheilung eines besonderen Namens um so weniger entschliessen, als die französischen Exemplare durchwegs nicht Schalenexemplare wie die unserigen, sondern Sculptursteinkerne sind, und daher vielleicht doch nicht alle Merkmale der Berippung mit vollkommener Schärfe zur Schau tragen.

Die Entwicklung von Internknoten bietet eine passende Handhabe zur Unterscheidung von *Macroscaphites Yvani* und jungen Exemplaren von *L. recticostatum* dar. Letztere Form zeigt zwar auch zuweilen Internknoten, doch treten dieselben nicht am Ende der Rippen, sondern viel höher über der Naht auf, und sind überdies unregelmässig gestellt.

Die beschriebene Art liegt mir in zahlreichen Exemplaren von Malenowitz, Wernsdorf, Althammer, Grodischt vor. Am häufigsten findet sie sich in Malenowitz und scheint überhaupt im westlichen Gebiete viel häufiger zu sein, als im östlichen. (Hoh. S., Fall. S., geol. Reichsanst., geol. und pal. Univers.-Museum.)

Im Anschlusse an *M. Yvani* muss noch eines Exemplares von Wernsdorf (aus der Hoh. S.) gedacht werden, welches den Durchmesser von nur 51ᵐᵐ erreicht hat. Es ist sehr schlecht erhalten und lässt von der Sculptur nur so viel erkennen, dass es mit kräftigen Rippen, ähnlich wie *M. Yvani*, versehen war. Es sieht aus, wie ein zwerghafter *M. Yvani*, ob man es mit einer besonderen Art, oder aber einem krankhaften Individuum der ersteren Species zu thun hat, lässt sich nach dem vorliegenden Exemplare nicht entscheiden.

Hamites (Macroscaphites) n. f. ind.

Taf. X, Fig. 1.

Von dieser Art ist nur der frei abgerollte Haken vorhanden, der mit dichten, schwachen, etwas nach vorn convexen und schief nach aussen verlaufenden Rippen bedeckt ist. Jede fünfte, später jede siebente oder achte Rippe ist in der Nähe der Externseite mit einer länglichen, knotenähnlichen Anschwellung versehen. An der Umbiegungsstelle des Hakens spalten sich die Rippen knapp an der Externseite; der absteigende Theil beginnt mit einer kräftigen, schief gestellten Einschnürung, scheint ganz glatt zu sein und schliesst wieder mit einer Einschnürung. Auf der Innenseite verlaufen, soweit das mangelhafte Exemplar dies zu beobachten gestattet, sehr schwache, nach vorn gebogene Linien, deren zwei sich aus je einer Rippe der Flanken entwickeln. Leider ist nur ein unvollkommenes Exemplar vorhanden, die Berippung und die Einschnürungen machen die Zugehörigkeit zu *Macroscaphites* wahrscheinlich, ein bestimmtes Urtheil lässt sich aber nicht abgeben.

Fundort: Mallenowitz.

Hamites (Macroscaphites) binodosus n. sp.

Taf. IX, Fig. 7.

Vom Gehäuse ist nur der spirale Theil und die erste Hälfte des Schaftes erhalten, der Haken ist unbekannt. Die spiralen Umgänge berühren einander und zeigen genau dieselbe äussere Form, wie bei *H. Yvani*; der gerade Schaft löst sich aber etwas später aus der Spirale, so dass das ganze Gehäuse eine etwas mehr bischofstabähnliche Form erhält als bei *H. Yvani*. Da jedoch das abgebildete Exemplar das einzig vorliegende ist, so ist es wohl möglich, dass diese geringe Abweichung auf individueller Eigenthümlichkeit beruht. Die Sculptur besteht aus ungemein feinen, geraden Linien, welche radial gerichtet, oder etwas nach vorne geneigt sind. An der Nabelwand steht eine ziemlich dichte Reihe kleiner, gerundeter, knotiger Anschwellungen, und eine andere ähnliche Reihe befindet sich an der Grenze der Flanken und der Externseite. Einige Streifen entstehen aus diesen Anschwellungen und vereinigen sich aussen wieder in solchen, während andere dazwischen entspringen und über die Externseite, wahrscheinlich ununterbrochen hinwegsetzen, ohne sich mit einem Externknoten zu vereinigen.

Die Externknoten sind etwas kräftiger und weniger dicht gestellt, als die internen. Die innersten Umgänge scheinen nur mit Linien versehen gewesen zu sein, und entbehren noch deutlicher Knötchen, welche sich erst mit Beginn des letzten spiralen Umganges anlegen. Da sie bei Beginn des Schaftes wieder aufhören, so ist diese eigenthümliche, schöne Sculptur nur auf den letzten spiralen Umgang beschränkt. Der Schaft ist mit einfachen, schief nach oben gerichteten, dichten und feinen Rippen versehen, welche gerade, oder sehr schwach bogenförmig nach vorn gekrümmt sind.

Dicke nicht bestimmbar, Loben unbekannt.

Es gibt meines Wissens keine evolute Species, die solche Sculpturähnlichkeit besässe, dass man von einer Verwandtschaft sprechen könnte. Die Unkenntniss der Loben bringt es mit sich, dass die generische Stellung dieser merkwürdigen und schönen Form einigermassen unsicher ist und nur nach mancherlei Bedenken habe ich die Zustellung zu *Hamites*, als das unter den gegebenen Verhältnissen richtigste Vorgehen, erkannt. Die vollständige Übereinstimmung der äusseren Form mit *H. Yvani*, die geraden, fadenförmigen Rippen, die Beschaffenheit des Schaftes sprechen sehr für die Annahme einer nahen Verwandtschaft beider Formen, nur der Mangel der bezeichnenden Einschnürungen, wenigstens auf den zwei vorliegenden Exemplaren gibt, zu Zweifeln Anlass. Das Auftreten von Knötchen ist weniger bedenklich, da sich wenigstens Innenknötchen auch bei *Lyt. nodosostriatum* und bei *H. Yvani* vorfinden und namentlich desshalb, weil den deutlichen Anschwellungen auf dem letzten spiralen Umgange unserer Art schwache Knötchen, genau so, wie sich bei *H. Yvani* entwickelt sind, vorausgehen. Die Bildung von Aussenknoten erinnert allerdings an die von *Hoplites* derivirten Crioceren, allein bei diesen sind fast stets drei Knotenreihen entwickelt, die Rippen sind kräftiger, mehr geschwungen und die die Knoten tragenden in der Regel verdickt.

Es erscheint demnach sehr wahrscheinlich, dass die beschriebene Form unter die Hamiten gehört, ein sicherer Nachweis dafür liegt freilich nicht vor. Die Kenntniss der Scheidewandlinie würde gewiss sofort die noch bestehenden Zweifel lösen.

Das Originalexemplar befindet sich im Museum der k. k. geolog. Reichsanstalt und stammt wahrscheinlich von Wernsdorf oder aus der näheren Umgebung dieser Localität; ein zweites Exemplar rührt von Lipnik her. (Hoh. S.).

Hamites (Macroscaphites) Fallauxi Hohenegger in coll.

Taf. X, Fig. 5.

An die vorher beschriebene Art schliesst eine leider nur in einem Exemplare fragmentarisch erhaltene Form enge an, welche sich von der ersteren durch weniger dichte und weniger regelmässige Rippen, geringere Grösse, sowie dadurch unterscheidet, dass die Knoten auch auf dem Schafte, wenigstens dem Anfangstheile desselben entwickelt sind. Innere Windungen, Dicke, Loben unbekannt.

Die Kenntniss dieser Art ist eine so unvollkommene, dass es kaum gerechtfertigt erscheinen dürfte, die Ertheilung eines besonderen Namens vorzunehmen. Da jedoch die auffallende Sculptur dieser Form das Wiedererkennen derselben sehr wahrscheinlich macht, so wurde der bereits von Hohenegger gewählte Namen beibehalten. Die grosse Sculpturähnlichkeit mit der vorhergehenden Art erklärt die Gattungsbestimmung.

Das Originalexemplar stammt von Ernsdorf (Hoh. S.). Hier muss noch eine weitere fragmentarisch erhaltene Form angeschlossen werden, die auf Taf. IX, Fig. 8 abgebildet wurde. Sie besitzt noch weiter auseinander stehende, etwas geschwungene Rippen und kräftigere Knoten. Die Exemplare, von Lippowetz und Ernsdorf stammend (Hoh. S.), sind so schlecht erhalten, dass es wohl möglich ist, dass noch eine dritte

Knotenreihe entwickelt war, die hier nur nicht deutlich zu sehen ist, und diese Form daher zu den echten Crioceren gehört. Dafür spricht auch die geschwungene Form der Rippen und die wenn auch schwache Verdickung der knotentragenden Rippen. Etwas Sicheres lässt sich über die betreffenden Reste nicht angeben.

Hamites (Hamulina) Astieri Orb.

Taf. X, Fig. 2, 3; Taf. XI, Fig. 2.

1850. *Hamulina Asteriana* Orbigny, Prodròme II, p. 102.
1852.   „   „   Orbigny, Journ. de Conch. III, p. 216, Taf. III, Fig. 4—6.
1860.   „   „   Pictet, St. Cr., p. 104.

Diese prächtige und interessante Form, welche im Barrémien von Südfrankreich, in Barrême, Anglès etc. in vollständigen, wohlerhaltenen Exemplaren vorkommt, liegt mir aus den Wernsdorfer Schichten nur in mehr minder grossen und nur theilweise gut erhaltenen Bruchstücken vor. Das vollständigste derselben, welches einen Theil des schmäleren und breiteren Schenkels, sowie die Wende des Gehäuses zeigt, wurde zur Abbildung gebracht. Die Übereinstimmung ist in jeglicher Hinsicht eine so vollständige, dass die Identification unbedenklich vorgenommen werden kann.

Der schmälere Schenkel ist mit schief nach oben geneigten Rippen versehen, welche bald einfach verlaufen, bald stärker entwickelt sind und jederseits drei Knoten tragen. Gewöhnlich liegen zwei oder drei, seltener vier einfache Zwischenrippen zwischen zwei knotentragenden Hauptrippen. Der Anfangstheil des schmäleren Schenkels ist jedoch nach Orbigny's Darstellung und nach einem schönen mir vorliegenden Naturexemplare, welches dem Genfer Museum gehört, nur mit einfachen Rippen bedeckt. Die erstere ist es auch, welche in der Nähe der Wende zuerst verschwindet, dann wird die mittlere Reihe rückgebildet, während die inneren Knoten auch auf der Wende selbst und dem breiteren Schenkel zu sehen sind. Auf der Umbiegungsstelle sind die Rippen innen zusammengedrängt und es laufen daher mehrere aus einem Knoten aus. Auf dem breiteren Schenkel stellen sich die Rippen allmälig horizontal und treten weiter auseinander. Die Zwischenrippen verschwinden allmälig und es bleiben nur mehr mächtige, in ziemlich grossen Entfernungen stehende, ungeknotete, hoch kammförmige Rippen zurück, die auf der Innenseite sehr abgeschwächt, auf der Aussenseite kräftig verdickt sind. Der Durchmesser des gekammerten Schenkels ist schmal elliptisch, der der Wohnkammer gerundet, trapezoidal, so zwar, dass die grösste Breite an der Innenseite gelegen ist, von da nur sehr allmälig, in der Nähe der gerundeten Externseite aber ziemlich rasch abnimmt. Der von Orbigny gezeichnete Querschnitt der Wohnkammer ist, wie ich mich an mehreren Exemplaren überzeugen konnte, unrichtig. Die letzte Scheidewand liegt knapp vor der Wende.

Die Scheidewandlinie setzt sich aus dem Siphonal-, dem Intern- und dem Hauptseitenlobus zusammen. Die beiden ersteren sind fast eben so lang, als der Seitenlobus. Die Körper der Loben sind schmal, die Verzweigung ist eine reichliche. Der Seitenlobus endigt in zwei paarige Äste, von welchen jedoch der innere etwas höher steht, wie denn überhaupt die inneren Zweige desselben etwas höher gelegen sind als die entsprechenden äusseren, wodurch die Symmetrie etwas gestört wird. Der innere Ast steht etwas tiefer und reicht daher mit der Spitze seines äusseren Zweiges am tiefsten hinab. Der Internlobus ist symmetrisch gebaut und endigt einspitzig, die Hauptseitenäste reichen fast eben so tief hinab, als der Endast. Die schmalen, reich gegliederten Sättel erscheinen durch Secundärloben subsymmetrisch abgetheilt.

Die Scheidewandlinie erweist sich, wenn auch die etwas höhere Stellung des inneren Endastes eine kleine Unregelmässigkeit hervorruft, doch als eine typische *Lytoceras*-Linie, die beschriebene Art muss demnach an die Hamiten angereiht werden. Die Beschreibung und Abbildung der Scheidewandlinie wurde nach einem Exemplare von Anglès gegeben. Ein Exemplar aus den Wernsdorfer Schichten hat die Loben ebenfalls erhalten, doch nicht so vollkommen. Sie stimmen mit denen des französischen Exemplares bis auf die kleinsten Verzweigungen überein, nur sind die Lobenkörper scheinbar breiter, ein Umstand, der nur mit dem mangelhaften Erhaltungszustand des betreffenden Exemplares zusammenhängt.

Ausser dem abgebildeten Exemplare, welches von Grodischt stammt (Fall. S.), liegt mir noch ein Haken von Lipnik, sowie Fragmente von Wernsdorf (Hoh. S.) und Gurek vor (zwischen Flötz 6 und 7). Die letzteren sind gekammerte Stücke von typischer Beschaffenheit.

Hamites (Hamulina) Meyrati Oost.

Hamites ? Meyrati Ooster. Cat. Céph. Suisse, p. 72, Taf. LVI, Fig. 2—7.

Ein Fragment von Kozy (Hoh. S.) hat so viel Ähnlichkeit mit der von Ooster aus den Schichten der Veveyse beschriebenen Art, dass ich nicht anstehe, den Ooster'schen Namen auf das karpathische Vorkommen zu übertragen. Feine, fadenförmige, schief nach oben gerichtete Rippen bedecken das Gehäuse. In der Nähe der Externseite und auf der Flankenmitte liegen zwei Knotenreihen; nur der zwischen den beiden Knoten gelegene Theil der Rippen ist etwas verbreitert und ganz schwach verdickt, der übrige Theil verläuft einfach fadenförmig. Zwischen je zwei knotentragenden Rippen befinden sich zwei bis drei einfache.

Diese Art ist offenbar mit *Hamites Astieri* Orb. sehr nahe verwandt. Sie unterscheidet sich durch den Mangel der dritten, inneren Knotenreihe, die bei gleich grossen Exemplaren von *H. Astieri* bereits vollständig entwickelt ist, und durch die geringere Verdickung der geknoteten Rippen. Die Beschaffenheit des breiteren Schenkels und des Hakens ist nicht bekannt; vielleicht ergeben sich daraus weitere Unterschiede gegen *H. Astieri*, vielleicht aber stellt sich *H. Meyrati* nur als etwas aberrante Varietät der ersteren Art heraus, bei welcher die dritte Knotenreihe erst sehr spät entwickelt wird.

Hamites (Hamulina) Silesiacus n. sp.

Taf. XI, Fig. 1.

Von dieser Art stehen mir nur zwei Exemplare bei der Untersuchung zur Verfügung, welche beide dem schmäleren, gekammerten Schenkel angehören. Dieser letztere hat fast dieselbe äussere Gestalt, wie der von *H. Astieri*, nur wächst er etwas rascher an und ist um ein Geringes dicker. Die Sculptur besteht aus einfachen, schwach nach vorn convexen und schief nach oben gerichteten Rippen, welche auf dem abgebildeten Stücke keine Spur von Knoten zeigen. Es hält demnach jene Sculptur, welche *H. Astieri* nur in der ersten Jugend zeigt, sehr lange an. Leider ist der Haken und der breitere Schenkel unbekannt.

Die Scheidewandlinie zeigt mit der von *H. Astieri* so viel Übereinstimmung, dass es überflüssig wäre, sie nochmals zu beschreiben, sie entspricht ihr bis auf die geringsten Details. Gewiss sind beide Formen sehr nahe verwandt, und es ist demnach sehr wahrscheinlich, dass auch die Wende und der Haken einige Ähnlichkeit mit den entsprechenden Stücken von *H. Astieri* haben werden. Der schmälere Schenkel ist durch den Mangel der Knoten unterscheidbar.

H. Meyrati Oost. mit zwei Knotenreihen auf dem gekammerten Schenkel vermittelt gewissermassen zwischen dem ungeknoteten *H. silesiacus* und *H. Astieri* Orb.

Ein Exemplar stammt von Grodischt (Samml. d. k. k. geol. Reichsanst.), eines von Gurek.

Hamites (Hamulina) Haueri Hohenegger in coll.

Taf. II, Fig. 4; Taf. X, Fig. 4.

Auch diese Art schliesst sich so enge an *H. Astieri* an, dass es hinreichen wird, die Abweichungen hervorzuheben. Vom schmäleren Schenkel ist nur ein kleines Stück erhalten, welches dieselbe Sculptur, wie bei *H. Astieri* zeigt, nur sind die Rippen kräftiger und stehen weiter von einander ab; die Zahl der ungeknoteten Zwischenrippen beträgt zwei oder drei. In der Nähe der Umbiegungsstelle verliert sich zunächst der äussere, dann der mittlere Knoten. Auf dem breiteren Schenkel befinden sich horizontale, ausserordentlich kräftige, gerade Rippen mit mächtigen Innenknoten, und zwischen ihnen zwei schwächere Zwischenrippen. Die Sculptur ist viel stärker, die Rippen stehen weiter von einander ab, als bei *H. Astieri*. Sodann sind die Exemplare auch kleiner, als die entsprechenden der letzteren Art. Die entferntere Stellung der Rippen, sowie die geringere Grösse haben mit *H. Haueri* noch einige andere, leider meist fragmentarisch erhaltene Exemplare gemein, welche jedoch insofern eine Abweichung zeigen, als bei ihnen der Mittelknoten auch auf den breiteren Schenkel übergeht und wenigstens auf den ersteren der horizontalen Rippen zu sehen ist. Bei dem schlechten und mangelhaften Untersuchungsmateriale konnte ich darüber nicht schlüssig werden, ob diese Exemplare, deren eines ebenfalls abgebildet wurde (Taf. II, Fig. 4), als Vertreter einer besonderen Art, oder als Varietäten von *H. Haueri* zu betrachten seien. Ich führe sie daher vorläufig als *Hamites* aff. *Haueri* an.

Das abgebildete Exemplar stammt von Ernstdorf (Hoh. S.), andere Stücke von Gurek her, *H.* aff. *Haueri* von Lippowetz (Hoh. S.), Ostri, Gurek.

Hamites (Hamulina) n. f. ind.
Taf. XI, Fig. 3.

Ausser den beschriebenen Formen liegen mir noch mehrere sehr grosse Exemplare vor, welche leider so schlecht erhalten sind, dass sie nicht näher beschrieben werden können; ich will sie nur kurz charakterisiren, um das Bild der Fauna zu vervollständigen. Sie stehen der Gruppe des *Hamites Astieri* nahe, unterscheiden sich aber schon in der äusseren Form dadurch, dass beide Schenkel cylindrischen Querschnitt besitzen. Die Sculptur des schmäleren Schenkels ist nicht zu erkennen; auf der Wende treten bei der einen Form einzelne kräftige Rippen mit drei Zwischenrippen auf, von denen eine durch Spaltung entsteht. Bei der anderen sind die Zwischenrippen weniger gut entwickelt. Auf dem breiteren Schenkel liegen ausserordentlich hohe, kräftige, kammförmige, weit von einander abstehende Rippen, die nur anfangs ein bis zwei schwache, nur in der Nähe der Externseite deutlich sichtbare Zwischenrippen besitzen, später fehlen jegliche Zwischenrippen.

Der breite mit mächtigen Querrippen versehene Schenkel, welcher ganz der Wohnkammer angehört, hat die Länge von 295^{mm}. Der schmälere Schenkel ist bei keinem Exemplare ganz erhalten; er ist bis in die Nähe der Wende gekammert, die Sculptur desselben ist leider fast gar nicht zu erkennen.

Die Scheidewandlinie zeigt sehr deutlich den *Lytoceras*-Charakter, und hat in den Einzelheiten viel Ähnlichkeit mit der der *Ham. Astieri.*

Die Exemplare stammen vom Ostri und Skalitz. (Fall. S.)

Hamites sp. ind.

Fragment eines Schaftes von ungefähr 15^{mm} Breite, dessen schiefe Rippen in der Nähe der Externseite hie und da Knoten entwickeln.

Hohenegger verglich den Rest mit *Hamites elegans* Orb. (Taf. 133, Fig. 1—5), von welcher Art sich derselbe durch weniger zahlreiche und unregelmässigere Knoten unterscheidet. Eine weitere Bestimmung desselben ist jetzt nicht möglich. Das betreffende Exemplar, von Straconka stammend (Hoh. S.) dürfte zur Verwandtschaft des *Hamites Astierianus* Orb. gehören.

Hamulina n. sp. ind.
Taf. XIII, Fig. 1.

Der schmälere Schenkel ist mit schief nach oben gerichteten, wie es scheint, stets gleichmässigen, flachen Rippen bedeckt. Auf dem breiteren Schenkel, dessen einfacher Mundrand erhalten ist, sind die Rippen sehr flach und schwach entwickelt und horizontal gestellt. An einer Stelle des breiteren Schenkels befindet sich eine kräftige, von starken Rippen eingefasste horizontale Einschnürung. Die Wende selbst ist nicht erhalten.

Die Schale ist wohl erhalten, allein sie ist so sehr zusammengedrückt und verunstaltet, dass die Ertheilung eines Namens und genügende Charakterisirung unmöglich ist.

Das Exemplar stammt von Gurek und befindet sich in der Sammlung der erzherzoglichen Cammeral-Direction in Teschen.

Hamites (Hamulina) Lorioli n. sp.

Taf. XII, Fig. 2—5.

Der schmälere Schenkel ist mit feinen, dichten, gerundeten Rippen versehen, welche auf der Innenseite horizontal liegen, auf den Flanken schief nach oben gerichtet und auf der Externseite nicht unterbrochen sind. Auf der Umbiegungsstelle werden die Rippen kräftiger, und es bildet sich zuweilen eine leichte Einschnürung; auf dem breiteren Schenkel treten sie weiter auseinander, und nehmen bald eine horizontale Lage an. Ungefähr jede vierte Rippe bildet in der Nähe der Innenseite einen ziemlich kräftigen Knoten, von dem bisweilen zwei Rippen ausgehen, oder aber es vereinigen sich zwei Rippen schon von der Innenseite her zur Bildung eines Knotens. Auf der Innenseite des breiteren Schenkels sind die Rippen schwach entwickelt und lösen sich oft in mehrere Streifen auf.

Beide Schenkel sind gerade und nahe an einander gerückt, der Zwischenraum zwischen beiden ist in der Gegend des Hakens am grössten. Die Dicke lässt sich bei den Exemplaren aus den Wernsdorfer Schichten nicht erkennen. Auch von den zahlreichen (6) Exemplaren von Anglès, die mir vorliegen, ist nur eines so gut erhalten dass die äussere Form nahezu vollkommen regelmässig wiedergegeben erscheint. Danach hatte der schmälere Schenkel einen elliptischen, der breitere einen gerundet quadratischen, fast kreisförmigen Querschnitt.

Die Scheidewände reichen bis knapp zur Wende, so dass die letzte Scheidewand stark schief gestellt ist. Die Hauptloben sind der Aussen-, der Innen- und Seitenlobus. Der Seitenlobus ist etwas länger, als der Aussenlobus und hat deutlich ausgesprochenen *Lytoceras*-Charakter, der nur dadurch etwas modificirt wird, dass der innere paarige Seitenast etwas höher steht, als der äussere.

Dadurch wird bewirkt, dass die beiden Seitenäste, nicht sowie es bei typischen Lytoceren der Fall ist, in einer Linie endigen, sondern der äussere Seitenast mit seinem inneren Theile tiefer hinabreicht, als die übrigen, ähnlich wie bei *Hamites Astieri.* Der symmetrisch gestaltete Innenlobus zeigt einen schmalen Endast und zwei auf gleicher Höhe stehende Seitenäste, die fast eben so stark entwickelt sind, wie der unpaare Endast. Der Innenlobus ist fast eben so lang, als der Seitenlobus. Der Seitensattel ist viel mächtiger und steht höher, als der Aussensattel, beide werden durch Secundärloben in subsymmetrische Hälften abgetheilt. Die Körper der Loben sind schmal.

Mathéron hat neuerlich eine ähnliche Form unter dem Namen *Hamulina Davidsoni* Coq. 1879 (Rech. pal. dans le midi etc. pl. C.—18) abgebildet. Eine Identification beider kann aber nicht vorgenommen werden, da die Mathéron'sche Form auf dem breiteren Schenkel zwar Knötchen, ähnlich wie *H. Lorioli* besitzt, allein diese verlieren sich bald und ausserdem haben die Rippen des breiteren Schenkels eine ausgesprochen schiefe Stellung, während sie bei *H. Lorioli* horizontal verlaufen. Noch inniger scheint die Verwandtschaft mit *H. subcylindricus* Orb. (Journ. de Conch. III. Taf. 4 Fig. 4—6, p. 220) zu sein. Die Ähnlichkeit in der äusseren Form und Berippung ist so gross, dass Pictet, der die betreffenden Stücke erwähnt, es unentschieden lässt, ob sie als selbständige Art oder als Varietät von *H. subcylindricus* zu betrachten seien (St. Cr., p. 104). Von der letzteren Art stehen mir auch zwei Exemplare von Anglès der Pictet'schen Sammlung zu Gebote, welche noch andere Unterschiede, als den Mangel der Knötchen erkennen lassen; ich entschloss mich daher zu der ersteren Auffassung.

Es zeigt nämlich, sowohl der schmälere, wie der breitere Schenkel bei *H. subcylindricus* ein rascheres Dickenwachsthum, als bei *H. Lorioli*, der breitere Schenkel gewinnt kurz hinter der Wende eine enorme Dicke, die er bei der letzteren Form erst später erhält; auch ist der Querschnitt des Wohnkammerschenkels bei *H. subcylindricus* mehr cylindrisch gerundet, die Dicke grösser und seine Rippen kräftiger, als bei *H. Lorioli*. Die Scheidewandlinie zeigt keine wesentlichen Abweichungen. Das eine Exemplar von *H. subcylindricus*, welches die geschilderten Verhältnisse sehr gut erkennen lässt, wurde zum Vergleiche abgebildet. (Taf. XII, Fig. 1.)

Etwas anders ist das Bild von *H. subcylindricus*, welches Orbigny (l. c.) entwirft. Das Anwachsen ist da ein langsameres und der Querschnitt der Wohnkammer ein elliptischer. Der letztere Umstand mag wohl durch die so häufig zu bemerkende Verdrückung der Exemplare zu erklären sein, der erstere dürfte hingegen wirklich in den natürlichen Verhältnissen begründet sein. Es wäre alsdann wünschenswerth, festzustellen, wie weit in dieser Hinsicht Schwankungen einzutreten pflegen.

Die karpathischen Exemplare von *H. Lorioli* stimmen mit den südfranzösischen gut überein; ihr Erhaltungszustand ist nicht sehr gut, namentlich der Externtheil des breiteren Schenkels ist ganz verdeckt oder abgebrochen. Die Scheidewandlinie ist nur von den französischen Exemplaren bekannt.

Ham. Lorioli oder eine ungemein nahe stehende Art kommt auch im Neocom des Urschlauerachenthales in Baiern vor.

Aus den Wernsdorfer Schichten liegt mir *H. Lorioli* in vier Exemplaren von den Localitäten Gurek, Lipnik, Lipowetz vor.

Hamites aff. *subcylindricus* Orb.

Ein Exemplar, welches sehr verdrückt und so schlecht erhalten ist, dass es zur Abbildung nicht geeignet erscheint, wurde von Hohenegger (Nordkarpathen, p. 29) als *Ptychoceras Humboldtianum* Karst. bestimmt. Die feinen, dichten Rippen des schmäleren Schenkels, die Einschnürung auf der Wende und die ziemlich weit auseinander tretenden horizontalen Rippen des breiteren Schenkels bewirken ziemliche Ähnlichkeit mit der angezogenen Art Orbigny's.

Die Annäherung der beiden Schenkel bis zur Berührung dürfte wol erst durch Verdrückung eingetreten sein, die feinere Beschaffenheit der horizontalen Rippen auf der Wohnkammer und ihre weiteren Abstände machen eine directe Identification mit *H. subcylindricus* nicht möglich, verhindern aber auch die Zustellung zu *Ptychoceras Humboldtianum*.

Zur sicheren Bestimmung ist der vorliegende Rest überhaupt nicht hinreichend.

Das Exemplar stammt von Lipowetz. (Hoh. S.).

Hamites (Hamulina) Hoheneggeri n. f.

Taf. XII, Fig. 7, 8.

Der schmälere Schenkel zeigt sehr langsames Anwachsen und ist mit ziemlich feinen, aber scharfen, schief nach oben verlaufenden, gleichmässigen Rippen versehen. Auf dem breiteren Schenkel dagegen stellen sich die Rippen horizontal, einige beginnen schon an der Innenseite und werden nach aussen zu stärker, während andere erst auf den Flanken einsetzen. Einzelne Rippen hingegen, bei dem abgebildeten Exemplare zwei, bei anderen drei bis vier, sind stark verdickt und der vor ihnen liegende Schalentheil bleibt ziemlich glatt, so dass es bis zur Bildung von Einschnürungen kommen kann. Eigenthümlich ist der Sculptur der Wende; daselbst treten die Rippen an der Innenseite sehr nahe an einander heran, und entstehen durch Spaltung oder Einschaltung. Die mittleren derselben bilden ein Bündel, welches ungemein kräftig hervortritt und namentlich gegen die Externseite zu wulstförmig vorspringt. Am Steinkerne stellen sich dieselben als stumpf vorspringende Höcker an der Externseite dar, die übrigen Sculpturelemente sind auf demselben nur schwach angedeutet. Der Querschnitt des gekammerten Schenkels ist rund-elliptisch, fast cylindrisch; der der Wohnkammer ist elliptisch.

Die Entfernung beider Schenkel von einander ist eine geringe, in der Nähe der Wende ist sie am grössten, in der Nähe des Mundrandes am kleinsten.

Von der Scheidewandlinie konnte nur der Seitenlobus deutlich verfolgt werden. Er zeigt typischen *Lytoceras*-Charakter; die Einzelheiten desselben ergeben sich aus der Abbildung. Die letzte Scheidewand liegt bei dem erwähnten Steinkerne auf dem schmäleren Schenkel etwa 22 Ctm. von der Wende entfernt; das Exemplar hat demnach seine definitive Grösse noch nicht erreicht.

Die beschriebene Art dürfte mit *H. cinctus* Orb. (Journ. de Conch. III. Taf. VI. Fig. 4—6, p. 224) am nächsten verwandt sein; in der Sculptur beider Schenkel dürfte ein Unterschied schwer nachweisbar sein, ihre Entfernung ist jedoch bei *H. cinctus* viel grösser, als bei *H. Hoheneggeri* und die Wende ist bei der ersteren

Form durch ein glattes Schalenstück, bei der letzteren dagegen durch ein eigenthümlich verdicktes Rippenbündel ausgezeichnet, so dass eine Identität ausgeschlossen erscheint. Dieselben Unterschiede gelten auch gegen *H. cinctus* Oost. (l. c. Taf. 58, Fig. 1). Eine ähnliche Species kommt bei Châtel-St. Denis vor, von welcher mir ein Exemplar (aus der Pictet'schen Sammlung) vorliegt. Sie unterscheidet sich namentlich durch das zeitweilige Auftreten von Einschnürungen auf dem schmäleren Schenkel und den Mangel des Rippenbündels an der Wende; die Scheidewandlinie, von der nur der Seitenlobus eingezeichnet werden konnte, stimmt mit der von *H. Hoheneggeri* vollkommen überein. Ooster dürfte diese Form mit *Ancyl. Jourdani* Ast. verwechselt haben.

Exemplare (5) liegen vor von Straconka, Lipowetz, Grodischt, Niedek.

Hamites (Hamulina) Suttneri n. sp.
Taf. XII, Fig. 6.

Der schmälere Schenkel ist mit feinen scharfen, schief nach oben gerichteten Rippen bedeckt, welche in geringen, gleichmässigen Abständen vertheilt sind. Zuweilen, namentlich in der Nähe der Wende, schalten sich in der Mitte der Flanken- oder in der Nähe der Aussenseite kurze Zwischenrippen ein. Auf dem breiteren Schenkel stellen sich die Rippen allmälig horizontal, beginnen nur selten an der Innenseite, meist setzen sie erst gegen die Mitte der Flanken zu sehr schwach an, um sich gegen die Externseite deutlich zu verstärken. In ziemlicher Entfernung von der Wende befindet sich eine viel kräftigere ringförmige Rippe. Auf der Wende selbst stehen die Rippen dichter, und entstehen durch Spaltung oder Einschaltung an der Innenseite. Sowie bei *H. Hoheneggeri* tritt auch hier ein kräftig vorspringendes Rippenbündel auf. Mundsaum und Scheidewandlinie unbekannt. Der Querschnitt der beiden Schenkel ist elliptisch, lässt sich aber nicht mit voller Sicherheit bestimmen. Die Entfernung beider Schenkel ist noch geringer, als bei *H. Hoheneggeri*; es kommt aber nicht zur völligen Berührung derselben; bei dem abgebildeten Exemplare erscheint die Entfernung in Folge der Verdrückung noch kleiner, als sie in Wirklichkeit gewesen sein muss.

Die nächst verwandte Art ist wohl der vorher beschriebene *H. Hoheneggeri*, beide haben das Rippenbündel auf der Wende und bis zu einem gewissen Grade auch andere Sculptureigenthümlichkeiten gemeinsam. Geringere Grösse, engere Stellung der beiden Schenkel, die verschiedene Berippung des breiteren Schenkels, ermöglichen leicht die Unterscheidung. *H. subcylindricus* Orb. unterscheidet sich durch gerundete Schenkel, Mangel des Rippenbündels, aber Vorhandensein einer Einschnürung auf der Wende, endlich die ringförmigen kräftigen Rippen der Wohnkammer. *H. Bontini* Math. 1879 (l. c. Taf. C. — 18) weicht durch kräftige, ringförmige Rippen auf der Wohnkammer, Mangel des Rippenbündels auf der Wende, überhaupt gröbere Berippung und gerundetere Umgänge ab.

Liegt in drei Exemplaren von Niedek vor. (Fall. S.)

Hamites (Hamulina) fumisuginum Hohenegger in coll.
Taf. XIII, Fig. 2.

Unter diesem Namen bezeichnete Hohenegger eine Form, die die beiden vorher beschriebenen an Grösse etwas übertrifft. Der schmälere Schenkel ist mit ziemlich breiten, gerundeten schief nach oben gerichteten Rippen versehen, welchen zeitweilig deutliche Einschnürungen parallel laufen. Auf der Wende, oder knapp hinter derselben befindet sich, wie bei *H. subcylindricus* ebenfalls eine kräftige Einschnürung, während sich auf dem breiteren Schenkel die Rippen allmälig horizontal stellen, etwas stärker werden, aber ihre flache Form beibehalten. Auch auf dem breiteren Schenkel befindet sich mindestens eine kräftige, ringförmige Einschnürung.

Querschnitt nicht näher bekannt, wahrscheinlich elliptisch. Loben unbekannt.

Unterscheidet sich von *H. cinctus* durch die Einschnürungen des schmäleren Schenkels und die gleichmässigere Entwicklung der Rippen auf dem breiteren Schenkel; von *H. Hoheneggeri* durch die breiteren, flacheren Rippen, den Mangel des Rippenbündels, das Vorhandensein von Einschnürungen auf dem schmäleren

Schenkel und gleichmässigere Berippung des breiteren Schenkels. Am nächsten steht dieser wohl die bei Beschreibung des *H. Hoheneggeri* erwähnte Art von Châtel- St. Denys, die mir in einem Exemplare vorliegt.

Das Vorhandensein von Einschnürungen nähert beide Vorkommnisse sehr an einander an; da jedoch der breitere Schenkel des Exemplares von Châtel- St. Denys nicht erhalten ist, so kann die Identität bezeichnungsweise specifische Verschiedenheit beider nicht mit Bestimmtheit beurtheilt werden. Vielleicht ist auch die von Pictet und Loriol (Voirons, Taf. 7, Fig. 6, p. 33) beschriebene Form mit *H. famisagium* identisch.

Das Exemplar, worauf die Art hauptsächlich gegründet wurde, ist ziemlich schlecht erhalten; der von Hohenegger ertheilte Name wurde trotzdem beibehalten, in der Erwartung, dass es vielleicht doch möglich sein dürfte, die Form anderwärts wiederzuerkennen.

Wurde in zwei von Ernsdorf (Hoh. S) und Gurek stammenden Exemplaren untersucht.

Hamites (Hamulina) subcinctus n. sp.

Taf. XII, Fig. 9.

Unter diesem Namen beschreibe ich eine Form, die mir aus dem Barrémien der Basses-Alpes (Coll. Pict. vorliegt, von Pictet als *H. cinctus* Orb. bestimmt wurde, mit dieser Form aber nicht identificirt werden kann.

Der schmälere Schenkel ist mit ziemlich kräftigen, aber gerundeten, schief nach oben gerichteten Rippen versehen. Auf der Wende befindet sich eine tiefe von mächtigen Rippen gebildete Einschnürung. Auf dem breiteren Schenkel nehmen die Rippen allmälig horizontale Stellung an, beginnen meist erst gegen die Mitte der Flanken zu, und verstärken sich gegen die Externseite. In grosser Entfernung von der Wende befindet sich eine tiefe ringförmige Einschnürung.

Die Rippen erscheinen namentlich auf der Wohnkammer ziemlich flach und schwach, was wohl wenigstens zum Theil mit der Erhaltung der letzteren als Steinkern zusammenhängt, während die gekammerte Schenke zum grössten Theile mit Schale versehen ist.

Die Scheidewandlinie besteht aus dem Aussen-, Innen- und Seitenlobus, der letztere reicht nur um Weniges tiefer hinab, als die beiden ersteren und zeigt deutlich paarige Entwicklung. Der Innenlobus endigt mit einem schwachen unpaaren Endaste, der fast schwächer ist, als die Seitenäste. Die Sättel sind nur wenig gegliedert und haben ausserordentlich breite Körper, wie auch die Körper der Loben etwas breiter sind, als dies sonst der Fall ist. Die ganze Linie zeigt einen gegen innen leicht ansteigenden Verlauf, der Seitenlobus hat in Folge dessen eine etwas schiefe Stellung.

Beide Schenkel stehen weit von einander ab; ihr Querschnitt ist ein elliptischer, doch ist die Wohnkammer verhältnismässig dicker, als der gekammerte Theil. Mundsaum unbekannt.

Diese Art unterscheidet sich von *H. cinctus* Orb. durch die gleichmässigere Berippung des breiteren Schenkels, die tiefe Einschnürung auf der Wende und breitere flache Rippen.

Das Material, das mir zur Begründung dieser Art zur Verfügung steht, ist freilich nur gering, ich glaubte sie aber doch nicht übergehen zu sollen. Die Scheidewandlinie derselben weicht nämlich so sehr von den sonst vorkommenden Linien ab, dass man diese Art als Vertreter einer kleinen Untergruppe ansehen kann. Überdies lassen sich die folgenden ziemlich mangelhaft erhaltenen Arten aus den Wernsdorfer Schichten am besten hier anschliessen; ich werde sie als

Hamites (Hamulina) aff. *subcinctus* n. sp.

Taf. XIII, Fig. 4, 5.

anführen. Nur ein kleiner Theil beider Schenkel ist erhalten. Auf dem schmäleren Schenkel befinden sich gleichmässige schiefe Rippen, auf der Wende eine tiefe Einschnürung, auf dem breiteren Schenkel horizontale, flache Rippen.

Die Schale ist mit sehr feinen Grübchen versehen. Dicke und Loben nicht erkennbar. An *H. subcinctus* ist diese Art durch die flachen Rippen, die gleiche Grösse und vielfach übereinstimmende Sculptur sehr stark genähert;

ein Unterschied liegt in der kleineren Entfernung beider Schenkel. Bei einem zweiten Exemplare ist jedoch die Entfernung der beiden Schenkel schon etwas grösser und so könnten doch möglicherweise, wenn sich auch gleiche Entwicklung der Loben nachweisen liesse, beide Vorkommen specifisch ident sein. Leider reicht das vorhandene Material zur näheren Bestimmung nicht aus.

Zwei Exemplare, von **Lipowetz** und **Gurek**. (Fall. S.)

Hamites (Hamulina) Quenstedti n. sp.

Taf. XIII, Fig. 3.

Der schmälere Schenkel ist mit schief nach oben gerichteten, gleichmässigen Rippen versehen, zwischen welche sich stellenweise von der Externseite aus kurze, kaum bis zur Flankenmitte reichende Nebenrippen einschalten. Auf dem breiteren Schenkel besteht die Sculptur aus horizontalen Rippen, die kaum stärker sind, als auf dem schmäleren Schenkel und in Abständen vertheilt sind, die nur um Weniges grösser sind, als auf dem gekammerten Gehäusetheil. Obwohl der breitere Schenkel ziemlich lang ist, sind die Abstände der horizontalen Rippen auf dem der Mündung genäherten Theile kaum merklich breiter, als auf dem Anfangstheile desselben. Diese gleichförmige, höchst einfache Sculptur verleiht dieser Art ein sehr eigenthümliches Aussehen.

Beide Schenkel sind parallel, ihr Abstand beträgt ungefähr 6^{mm}. Der Querschnitt ist elliptisch; Scheidewandlinie unbekannt.

Die nächst verwandte Form ist ohne Zweifel *H. hamus* Quenst. (Ceph. Taf. 21, Fig. 3, 4, p. 287).

Die Verwandtschaft ist eine so nahe, dass ich lange zögerte, bis ich mich zur Abtrennung unter einem besonderen Namen entschloss. Die Unterschiede sind folgende: *Hamites hamus* zeigt rascheres Anwachsen des schmäleren Schenkels, geringere Länge des breiteren Schenkels (dieser Unterschied ist noch sehr fraglich, da das von Quenstedt abgebildete Exemplar, Fig. 3, nach der von ihm angegebenen Lage des letzten Lobus kein völlig ausgewachsenes sein dürfte), dichtere Stellung der Rippen und mehr cylindrischen Querschnitt, als *H. Quenstedti.* Die Flachheit des Gehäuses der letzteren Form hängt allerdings mit der Verdrückung des Exemplares zusammen, aber nur zum Theil, denn dasselbe ist in Thoneisenstein erhalten und zeigt daher doch der Hauptsache nach seine natürliche Form. Endlich ist bei *H. hamus* Quenst. die Wohnkammer mit ihrem Ende gegen den gekammerten Schenkel gerichtet, während bei *H. Quenstedti* beide parallel laufen, doch dürfte wahrscheinlich gerade diesem Merkmale wenig Bedeutung zukommen, da Quenstedt ein Exemplar von *H. hamus* abbildet, bei welchem schmälerer und breiterer Schenkel auch nahezu gleichgerichtet sind.

Ooster bildet einen Hamiten von der Veveyse bei Châtel-St. Denys ab (l. c., Taf. 57, Fig. 1), dessen Zugehörigkeit zu *H. hamus* Quenst. ihm nicht sicher erscheint. Dieser Hamit hat mit der oben beschriebenen Form offenbar sehr viel Ähnlichkeit, er scheint sich nur durch die etwas grössere Entfernung beider Schenkel zu unterscheiden. Ob er jedoch mit *H. Quenstedti* identisch ist, wage ich nach der Abbildung nicht zu entscheiden.

Liegt nur in einem Exemplare von **Tichau** (oder **Kozlowitz?**) vor. (Hoh. S.).

Hamites (Hamulina) n. f. ind.

Taf. XIII, Fig. 8.

Liegt blos in einem Exemplare von **Mallenovitz** (Fall. S) vor, welches nicht gut genug erhalten ist, um zur Ertheilung eines eigenen Namens zu berechtigen. Beide Schenkel sind ziemlich schmal und bilden mit einander, wie es scheint, einen sehr spitzen Winkel. Auf dem schmäleren Schenkel stehen verhältnissmässig grobe, schiefe Rippen, auf der Wende spalten sich einzelne Rippen und zwar meist erst in der Nähe der Externseite, auf dem breiteren Schenkel sind die Rippen gerundet, aber sehr hoch und noch immer schief nach oben gerichtet. In ziemlicher Entfernung von der Wende befindet sich auf dem breiteren Schenkel eine Einschnürung. Querschnitt wahrscheinlich elliptisch; Loben unbekannt.

H. Boutini Coq. (in Math. Rech. pal., Taf. C 18) scheint die nächststehende Form zu sein und unterscheidet sich durch horizontale und mehr gerundete, weniger hohe Rippen des breiteren Schenkels.

Hamites (Hamulina) n. f. ind.
Taf. XIII, Fig. 6.

Diese zur Gründung einer Species unzureichend erhaltenen Reste von Grodischt und Lipnik stellen wohl eine neue Art dar, welche einer Untergruppe angehört, die unter den bisher beschriebenen Formen nicht vertreten ist. Die Rippen sind hoch, scharf und dachförmig entwickelt und stehen auf dem schmäleren Schenkel schief, während sie sich auf dem breiteren allmälig horizontal stellen, sich verbreitern und abschwächen. Querschnitt und Lobenlinie unbekannt.

Durch die kräftigen, dachförmigen Rippen erinnert diese Art an gewisse geologisch jüngere Hamiten, wie *H. maximus* oder *H. attenuatus* oder *intermedius* des Gault. Ob aber wirklich eine nähere Verwandtschaft besteht, lässt sich bei der Unzulänglichkeit der betreffenden Reste nicht entscheiden.

Hamites (Hamulina) n. f. ind.
Taf. XIII, Fig. 7.

Auf dem schmäleren Schenkel befinden sich breite, gerundete, flache, schief gerichtete Rippen, die sich auf dem breiteren Schenkel verstärken und senkrecht zum Röhrendurchmesser gestellt sind. Querschnitt und Loben unbekannt. Beide Schenkel bilden mit einander einen spitzen Winkel und stehen weit von einander ab. Hohenegger ertheilte desshalb dem vorliegenden Reste den bezeichnenden Namen *Ham. distans*, welcher vielleicht aufrecht erhalten werden könnte, wenn es gelingen sollte, diese Art anderwärts wieder zu erkennen. Die breiten Rippen erinnern an die vorhergehende Art; innigere Beziehungen dürften aber kaum bestehen.

Ein Exemplar von Grodischt (Hoh. S).

An diese Art schliesse ich noch einige Worte über drei schlecht erhaltene Exemplare von Grodischt, welche, obgleich Steinkerne, doch keine Kammerung erkennen lassen. Bei dem grösseren stehen beide Schenkel einander ziemlich nahe, bei dem kleineren stehen sie weit ab; ihre Sculptur ist fast dieselbe wie bei *H. distans* Hoh. Vielleicht steht wenigstens das kleinere Exemplar mit weit geöffneten Schenkeln mit dem letzteren in specifischer Verbindung; eine Entscheidung darüber ist bei so mangelhaftem Material natürlich nicht möglich.

Hamites (Hamulina) acuarius n. sp.
Taf. XIV, Fig. 4.

Der schmälere Schenkel ist sehr lang und schmal und ist mit sehr schwachen, nicht sehr schief gestellten, flachen Rippen versehen, die nur auf der Schale deutlich sichtbar sind. Auf der Wende befindet sich eine kräftige Einschnürung; auf dem breiteren Schenkel sind anfangs auch sehr schwache, noch etwas schief gestellte flache Rippen zu sehen, die sich später ganz zu verflachen scheinen. Es lässt sich dies nicht ganz bestimmt angeben, weil vom breiteren Schenkel nur der Anfangstheil gut erhalten ist.

Das Exemplar ist mit Schale versehen und ganz flachgedrückt, nur ein kleines Stück des schmäleren Schenkels scheint die natürliche Form beibehalten zu haben. Danach wäre der gekammerte Schenkel noch schmäler und elliptisch gerundet. Scheidewandlinie unbekannt.

Die gleichförmige Berippung erinnert an *Ham. hamus* Quenst.; doch ist dies eine Form mit viel rascher anwachsendem Gehäuse, daher auch kürzerem Gehäuse und kann daher in einigermassen vollständigen Exemplaren von der hier beschriebenen leicht unterschieden werden. Vielleicht gehört ein Theil der von Ooster als *Ptychoceras Meyrati* beschriebenen Vorkommnisse hierher; ebenso könnte die beschriebene Art auch unter *Baculites neocomiensis* (Orb.) aut. mitbegriffen worden sein, da es in der That schwer hält, unvollständige Exemplare dieser einander in der Sculptur oft so ähnlichen Formen zu unterscheiden. Auch ist die Kenntniss derselben noch sehr unvollkommen und unzureichend. *Baculites neocomiensis*, wie ihn Orbigny beschrieben hat, zeigt gröbere Rippen und kann daher auch bei unvollständiger Erhaltung unterschieden werden. Die feinen Rippen des schmäleren Schenkels erinnern an *Ptych. Puzosianum* Orb., die Beschaffenheit des breiteren Schenkels schliesst jedoch jede Verwechslung aus.

Liegt nur in einem Exemplare von Lippowetz (Hoh. S) vor.

Hamites (Hamulina) ptychoceroides Hohenegger in coll.

Taf. XIV, Fig. 2.

Der sehr langsam anwachsende, schmälere Schenkel ist mit flachen, schief nach oben gerichteten, zahlreichen Rippen versehen, welche zuweilen erst in der Mitte der Flanken ansetzen. Einzelne von ihnen sind nun ein Geringes stärker, ohne dass aber ein irgendwie bestimmter Wechsel von stärkeren und schwächeren Rippen zu erkennen wäre. Auf der Wende befindet sich eine kräftig verdickte Rippe, mit welcher die Andeutung einer Einschnürung verbunden ist; auf dem breiteren Schenkel befinden sich sehr schwache, nur an der Externseite etwas deutlichere, wenig schief, fast horizontal gestellte flache Rippen, und in geringer Entfernung von der Wende eine tiefe, von zwei kräftig verdickten Ringen umfasste Einschnürung.

Der Querschnitt ist wohl elliptisch, die Scheidewandlinie ist nicht bekannt. Die beiden Schenkel sind einander fast bis zur Berührung genähert, worauf der Name anspielt.

H. ptychoceroides unterscheidet sich von *H. acuarius* durch geringere Grösse, engere Stellung der beiden Schenkel und deutlichere Rippen. *H. hamus* Quenst. hat ebenfalls einige Ähnlichkeit, ausgewachsene Exemplare können bei der ganz abweichenden Gestaltung der mit Einschnürungen versehenen Wohnkammer bei *H. ptychoceroides* freilich ganz leicht unterschieden werden, aber selbst gekammerte Bruchstücke von schmäleren Schenkeln können durch rascheres Wachsthum und gleichmässigere Berippung bei *H. hamus* auseinander gehalten werden.

Das abgebildete Exemplar rührt von Grodischt her (Hoh. S.), ein zweites Fragment, dessen Zugehörigkeit nicht ganz sicher ist, von Ernsdorf.

Hamites (Hamulina) paxillosus n. sp.

Taf. XIV, Fig. 3, 5, 6.

Der schmälere Schenkel ist mit flachen, wenig schief gestellten Rippen bedeckt, von denen einzelne hie und da etwas stärker hervortreten. Auf der Wende befindet sich eine kräftige Einschnürung; auf dem breiteren Schenkel, welcher dem schmäleren nicht parallel läuft, sondern mit ihm einen spitzen Winkel bildet, liegen ebenfalls schwache, zur Längsrichtung desselben fast senkrecht gestellte Rippen und in einiger Entfernung eine kräftige Einschnürung.

Querschnitt nicht sicher bestimmbar, wahrscheinlich elliptisch. Das Anwachsen ist ein ausserordentlich langsames.

Ausser dem abgebildeten, mit Wohnkammer versehenen Exemplare liegen mir noch zwei grosse Stücke vor, die eine bedeutende Länge besitzen. Es ist unmöglich, in der Sculptur des schmäleren Schenkels von *H. paxillosus* und der letzteren Exemplare irgend welche Unterschiede namhaft zu machen; die Berippung ist vollkommen dieselbe, selbst die feinen, strichförmigen Linien, die hie und da auf den Rippen, diesen parallel verlaufen, sind bei beiden zu sehen. Bei so vollkommener Übereinstimmung der Sculptur kann man sich kaum der Annahme specifischer Identität der Stücke entziehen, obwohl allerdings doch nicht ganz ausgeschlossen ist, dass vielleicht die beiderseitigen Wohnkammern oder die Scheidewandlinie solche Unterschiede aufweisen, dass doch specifische Verschiedenheit angenommen werden muss. Die Sicherheit des Urtheils findet eben auch hier wieder in der Unzulänglichkeit des Materials ihre Beschränkung. Allein nach den vorliegenden Daten wird man wohl das Bestehen specifischer Identität von Fig. 3 und Fig. 5, 6 als das Wahrscheinlichste betrachten müssen und auf dieser Auslegung fussend, muss man entweder das mit Haken versehene Exemplar als das jüngere betrachten, oder aber die Möglichkeit zugeben, dass ausgewachsene Individuen von bedeutend verschiedener Grösse (Geschlechtsdifferenzen?) bestehen konnten (cf. Quenstedt Ceph., p.288.) Nimmt man das erstere an, so ergibt sich mit Nothwendigkeit, dass eine Resorption der jeweiligen Wohnkammer stattfinden musste. Da nun das grösste vorhandene Exemplar in seinem oberen Theile Steinkern ist, aber trotzdem keine Spur von

Kammerung wahrnehmen lässt, so wäre es nicht unmöglich, dass bei der beschriebenen Form die definitive Wohnkammer die gerade gestreckte Fortsetzung des gekammerten Theiles bildete, und dass also auf diese Weise der directe Übergang von *Hamites* zu *Baculites* an einem und demselben Exemplare eintreten könnte, was gewiss ein sehr interessantes und wichtiges Ergebniss wäre. Ich habe bereits hervorgehoben und muss nochmals betonen, dass die vorstehenden Bemerkungen durchaus als hypothetisch zu betrachten sind, wie dies bei der Mangelhaftigkeit des Untersuchungsmaterials eben nicht anders möglich ist. Zahlreiche und vollkommenere Stücke würden vielleicht dieselben Resultate aber müheloser und sicherer ergeben, jedenfalls würden sie aber vor Irrthümern und Täuschungen bewahren.

Ein Exemplar, welches etwas grösser ist, als Fig. 3, den Haken nicht deutlich erkennen lässt, aber Andeutungen zeigt, welche auf das Vorhandensein eines Hakens schliessen lassen, ist desshalb von Wichtigkeit, weil es die Scheidewandlinie erhalten hat. Was man sieht, Laterallobus und Secundärlobus des Seitensattels oder zweiter Laterallobus (?) erinnert einigermassen an *H. subcinctus* u. f.; der Lobenkörper ist ziemlich breit, die paarige Entwicklung nicht sehr deutlich, indem auch hier wieder die innere Hälfte des externen Zweiges die Stellung eines unpaaren Endastes zu erlangen strebt.

Einiges von dem, was Ooster als *Baculites neocomiensis* (?) (l. c. Taf. 61) abbildet und beschreibt, dürfte wohl gewiss zur *Hamites paxillosus* gehören, namentlich Fig. 1. *Bacul. neocomiensis* Orb. (Taf. 138, Fig. 1–5, p. 560) hat etwas entfernter stehende kräftigere Rippen und wahrscheinlich auch mehr cylindrischen Querschnitt. Orbigny beobachtete den Mundsaum dieser Art, oder bildet ihn wenigstens ab. Quenstedt (Ceph., Taf. 21, Fig. 16, p. 294) hat eine Form unter dem Orbigny'schen Namen aus dem Aptien beschrieben, welche mit viel feineren Rippen versehen ist. Freilich ist dieselbe nicht mit Schale versehen, sondern als Kiesskern erhalten. *Baculites Gaudini* und *Sanctae Crucis* Pict. und Camp. (St. Cr., Taf. LV) haben viel gröbere Rippen und können nicht verwechselt werden. Von *Ham. aenarius* n. f. unterscheidet sich *Ham. paxillosus* durch grössere Breite und etwas stärkere Berippung.

Die Exemplare (5) stammen von Ernsdorf und Gurek.

Hamites (Ptychoceras) Puzosianus Orbigny.

Taf. XIV, Fig. 1.

Ptychoceras Puzosianum Orbigny. Paléont. franç., Taf. 137, Fig. 5–8.

Ein ziemlich schlecht erhaltenes Exemplar von Grodischt (Hoh. 8) ist mit der angezogenen Art nahe verwandt. Die Sculptur auf dem schmäleren Schenkel ist nicht mehr deutlich erkennbar, jedenfalls aber war sie sehr schwach. Die Schale des breiteren Schenkels ist ganz glatt, nur zeitweilig treten kräftige Querwülste auf, die aber nicht so regelmässig vertheilt sind, wie bei Orbigny's *Pt. Puzosianum*. Die Lage der Schenkel ist wie bei der letzteren Art. Ob specifische Identität oder Verschiedenheit vorhanden ist, lässt sich nach den mangelhaften Resten nicht sicher beurtheilen.

Es konnte bei dem Exemplare der Laterallobus verfolgt werden, welcher ziemlich lang und reich gegliedert ist, und nicht viel Ähnlichkeit mit der freilich sehr jugendlichen Linie von *Ptychoceras* cf. *Puzosianum* Quenst. (Ceph., Taf. 21, Fig. 22) zeigt. Er ist desshalb von grossem Interesse, weil es wie schwer es bisweilen zu entscheiden ist, ob man es mit einem paarig getheilten Lobus mit *Lytoceras*-Charakter oder einem unpaar endigenden Lobus zu thun habe. Hier möchte vielleicht die Auffassung zulässig sein, dass der Laterallobus einem paarig getheilten entsprach, dass aber durch Überwuchern des äusseren Zweiges allmälig die innere Hälfte des letzteren die Stellung eines Endastes einnimmt.

Typische Hamitenloben liegen hier entschieden nicht vor und es wird jedenfalls noch gründlicher Untersuchungen bedürfen, um den von Neumayr angenommenen Anschluss der *Ptychoceras* an die Hamiten im Detail zu verfolgen. Da die Scheidewandlinie von *Pt. Emericianum* Orb. (Taf. 137, Fig. 1–4) deutlich paarigen Laterallobus aufweist, so ist wohl eine Lösung im Sinne Neumayr's sehr wahrscheinlich.

Ausserdem besitzt noch die Sammlung der k. k. geol. Reichsanstalt ein Exemplar von Wernsdorf, welches leider zu schlecht erhalten ist, um abgebildet werden zu können. Auf dem schmäleren Schenkel flache,

cc *

wenig zahlreiche und nicht sehr schief stehende Rippen, die auf dem breiteren Schenkel fast ganz verschwinden. Ich werde es als *Hamites (Ptychoceras)* n. f. ind. anführen.

Hamites (Pictetia) longispinus n. f.

Taf. XIV, Fig. 10, 11; Taf. XV, Fig. 1, 2.

Es liegen mehrere Exemplare vor, es ist jedoch fraglich, ob alle zu einer Art gehören. Ich beziehe daher den ertheilten Namen nur auf das best erhaltene, werde aber alle nach Möglichkeit in der Beschreibung berücksichtigen. Die meisten Exemplare sind vollkommen zusammengedrückt, nur eines zeigt, dass die Umgänge allerseits gerundet, nur um weniges höher als breit waren. Die Umgänge sind mit zahlreichen, feinen, fadenförmigen Rippen versehen, von denen einzelne, mit Dornen versehene stärker hervortreten. Jederseits befindet sich ein Dorn an der Innenseite, einer an der Aussenseite und ein dritter auf den Flanken, dem Externdorn näher, als dem internen. Die Dornen sind sämmtlich sehr lang, doch dürften die Aussendornen die mittleren und inneren an Länge stets übertroffen haben. An einem Exemplare sind die Aussenknoten fast eben so lang, als die Umgänge hoch sind und haben radiale Richtung, bei einem anderen sind sie verhältnissmässig kleiner und schief nach hinten gerichtet, wesshalb die Identität beider noch fraglich ist. Bei einem Exemplare sind die geknoteten Rippen im Alter sehr breit und mächtig; auf den inneren Gewindetheilen desselben Exemplares (Fig. 1) sind sie jedoch flach und breit und treten nicht mehr scharf hervor, während sie bei einem anderen Exemplare (Fig. 2) zwar schmal sind, aber sich sehr scharf abheben. Die Dornen sind hohl, das Lumen derselben ist nicht wie bei den von *Hoplites* derivirten Formen durch eine Lamelle vom Innenraum der Schale getrennt, sondern es steht das Innere der Kammern mit dem der Stacheln in freier Communication. Wenigstens sieht man an Stellen, wo die Stacheln abgebrochen sind, keine Spur einer Scheidewand, es bleiben keine Buckeln zurück, wie dies bei vielen Crioceren der Fall ist. Die Zahl der feinen Zwischenrippen schwankt zwischen 8 und 14.

Die Umgänge wachsen sehr langsam an und stehen weit von einander ab, die innersten Windungen sind nicht bekannt.

Von der Scheidewandlinie ist nur der erste Laterallobus deutlich erhalten. Er zeigt so deutlich den *Lytoceras*-Charakter, dass über den Anschluss der Form an die Fimbriaten kaum ein Zweifel bestehen kann, wenn auch die gekräuselte Beschaffenheit der feinen Rippen hier verloren gegangen ist. Bei einem Exemplare zeigt die Schale eigenthümliche Grübchen, wie sie bereits bei mehreren Formen beschrieben wurden. Diese Form scheint grosse Dimensionen erreicht zu haben; das abgebildete Exemplar zeigt schon den Durchmesser von 137^{mm}: es sind aber noch grössere Fragmente vorhanden; eines hat die Höhe von 140^{mm}. Die Zugehörigkeit dieses Riesenexemplares ist übrigens nicht vollkommen sicher.

Ich beziehe den ertheilten Namen vornehmlich auf das abgebildete Exemplar von Lipnik (Fig. 1) (Hoh. S.); Fig. 2 von Ernsdorf (Fall. S.) mit scharfen Hauptrippen und Fig. 10 von Lipowetz (Hoh. S.) mit schiefen Dornen könnten vielleicht besondere Arten darstellen. Grodischt, Ernsdorf sind weitere Fundorte. Unter den von *Lytoceras* abstammenden evoluten Formen hat keine mit der beschriebenen besondere Ähnlichkeit; dagegen sind die *Crioceras* aus der Gruppe des *Ducali* und *Emerici* äusserlich ziemlich ähnlich. Bei Kenntniss der Loben ist natürlich jede Verwechslung ausgeschlossen, aber selbst bei Unkenntniss derselben dürften die zahlreichen eigenthümlichen, regelmässig fadenförmigen Zwischenrippen zur Unterscheidung beitragen.

Die eben beschriebene Art kann in Folge des mangelhaften Materials nicht zu den sicher und gut begründeten gerechnet werden; ich glaubte doch einen Namen ertheilen zu sollen, um dieses gewiss sehr interessante Vorkommen besser zu fixiren.

Hamites (Anisoceras) aff. *obliquatum* Orbigny.

Toxoceras obliquatum Orbigny, Paléont. franç., p. 486, Taf. 120, Fig. 1–4.
Anisoceras obliquatum Pictet, Mél. paléont., p. 5, Taf. f.

Mehrere Fragmente deuten die Vertretung einer Art an, die mit der angezogenen nahe verwandt zu sein scheint. Gerade, radial gerichtete oder äusserst schwach nach rückwärts geneigte, kräftige, gerundete Rippen, welche von innen nach aussen an Stärke zunehmen, verzieren das schwach bogenförmig gekrümmte Gehäuse. Hie und da zeigt eine Rippe die Neigung in der Nähe der Externseite einen leichten Knoten zu bilden. Auf der Externseite scheinen die Rippen keine Unterbrechung zu erfahren. Dicke der Verdrückung wegen nicht nachweisbar, Loben unbekannt. Von *Anisoceras obliquatum* (Orb.), Pict. unterscheidet sich unsere Form, die wohl sicher specifische Selbstständigkeit besitzt, durch stärkere Krümmung des Gehäuses.

Die vorhandenen Reste scheinen mir nicht geeignet, um die Ertheilung eines neuen Namens zu rechtfertigen, ich beschränke mich daher auf eine kurze Beschreibung. Die generische Bestimmung ist natürlich bei Unkenntniss der Loben eine ganz unsichere.

Amaltheus n. sp. ind.

Leider ist von dieser Art nur ein kleines Fragment des äusseren Theiles der Flanke erhalten, welches nach vorn geschwungene, ziemlich dichte, flache Rippen zeigt. Externseite ziemlich schneidend. Von der Suturlinie sieht man nur den kurzen Siphonal und den äusseren Theil des ersten Laterallobus; diese stimmen so gut mit den entsprechenden Theilen der Suturlinie der Amaltheen, z. B. *A. clypeiformis* Orb. überein, dass man die generische Zugehörigkeit für ziemlich sichergestellt betrachten kann. Bei der grossen Seltenheit der Amaltheen in der unteren Kreide ist es sehr zu bedauern, dass das Stück, ein Steinkern, so fragmentarisch erhalten ist; es stammt von Grodischt und befindet sich in der Münchner Sammlung.

HAPLOCERAS Zitt.

Die Gattung *Haploceras* bildet in der Wernsdorf-Fauna eine wichtige, der Arten , wie Individuenzahl nach reich entwickelte Gruppe. Leider ist der Erhaltungszustand der Exemplare vielfach ein sehr mangelhafter, es musste in Folge dessen die Beschreibung mancher Arten lückenhaft und unvollständig bleiben und Einiges musste gänzlich ausser Spiel gelassen werden.

Mit dem Namen *Haploceras* [1] wurde von Zittel (Untertithon, p. 48) bekanntlich ein selbstständiger Seitenast des grossen Harpoceentstammes belegt, dessen Tendenz nach Abschwächung der sichelförmig geschwungenen Sculptur und Rundung der Externseite gerichtet ist. *Hapl. oolithicum, psilodiscus, ferrifex, Erato, elimatum tithonium, Staszyci, Grasi* etc. bilden die ursprünglichen Typen dieser Gattung. Später hat Neumayr (Kreideammonit., p. 911) auf das Vorkommen von jurassischen *Haploceras*-Arten hingewiesen, bei welchen sich eine Quersculptur ausbildet, die zunächst auf die Externseite der Wohnkammer beschränkt ist, wie bei *H. jungens* Neum., *carachtheis* Zeuschn., aber auch allmälig auf die Flanken übergeht, wie bei *H. Wöhleri* Opp. Dieses Wohnkammermerkmal greift bei den geologisch jüngeren Formen auch auf die inneren Umgänge zurück, und es entstehen Arten, wie *Hapl. difficile, cassida* etc. Die Sculptur nimmt nun weiter die Tendenz sich zu verstärken an, mit den sichelförmig geschwungenen Rippen verbinden sich Einschnürungen und es ergeben sich die zahlreichen, kräftig berippten Arten des mittleren und oberen Neocomien, wie *H. liptoviense* und die zahlreichen, neuerdings von Mathéron abgebildeten Arten.

Wenn auch zugegeben werden muss, dass selbst zwischen den am stärksten gerippten Arten des oberen Jura und den schwächst verzierten der unteren Kreide noch immer eine ziemlich tiefe Kluft vorhanden ist, die bis jetzt durch vermittelnde Zwischenformen noch nicht ausgefüllt ist, so kann man doch bei genauerem Studium der hierher gehörigen Formenreihen erkennen, dass sie im genetischen Zusammenhange stehen und mit einander nahe verwandt sind. Dies ergibt sich namentlich aus dem Vergleiche der Scheidewandlinien. Bei einzelnen Arten, wie *H. Beudanti, strettostoma* verweist die Lobenlinie mit ihrem auffallend kurzen Siphonal geradezu auf die ältesten Haploceren zurück, während die Lobenlinie der Formen aus der Verwandtschaft des *H. difficile* der der tithonischen Arten sehr ähnlich ist. Die auf den ersten Blick scheinbar sehr abweichende und eigenthümlich gestaltete Linie, die sich bei *H. Emerici, Melchioris* etc. vorfindet, lässt sich bei genauerer Betrachtung ebenfalls auf die Linie von *difficilis* etc. zurückführen.

---

[1] Bayle ersetzte diesen Namen durch *Lissoceras*, weil bereits ein *Aploceras* Orb. existirt. Da der Name *Aploceras* Orb. obsolet ist, muss der Zittel'sche Name beibehalten werden.

Im Gault jedoch erscheinen Arten, wie *H. planulatum, Mayori,* welche sich von den geologisch älteren durch die Entwicklung eines herabhängenden Nahtlobus unterscheiden, und diese sind es wohl, welche Bayle bei Aufstellung der Gattung *Puzosia* (Expl. Carte géol. Fr., Taf. 45 und 46) im Auge gehabt haben dürfte.

Die Haploceren der Wernsdorfer Schichten und wohl überhaupt die der unteren Kreide lassen sich in drei Gruppen eintheilen, die im Folgenden unter Aufzählung ihrer wichtigsten Vertreter kurz besprochen werden sollen.

Die erste Gruppe ist sehr klein und umfasst wahrscheinlich nur *H. Beudanti, Paraudieri* und *strettostoma.* Diese Arten sind gekennzeichnet durch hochmündige Umgänge, engen Nabel, schwache Sculptur und eine sehr eigenthümliche Scheidewandlinie, welche, wie schon erwähnt, sehr an die von *H. psilodiscus, Erato* etc., also gerade geologisch alte Formen erinnert. Der Siphonallobus ist ausserordentlich kurz, viel kürzer, als der erste Lateral, welcher einen breiten seichten Körper mit einem langen schmalen Endaste und einem eben solchen äusseren Seitenaste aufweist. Dadurch, dass dem äusseren Seitenaste kein innerer entspricht, erhält der erste Seitenlobus ein sehr eigenthümliches, unsymmetrisches Aussehen. Der Seitensattel steht etwas höher als der Aussensattel, aber nicht so hoch, wie bei den genannten jurassischen Formen. Der zweite Seitenlobus ist ziemlich schmal, subsymmetrisch gestaltet und etwas kleiner, als der erste. Sodann folgen noch zur Nabelkante vier kleine Hilfsloben (cf. Quenstedt, Ceph., Taf. 17, Fig. 10; Orbigny, Paléont., Taf. 34; Pictet et Roux, Grès verts. Taf. II, Fig. 3, und *H. strettostoma,* Taf. XVII, Fig. 4, 8, 15).

Eine grosse Menge von Arten lässt sich an *H. difficile* und *cassida* anschliessen, und zwar:

Haploceras difficile Orb.	*Haploceras Pictei* Math.
" *cassida* (Rasp.) Orb.	" *pachysoma* Coq.
" " Quenst. non Orb.	" *Potieri* Math.
" *psilotatum* n. f.	" aff. *cassida* Orb.
" *lechicum* n. f.	" aff. *Boutini* Math.
" *cassidoides* n. f.	" *liptoviense* Zeuschn.
" *Celestini* Pict. et Camp.[1]	" *Matheroni* Orb. (?)
" *Boutini* Math.	" *Belus* Orb. (?)
" *Oedipus* Coq.	" *Hopkinsi* Forb.

Die schwächste Sculptur unter diesen Formen zeigt *H. difficile, psilotatum, lechicum, cassida* und *cassidoides.* Schon etwas stärker ist sie bei jenen Formen, die ich als aff. *Boutini* beschrieben habe, und noch kräftiger tritt sie dann bei *Liptoviense* Zeuschn. und *Matheroni* Orb. hervor. Die mir vorliegenden Stücke, sowie fast noch mehr die Abbildungen in Mathéron's Rech. pal. beweisen, dass ganz allmälige Übergänge von schwächst zu den stärkst sculpturirten Formen vorhanden sind. Die Zusammenstellung in eine Gruppe habe ich zum Theil nach der Ähnlichkeit der Sculptur, hauptsächlich aber nach der völligen Übereinstimmung der Lobenlinie vorgenommen. Freilich ist die letztere bisher nur von wenigen Arten, — von *H. cassida* Quenst.,[2] *H. psilotatum, cassidoides* und *liptoviensis* bekannt, allein bei der grossen Ähnlichkeit dieser Arten in Gestalt und Sculptur und der Beständigkeit des Lobencharakters dürfte es nicht zu gewagt erscheinen, wenn wir uns über den Mangel an Beobachtungen durch Generalisation hinweghelfen.

Hier ist der Siphonallobus (cf. Taf. XVII, Fig. 10, 16) nur um Weniges kürzer, als der erste Lateral, der einen ziemlich langen und schmalen Körper und schlanke Seitenäste besitzt. Der äussere Hauptseitenast steht etwas höher, als der innere, und ist auch kräftiger entwickelt, wodurch eine gewisse Unsymmetrie hervorgebracht wird, die einigermassen an die Verhältnisse bei *H. Beudanti* erinnert. Der zweite Seitenlobus ist etwas kürzer als der erste, aber sonst ähnlich gestaltet. Das Gleiche gilt von den folgenden, etwas herabhängenden

---

[1] Wurde von Pictet nur unvollständig charakterisirt, dürfte aber wohl hieher gehören.

[2] Die Suturlinie des *A. cassida* bei Orbigny (Taf. 39) ist offenbar von einem sehr stark abgewitterten Stücke her genommen und auch dann nicht richtig wiedergegeben worden.

Hilfsloben, deren Zahl nach der Involution schwanken dürfte. Bei *H. n. f. aff. Liptoviensis* konnten auch die Innenloben erkannt werden (cf. Taf. XVII, Fig. 9). Es sind drei innere Seitenloben und ein schmaler, symmetrisch gestalteter Antisiphonal vorhanden, deren Details sich am besten aus der Abbildung ergeben.

Vergleicht man diese Linie etwa mit der von *H. climatum* Zittel (Stramb., Taf. 13, Fig. 6), so erkennt man bald die gemeinsamen Grundzüge. Auch bei dieser Form ist der Siphonallobus ziemlich lang, und die Loben zeigen durch stärkere Entwicklung und höhere Stellung ihrer äusseren Seitenäste jene eigenthümliche unsymmetrische Gestalt, wie bei *H. cassida, Liptoviensis* etc. Dagegen steht bei den letzteren Arten der Seitensattel auf derselben Höhe, wie der Aussensattel, oder nur um Weniges höher, während bei *H. climatum* diese Höhendifferenz eine grössere ist. Wohl aber zeigen die Sättel der oberjurassischen, wie der untercretacischen Arten darin eine Übereinstimmung, dass sie durch einen schief gerichteten Secundärlobus in zwei ungleiche Hälften zerfallen, und zwar ist die innere Hälfte des Aussensattels kleiner, niedriger, als die äussere, während beim Seitensattel das umgekehrte Verhältniss eintritt.

Die in diese Gruppe gehörigen Arten sind an sich und in ihrem gegenseitigen Verhältnisse noch sehr unvollkommen und wenig bekannt. Die wenigen, mir zum Vergleiche verfüglichen Stücke aus Südfrankreich beweisen, dass mit den von Matheron neuerlich abgebildeten Arten keineswegs der ganze vorhandene Formenreichthum erschöpft ist. Namentlich die schwach sculpturirten an *difficilis* und *cassida* anzuschliessenden Formen sind noch sehr mangelhaft bekannt. Die verschiedenen Merkmale, wie Mündungshöhe, Dicke, Stärke der Sculptur, Wölbung oder Kantenbildung an der Nabelwand, Nabelweite vereinigen sich in der vielfachsten Weise, und es entsteht dadurch eine grosse Mannigfaltigkeit von Arten oder Formen, für welche die beiden Namen *difficilis* und *cassida* entschieden nicht ausreichen, welche aber doch unter einander im innigsten Zusammenhange stehen. Eine gründliche und ausreichende Bearbeitung dieser Formengruppe würde gewiss eine sehr interessante und dankbare Specialstudie liefern, wäre aber jetzt nur auf Grundlage der vortrefflich erhaltenen und so reichlich und leicht zu beschaffenden südfranzösischen Vorkommnisse durchführbar.

Obwohl ich mir der völligen Unzulänglichkeit der von mir gegebenen Charakteristiken vollständig bewusst bin, konnte ich doch die Aufstellung neuer Namen nicht umgehen, da ich sonst einen grossen Theil aller in den Wernsdorfer Schichten vorkommenden Haploceren hätte ganz unberücksichtigt lassen müssen. Bei einer Art, *H. cassidoides*, war ich in der günstigen Lage, meine Schilderung auf ein französisches Exemplar gründen zu können. Ich zweifle nicht, dass alle Haploceren der Wernsdorfer Schichten auch in Südfrankreich auftreten; vielleicht wird es auch gelingen, die von mir ertheilten Namen in ungezwungener Weise auf die französischen Stücke zu übertragen und dann auf Grundlage reichlichen und namentlich gut erhaltenen Materials die gegenseitigen Beziehungen erst vollständig klarzulegen. Meine Bemühungen, eine nur einigermassen vollständige Darstellung zu geben, scheiterten auch hier, wie dies ja bei unseren Forschungen leider nur zu häufig der Fall ist, an der Unzulänglichkeit des Untersuchungsmaterials.

Vielleicht wird es nicht unpassend sein, eine kurze Charakteristik der wichtigsten Formen, die ich hier im Auge habe, zu geben, um einen raschen Überblick zu gewinnen.

Hapl. difficile Orb. engnabelig, hochmündig, dünn und flach, mit Nabelkante und ziemlich starker Sculptur.

Hapl. psilotatum n. sp. engnabelig, hochmündig, flach, mit Nabelkante, fast sculpturlos.

Hapl. cassida Rasp. Orb. engnabelig, hochmündig, ziemlich dick, Nabelwand gewölbt, Zwischenlinien fast fehlend.

Hapl. cassida Quenst., wie die vorhergehende Art, nur liegt die grösste Dicke in der Nähe der Naht.

Hapl. cassidoides n. sp. weiter genabelt, mit niedrigerer Mündung, Dicke ungefähr wie bei *cassida* Orb., Sculptur ziemlich schwach, mit Nabelkante.

Hapl. lechicum n. sp. Nabel und Mündungshöhe, wie bei *cassidoides*, ohne Nabelkante, fast sculpturlos.

Wahrscheinlich wird diese Liste in Zukunft noch durch eine reichliche Zahl von Namen erweitert und vervollständigt werden. Nach der Stärke der Sculptur schliesst sich hier zunächst *H. Boutini* Math. und die anderen von **Mathéron** abgebildeten Arten an, so dass die Reihe bis zum stark berippten *H. liptoviense* **Zeuschn.** ziemlich lückenlos ist.

In die Nähe der eben besprochenen Arten werden von den meisten Autoren auch *Am. ligatus* und *intermedius* **Orb.** (Taf. 38) gestellt. Wahrscheinlich gehören aber diese einer ganz anderen von *Perisphinctes* abgezweigten Formengruppe oder Gattung an, wie weiter unten bei *Holcodiscus* n. g. aus einander gesetzt werden soll.

Die dritte Gruppe endlich könnte man nach einem seit lange bekannten Vertreter die des *H. Emerici* nennen. Dahin gehören:

Haploceras Emerici	**Rasp.**	*Haploceras Tachthaliae*	**Tietze**
„ *Charrierianum*	**Orb.**	„ *Vattoni*	**Coq.**
„ *Melchioris*	**Tietze**	„ *Mustapha*	**Coq.**
„ *impressus*	**Orb.**	„ aff. *Charrierianum.*	
„ *portae ferreae*	**Tietze**		

Die hierher zu zählenden Ammoniten sind ziemlich evolut und niedrigmündig, mit Einschnürungen versehen, sonst aber nicht sehr stark sculpturirt. Die Wohnkammer ist, wie bei allen Haploceren kurz und beträgt wahrscheinlich nur einen halben Umgang (bekannt von *H. Charrierianum*), der Mundsaum hat denselben Verlauf wie die Einschnürungen, er konnte bei drei Exemplaren von *H. Charrierianum* beobachtet werden und zeigt bei keinem die sog. Ohren. Sehr bezeichnend ist der Verlauf der Suturlinie, die ich bei *H. Emerici, Charrierianum, Melchioris, Tachthaliae* und *portae ferreae* beobachten konnte. **Orbigny** hat die Linie von *H. Emerici* bereits dargestellt, jedoch nicht ganz richtig, indem die Loben zu breite Körper zeigen und der Externsattel höher gezeichnet ist, wie der Seitensattel, während doch in Wirklichkeit das Umgekehrte der Fall ist. Bei allen genannten Species ist der Verlauf der Scheidewandlinie nahezu derselbe, die Differenzen sind nur geringe. Von der Linie der Gruppe des *difficilis* unterscheidet sie sich namentlich durch den regelmässigen, subsymmetrischen Bau des ersten Lateral, dessen Hauptseitenäste jederseits auf derselben Höhe abzweigen, wodurch sogleich der Eindruck der Regelmässigkeit hervorgerufen wird.

Der zweite Seitenlobus und die Hilfsloben sind eben so gebaut, wie bei der vorhergehenden Gruppe; das Nämliche gilt vom Aussen- und Seitensattel, die ebenfalls ganz deutlich die schon früher geschilderte ungleiche Theilung durch Secundärloben erkennen lassen; die höhere Stellung des ersten Seitensattels ist hier noch deutlicher. Die Länge und Schmalheit der Endspitzen der Loben ertheilt den letztern ebenfalls ein sehr eigenthümliches, bezeichnendes und zugleich schönes Aussehen. (Vergl. Taf. XVII [1].)

Trotz aller der namhaft gemachten Unterschiede stimmen die Linien der *difficilis*-Gruppe mit denen der *Emerici*-Gruppe doch recht gut überein. An die letztere scheint sich die von *H. planulatum (Magorianum)*, die durch schief herabhängende Hilfsloben ausgezeichnet ist, anzuschliessen; doch bin ich ausser Stande, darüber nähere Angaben mitzutheilen, da es mir an Untersuchungsmaterial gebricht und wohl auch nicht streng in den Rahmen dieser Arbeit hineingehört.

In den Wernsdorfer Schichten treten folgende Haploceren auf:

Haploceras strettostoma	n. f.	*Haploceras* cf. *Bontini*	**Math.**
„ *difficile*	**Orb.**	„ *Liptoviense*	**Zeuschn.**
„ *psilotatum*	n. f.	„ *Melchioris*	**Tietze**
„ *cassidoides*	n. f.	„ *Charrierianum*	**Orb.**
„ *lechicum*	n. f.	„ aff. *Charrierianum.*	
„ aff. *cassida*	**Orb.**		

Am häufigsten ist unter diesen Formen *H. Liptoviense.*

---

[1] Um die Lobenlinie leicht vergleichen zu können, wurde die Linie von *H. Emerici* nach einem südfranzösischen Exemplare von Barrême (Taf. XVII. Fig. 13) abgebildet.

Haploceras strettostoma n. sp.

Taf. XVII. Fig. 3, 4, 8, 15.

Ich gründe diese Art auf zwei kleine schlesische Exemplare und das von Tietze als *Am. bicurratus* Mich. beschriebene Vorkommen von Swinitza im Banate (l. c. Taf. IX, Fig. 5, p. 137). Das Gehäuse ist flach scheibenförmig, mit hohen, schmalen, einander stark umfassenden Umgängen, welche mit vereinzelten ziemlich stark sichelförmig geschwungenen Rippen, beziehungsweise Furchen versehen sind. Der Nabel ist sehr enge, Nabelkante scharf. Die Wohnkammer ist nicht viel länger, als einen halben Umgang.

Sehr bezeichnend ist der Verlauf der Scheidewandlinie, welche durch die ausserordentliche Kürze des Siphonallobus, die hohe Stellung des ersten Seitensattels und den Bau des ersten Seitenlobus noch sehr an die jurassischen Vorläufer *H. psilodiscus* Schloenb., *Erato* Orb. etc. erinnert. Ebenso ist die Übereinstimmung mit der Linie des *Am. Beudanti* Brong., die namentlich von Quenstedt (Ceph., Taf. 17, Fig. 10) und Pictet und Roux (Grès verts, Taf. 11, Fig. 3 u. 4) gut dargestellt wurde, eine fast vollständige. Eine Identität mit der genannten Art ist jedoch sicher nicht vorhanden, denn die Form von Swinitza und die der Wernsdorfer Schichten ist schmäler, engnabeliger und namentlich mit sehr scharfer Nabelkante versehen, welche dem *Am. Beudanti* ganz fehlt; die Verwandschaft ist aber unverkennbar eine grosse.

Dass *H. strettostoma* von Swinitza mit *Am. bicurratus* nicht identisch, und trotz der grossen Ähnlichkeit in der äusseren Gestalt auch nicht einmal verwandt ist, beweist die abgebildete Lobenzeichnung, welche von der des *Am. bicurratus* vollkommen verschieden ist.

Obwohl mir von dieser merkwürdigen Art nur spärliches Untersuchungsmaterial vorliegt, glaubte ich doch einen eigenen Namen ertheilen zu sollen, damit sie besser fixirt und nicht übersehen werde. Zur Abbildung wurden bei dem schlechten Erhaltungszustand der karpathischen Exemplare solche von Swinitza verwendet. Es erschien dies um so nothwendiger, als die Abbildung bei Tietze nicht ganz richtig ist. Namentlich die Mündungsansicht ist ziemlich schlecht wiedergegeben worden und die Nabelkante tritt nicht scharf genug hervor. Die ausserordentliche Zuspitzung des Umganges gegen die Aussenseite hängt mit dem Erhaltungszustand des Exemplares zusammen, welches daselbst etwas verdrückt ist.

Von nahestehenden und ähnlichen Arten wären ausser *Am. Beudanti* noch *Am. difficilis* und *psilotatus* zu nennen. An *H. difficile* erinnern die hohen schmalen Umgänge, die Nabelkante, der enge Nabel und selbst die Sculptur; eine Verwechslung wird aber namentlich durch die sehr verschiedene Lobenlinie leicht verhütet werden können. Die letztere Art ist ausserdem noch viel weitnabeliger.

Ausser den zwei kleineren karpathischen Exemplaren, die von Skalitz herrühren (Fall. S.), liegt mir noch ein grosses von derselben Localität vor, das leider nicht sehr gut erhalten ist. Es könnte zufolge seines engen Nabels, der Nabelkante, der hochmündigen Umgänge und der schwachen Sculptur sehr wohl zu *H. strettostoma* gehören; auch die Lobenlinie (Taf. XVII, Fig. 8) stimmt gut überein; ein Unterschied besteht nur darin, dass bei dem grossen karpathischen Exemplare der Secundärlobus, der den Aussensattel in eine kleinere äussere, und eine grössere, höher stehende, innere Hälfte theilt, schief von der Externseite aus in den Aussensattel eingreift und fast als Theil des Externlobus betrachtet werden kann, während bei den kleineren Exemplaren der erwähnte Secundärlobus entweder der Involutionsspirale parallel gerichtet ist, oder eher noch schief von innen gegen aussen gestellt ist. Während im ersteren Falle der innere Theil des Aussensattels höher steht, als der äussere und der Aussenlobus verhältnismässig länger ist, stehen im letzteren beide auf derselben Linie, oder es tritt eher das umkehrte Verhältniss ein, und der Externlobus ist kürzer. Es lässt sich dieser Unterschied schwer in Worte fassen, wird aber hoffentlich aus den Abbildungen besser klar werden. Möglicher Weise wird dieses Verhältniss im Laufe des individuellen Wachsthums geändert, dass in der Jugend das letztere Verhalten zutrifft, später aber in das erstere übergeht. Leider lässt sich dies nach meinem Material nicht entscheiden und damit blieb die Frage offen, ob in den Wernsdorfer Schichten eine oder zwei Formen aus der Verwandtschaft des *Am. Beudanti* vorkommen.

226 *Victor Uhlig.*

Haploceras difficile Orb.

Taf. XVII, Fig. 1, 2.

1840. *Ammonites difficilis* Orbigny, Paléont. franç. I, p. 135, Taf. 41, Fig. 1, 2.
1850. „ „ Orbigny, Prodrôme II, p. 98.
1858. „ „ Pictet et Loriol, Voirons, p. 16, Taf. IV, Fig. 1.
1858—60. „ „ Pictet, St. Croix, p. 358.
1868. „ „ Winkler, Verst. d. bair. Alpen, p. 12, Taf. II, Fig. 7.

Der Darstellung Orbigny's entsprechend, habe ich unter diesem Namen jene Ligaten zusammengefasst, die sich durch engen Nabel und hochmündige, flache, mit scharfer Nabelkante versehene Umgänge auszeichnen. Die Sculptur besteht aus stärkeren, mit Einschnürungen verbundenen, sichelförmig geschwungenen Wülsten, deren sich auf jedem Umgange etwa 8—10 vorfinden, und aus zahlreichen, ebenfalls sichelförmig geschwungenen feineren Schaltlinien, die bald mehr, bald minder deutlich hervortreten. Bezüglich der Nabelweite unterliegt die karpathische Art einigen Schwankungen, da der Nabel manchmal etwas weiter wird, als bei der typischen Form; etwas Ähnliches gilt auch von der Sculptur, die nicht bei allen Exemplaren gleich stark ausgesprochen ist. Die Schale zeigt manchmal jene eigenthümlichen rundlichen Grübchen, deren schon in der Einleitung zur Gattung *Haploceras* gedacht wurde, und die sich besonders deutlich bei dem später zu beschreibenden *H. Liptoviense* vorfindet. Das grösste der mir vorliegenden Exemplare weist auf einen Durchmesser von 130ᵐᵐ, meist bleibt jedoch die Art kleiner.

Die Scheidewandlinie konnte nur bei einem Exemplare, und bei diesem nicht sehr genau eingezeichnet werden; sie zeigt keine nennenswerthen Abweichungen von dem der ganzen Gruppe eigenthümlichen Typus, der zuerst von Quenstedt (Ceph., Taf. 17, Fig. 9) abgebildet wurde, und der in der Gattungseinleitung eingehender besprochen wurde.

Die Übereinstimmung mit der Orbigny'schen Form ist eine so vollkommene, dass bezüglich der Identification kein Zweifel aufkommen kann. Die Lobenlinie ist zwar von Orbigny nicht abgebildet worden, allein bei der gleichartigen Entwicklung der Scheidewand bei der ganzen Gruppe ist hier eine Abweichung nicht zu erwarten.

H. difficile liegt in mehreren Exemplaren vor, gehört aber nicht zu den häufigsten Arten; es fand sich in Grodischt, Lipnik, Ernsdorf, Strazonka, Tierlitzko, Wernsdorf.

Haploceras psilotatum n. sp.

Taf. XVI, Fig. 2, 3.

Schliesst sich so enge an die vorhergehende Art an, dass manche Autoren beide vielleicht lieber unter einem Namen zusammenfassen würden. Sie gleicht ihr in Bezug auf die äussere Form, und unterscheidet sich namentlich durch die viel schwächere Sculptur. Die Umgänge entbehren der stärkeren Wülste fast ganz, nur selten sieht man eine stärkere Rippe, aber auch diese ist nicht so kräftig, wie die Wülste bei *difficilis*. Dagegen ist die ganze Schale mit feinen sichelförmigen Anwachslinien versehen; zuweilen treten flache, breite, den sichelförmigen Streifen parallele Furchen auf, die wohl in bedeutend abgeschwächter Form den Einschnürungen entsprechen, aber nicht, wie diese, von stärkeren Rippen begleitet sind. Diese Furchen sind namentlich in der Nabelregion und wahrscheinlich auch auf der Externseite besonders deutlich entwickelt. Der Nabel ist etwas weiter als beim typischen *difficilis*, die Nabelkante ist vorhanden, aber niemals so scharf ausgesprochen, als bei der genannten Art.

Die Scheidewandlinie wurde an einem Exemplare beobachtet, sie weicht von der des *H. difficile* nicht ab.

Da keine derartigen Übergänge von *H. difficile* zu *psilotatum* vorhanden sind, dass die Sonderung der Exemplare nennenswerthe Schwierigkeiten bereiten würde, so glaubte ich, bei dem Umstande, dass zu den Sculpturunterschieden auch noch die grössere Nabelweite und schwächere Nabelkante des *H. psilotatum* als Abweichungen hinzukommen, die Ertheilung eines besonderen Namens vornehmen zu sollen. Durch Einbeziehung der hier beschriebenen Form zu *difficilis* würde diese Art zu einer Collectivart herabgesunken sein.

Bei oberflächlicher Betrachtung besitzt *H. psilotatum* eine gewisse Ähnlichkeit mit *H. Beudanti*; doch die geringere Nabelweite, grössere Umgangshöhe und die sehr abweichende Gestaltung der Scheidewandlinie, und zwar namentlich des Externlobus von *Beudanti* genügen zur leichten Unterscheidung. Von *H. cassidoides* unterscheidet sich *H. psilotatum* durch engeren Nabel, grössere Umgangshöhe und schwächere Sculptur, von *H. lechicum* durch die beiden ersteren Merkmale.

Fundorte: Grodischt, Ernsdorf, Niedek. In Niedek kommt die Art besonders häufig vor.

Haploceras cassidoides n. sp.

Taf. XVI, Fig. 4; Taf. XVII, Fig. 10.

Ich lege der Beschreibung dieser Art ein Exemplar (Steinkern) von Châtillon (Drôme) zu Grunde, welches bei einem Durchmesser von 100ᵐᵐ, eine Nabelweite von 30ᵐᵐ, eine Windungshöhe von 40ᵐᵐ und eine Dicke von 26ᵐᵐ besitzt. Die grösste Dicke liegt ungefähr in der Mitte der Umgänge, nimmt aber gegen den Nabel viel langsamer ab, als gegen die Aussenseite. Die Flanken sind abgeflacht, die Externseite kräftig gerundet, die Nabelwand unter Bildung einer ziemlich scharfen Nabelwand senkrecht einfallend, oder vielmehr ein wenig nach oben eingebogen. Die Sculptur besteht aus schwach sichelförmig geschwungenen breiten, durch stärkere Rippen eingefassten gerundeten Furchen, deren Hinterrand namentlich auf der Externseite stark aufgewulstet erscheint. Ihre Zahl beträgt auf dem letzten Umgange 12; dazwischen sieht man Spuren schwächerer Linien, die wohl bei Schalenexemplaren deutlicher ausgesprochen wären.

Die Scheidewandlinie konnte nicht in ihrer ganzen Erstreckung blossgelegt werden, nach den vorhandenen Theilen zu urtheilen, schliesst sie sich an den Typus der Gruppe enge an.

Es lässt sich nicht mit voller Bestimmtheit sagen, ob die äussere Begrenzung, die nur theilweise erhalten ist, dem Mundsaum entspricht, es ist dies jedoch sehr wahrscheinlich, und würde demnach diese Form eine nur kurze Wohnkammer besitzen, deren Länge kaum ¹⁄₂ eines Umganges beträgt.

H. cassidoides unterscheidet sich von *H. difficile* durch weiteren Nabel, niedrigere Mündung, grössere Dicke, von *H. cassidea* (Rasp.) Orb. durch weiteren Nabel, niedrigere Umgänge und Nabelkante, von *H. cassidea* Quenst. durch geringere Dicke, weiteren Nabel und ovaleren Querschnitt. In der äusseren Form steht *H. cassidoides* dem *H. Piettei* Math. (Rech. pal. C. 21, Fig. 4, 1878) ausserordentlich nahe, doch besitzt diese Art eine viel ausgesprochenere, kräftigere Sculptur.

Es dürfte demnach diese Art mit einer bisher bekannten kaum zu verwechseln sein, und dürfte bisher meist als *Am. cassida* angeführt worden sein.

Aus den Wernsdorfer Schichten liegt sie mir in mehreren Exemplaren von Gurek vor. Die Übereinstimmung ist eine so befriedigende, dass die Identification unbedenklich vorgenommen werden kann. Die Stücke sind jedoch zu schlecht erhalten, um sie abzubilden. Es wurde daher ein französisches Exemplar aus der Sammlung der k. k. geol. Reichsanstalt zur Darstellung gebracht.

Haploceras lechicum n. sp.

Taf. XV, Fig. 3. 4.

Eine Art, deren ziemlich flache Umgänge einander nur zur Hälfte umfassen und einen weiten Nabel offen lassen. Nabelwand steil, aber gerundet, Flanken flach, Externseite stark gewölbt. Die Dicke der Umgänge ist nicht mit Sicherheit bestimmbar, doch scheint sie grösser gewesen zu sein, als bei *H. difficile*. Die Schale zeigt keine Wülste, nur sichelförmig geschwungene Anwachsstreifen, von denen einzelne etwas stärker hervortreten. Scheidewandlinie unbekannt.

Diese Form nähert sich bezüglich des weiten Nabels und der geringen Höhe der Umgänge an die vorige heran, unterscheidet sich aber bestimmt durch den Mangel der Berippung. Mit *H. psilotatum* hat sie das letztere Merkmal gemeinsam, muss aber der geringeren Höhe der Umgänge, der grösseren Dicke und des weiteren Nabels halber getrennt gehalten werden; die Jugendzustände beider dürften allerdings nicht zu unterscheiden sein.

Fundorte: Gurek und Niedek; nur drei Exemplare können mit Sicherheit hierhergestellt werden.

dd *

Haploceras aff. *cassida* Rasp.

Taf. XVI, Fig. 1.

Ammonites cassida Rasp., Orbigny, Paléont. franç., Taf. 39, Fig. 1—3, p. 130.

Ein grosses, doch nicht vollständig erhaltenes Exemplar von Ernsdorf, (Hoh. S.) steht der angezogenen Art sehr nahe; ob völlige Identität vorhanden ist, lässt sich bei dem mangelhaften Erhaltungszustand unseres Exemplars einerseits, der unvollkommenen Kenntniss dieser Art andererseits nicht bestimmt angeben. Eine Abweichung besteht in dem etwas grösseren Nabel der karpathischen Form, wodurch eine Annäherung an *H. cassidoides* hervorgerufen wird. Von dieser Art unterscheidet sich das vorliegende Exemplar sehr leicht durch die viel grössere Mündungshöhe. Auf dem letzten erhaltenen Umgange sieht man die Spuren eines folgenden, woraus sich schliessen lässt, dass die Art eine bedeutende Grösse erreichte und der Nabel sich im Alter bedeutend erweiterte. Es wäre daher trotz der grösseren Nabelweite nicht unmöglich, dass die Art in der Jugend so engnabelig war, wie *H. cassida*. Die Dicke lässt sich nicht mit Bestimmtheit angeben, man erkennt nur, dass die Umgänge wenig gewölbt waren und in ihrer ganzen Form mit denen von *H. cassida* wahrscheinlich ganz übereinstimmten. Auch die Dicke mochte vermuthlich dieselbe sein. Nabelwand gewölbt, ohne Kante. Auf der Schale befinden sich einzelne schwach sichelförmig geschwungene verdickte Rippen, zwischen welchen die Schale ganz glatt ist, die Zwischenrippen fehlen hier ganz. Auch *H. Oedipus* Coq. (Math. Rech. pal., Taf. C—21, Fig. 6) ist ebenfalls sehr nahestehend, unterscheidet sich aber durch zahlreichere Wülste und niedrigere Mündung.

Die Scheidewandlinie ist nicht bekannt.

Ausser dem beschriebenen Exemplare liessen sich vielleicht noch einige Jugendindividuen von Gurek hierherstellen, allein der schlechte Erhaltungszustand machte eine sichere Trennung von anderen verwandten Arten, namentlich von *H. cassidoides* nicht möglich.

Haploceras aff. *Boutini* Math.

1878. *Ammonites Boutini* Math., Rech. pal., Taf. C—21, Fig. 2.

Eine Art aus der Gruppe des *difficilis*, welche sich dadurch auszeichnet, dass zwischen den stärkeren Wülsten, deren Zahl auf dem letzteren Umgange neun beträgt, zahlreiche feinere Zwischenrippen eingeschaltet sind. Die Umgänge sind nicht so hochmündig, wie bei *Am. difficilis*, der Nabel ist ziemlich weit, die Nabelkante ist angedeutet.

Wenn man die Gesammtheit der Merkmale ins Auge fasst, so ergibt sich keine geringe Ähnlichkeit mit der angezogenen Art Mathéron's; ob jedoch eine directe Identität vorhanden ist, lässt sich ohne Kenntniss des Querschnittes, welcher nach Mathéron sehr schmal ist, nicht aussprechen. Die Abbildung bei Mathéron deutet ferner noch eine besondere Eigenthümlichkeit an. Die Mündungshöhe ist nämlich bei 70ᵐᵐ Durchmesser nicht grösser, als bei 60ᵐᵐ; es ist aber sehr wohl möglich, dass es sich hier nur um einen Zeichenfehler handelt.

Exemplare dieser Art sind es, die Hohenegger als *Am. Hopkinsi* Forb. bestimmt hat. (Forb. Bogota fossils, p. 176, Karsten, Columb., Taf. V, Fig. 2—4, p. 112). Ich konnte diese Bestimmung nicht aufrecht erhalten; die schlesischen Exemplare deuten auf eine ziemlich schmale flache Art hin, während sich *H. Hopkinsi* durch verhältnissmässig bedeutende Dicke auszeichnet; auch der von Karsten beschriebene Unterschied in der Sculptur der Schale und des Steinkerns besteht hier nicht.

Überhaupt lässt sich diese Art, die als Übergangsform zwischen dem schwach berippten *difficilis* und der stark sculpturirten Gruppe des *liptoviensis* etc. Beachtung verdient, nach den vier vorhandenen schlecht erhaltenen Exemplaren nur ungenügend charakterisiren.

Mistrowitz, Niedek, Gurek. (Hoh. u. Fall. S.)

Haploceras Liptoviense Zeuschn.

Taf. XVII, Fig, 9, 16—18; Taf. XVIII, Fig. 1, 3, 5, 6.

Ammonites Liptoviensis Zeusch., Sitzungsb. d. kais. Akad. Wien, Bd. XIX, 1856, p. 135.
    „   *Austeni* Schloenb. (non Sharpe), Kleine paläont. Mitth. Jahrb. d. geol. Reichsanst. 1868, Bd. XVIII. Taf. XI,
        Fig. 3, p. 465.

Besitzt ein scheibenförmiges, ziemlich engnabeliges Gehäuse mit schwach gewölbten Flanken, stark gerundetem Aussentheil und gewölbter, aber ziemlich steil einfallender Nabelwand. Auf dem letzten Umgange stehen gewöhnlich sieben schwach sichelförmig geschwungene, hinten von einem glatten, vertieften Bande (auf dem Steinkern einer Furche oder Einschnürung) begleitete Querwülste, zwischen welchen ungefähr je 12—15 ebenfalls sichelförmige schwächere Schaltrippen gelegen sind. Von diesen letzteren beginnt ungefähr ein Drittel in der Nähe der Naht in Form schwacher Linien, welche sich schon im ersten Drittel der Windungshöhe ganz merklich verstärken, während die übrigen Rippen bald etwas ober, bald unter der Mitte der Flanken durch Einsetzen oder Spalten ihre Entstehung nehmen. Bei dem grössten der vorliegenden Exemplare wird die Sculptur gegen das Ende hin schwächer und scheint sich noch vor der Mündung, wenigstens auf der Mitte der Flanken in sichelförmige Streifen aufzulösen.

Im Gegensatz zu den meisten anderen *Haploceras*-Arten der Kreide, sind die Einschnürungen auf der Externseite nur wenig oder fast gar nicht nach vorn geneigt, sondern verlaufen quer von einer Seite zur anderen. Die inneren Windungen sind wegen der bedeutenden Involubilität nicht näher zu sehen. Ich glaube trotzdem Exemplare, wie die unter Fig. 18 abgebildeten als hierher gehörige Jugendindividuen betrachten zu sollen. Bevor der Durchmesser von 40ᵐᵐ erreicht ist, ist der Unterschied zwischen einzelnen, stärker hervortretenden Querwülsten und den übrigen Rippen noch nicht sehr deutlich ausgesprochen, sondern einzelne, an der Naht beginnende Rippen bilden durch unregelmässige Spaltung in verschiedener Höhe der Windung ein ganzes Bündel von Sichelrippen, die gegen die Externseite zu stärker werden. Mit fortschreitendem Wachsthum bilden sich einzelne der stärkeren, an der Naht entstehenden Rippen zu Querwülsten um, die anfangs zahlreicher sind und weniger Schaltrippen zwischen sich haben, als später.

Ausser den beschriebenen Rippen zeigt noch die ganze Schale feine, mehr oder minder regelmässige sichelförmige Anwachslinien, welche auf dem ganzen Gehäuse, aber nicht überall gleich stark zu sehen sind.

Als besondere Eigenthümlichkeit muss das Vorhandensein kleiner, runder Grübchen erwähnt werden, welche ähnlich wie bei *Belemnites conicus*, nur in viel geringerer Grösse und Tiefe auf verschiedenen Theilen des Gehäuses sichtbar werden. Selbst bei gleich guter Erhaltung der Schale sind diese Grübchen nicht auf allen Stücken zu sehen, und nicht stets in gleicher Menge. Ihre Vertheilung scheint nach dem mir vorliegenden Material zu schliessen, keinem besonderen Gesetze zu folgen.

Das grösste Exemplar hat einen Durchmesser von ungefähr 110ᵐᵐ und dabei eine Nabelweite von 30ᵐᵐ, das besterhaltene einen Durchmesser von 85ᵐᵐ, eine Nabelweite von 22ᵐᵐ und eine Umgangshöhe von 39ᵐᵐ. Die Nabelweite unterliegt geringen Schwankungen.

Scheidewandlinie der schlesischen Exemplare unbekannt, da alle in Schiefer erhalten sind.

Die Identification mit *Am. Liptoviensis* Zeuschn. wurde nur unter mancherlei Bedenken und nach langem Zögern vorgenommen.

Von dieser Art, deren cretacisches Alter bereits Stur [1] richtig erkannt hatte, liegen mir mehrere kleine Kieskerne vor, im Erhaltungszustand genau mit den südfranzösischen Vorkommnissen von Castellane etc. übereinstimmend. Dieselben lassen sich von denjenigen schlesischen Exemplaren, die ich nach dem vorhandenen Material als Jugendexemplare der grossen Form auffassen muss, nicht unterscheiden; geringe Abweichungen liessen sich allerdings namhaft machen, allein diese dürften vielleicht ganz durch den verschiedenen Erhaltungszustand bedingt sein, welcher den Vergleich sehr erschwert. Es musste daher der von Zeuschner

---

[1] Jahrb. d. k. k. geol. Reichsanst XI, p. 28.

für die kleinen Kieskerne von Lucki in der Liptau (Oberungarn) ertheilte Name auch auf das schlesische Vorkommen ausgedehnt werden.

Schloenbach (l. c.) beschrieb diese Art, welche von den österreichischen Geologen in der Arva gefunden wurde, und dort, wie schon auseinandergesetzt wurde, ziemlich verbreitet zu sein scheint, sehr eingehend, liess sie trefflich abbilden und identificirte sie mit *Am. Austeni* Sharpe. Bald darauf zog er diese Bestimmung zurück, nachdem er die Identität mit *Am. Liptoviensis* Zeuschn. erkannt hatte (Jahrb. 1869, Bd. XIX, p. 530).

Ausser der flachen Form, die Zeuschner als *Am. Liptoviensis* beschrieb, kommt in derselben Örtlichkeit auch eine dick aufgeblähte vor, von welcher die Lobenlinie sammt dem Innenlobus, um dessen Beschaffenheit zu zeigen, abgebildet wurde (Taf. XVII, Fig. 9).

Am. Liptoriensis scheint auch in Frankreich eine häufige Species zu sein.

Es liegen mir zwei Exemplare aus dem Néocomien von Castellane und Blioux (Basses-Alpes) vor, die wenigstens mit den Jugendexemplaren so ausserordentlich viel Ähnlichkeit haben, dass sie nicht unterschieden werden können. Sowohl die Form und Höhe der Umgänge und die Nabelweite, als die Sculptur passen so trefflich zu unserer Art, dass die Identification beider kaum Bedenken erregen wird; freilich wäre dieselbe noch verlässlicher und sicherer, wenn die französischen Exemplare auch das ältere Wachsthumsstadium darstellen würden.

Trotzdem halte ich es für unmöglich, die schlesischen, oberungarischen und südfranzösischen Vorkommnisse specifisch zu trennen; in einem sehr bezeichnenden Merkmal stimmen sie durchaus überein, dass nämlich die Rippen und Wülste über die Externseite quer, nicht nach vorn geneigt hinübergehen.

Die französischen Exemplare kommen als *Am. Charrierianus* oder *Belus* in unsere Sammlungen, — Bestimmungen, die aber nicht angenommen werden können. *Am. Charrierianus* Orb. gehört einer anderen Untergruppe mit etwas verschiedenem Lobenbau an, und *Am. Belus* (Orbigny, Taf. 52, Fig. 4—6) zeigt nach der Abbildung deutlich nach rückwärts umgebogene Einschnürungen und verschiedene Suturlinien.

Die Scheidewandlinie zeigt ausserordentlich viel Übereinstimmung mit derjenigen, welche Quenstedt von seinem *Am. cassida* (Ceph., Taf. 17, Fig. 9) abbildet; sie besteht aus denselben Elementen, die die nämliche Anordnung und Stellung zu einander zeigen. Die nämliche Scheidewandlinie dürfte wohl auch den karpathischen Vorkommnissen eigen sein.

Unter den von Mathéron abgebildeten Formen scheint jene, die er als *Am. affinis* (Rech. pal., Taf. C—21, Fig. 5) bezeichnet, mit *H. Liptoriense* sehr nahe verwandt zu sein. Ich würde beide identificirt haben, wenn nicht *Am. affinis* eine ganz deutliche Nabelkante und eine sehr viel schwächere Sculptur besässe. Die letztere Abweichung könnte allerdings durch den Erhaltungszustand bedingt sein, da die Mathéron'schen Exemplare Steinkerne sein dürften, wie man dies aus der Art und Weise entnehmen kann, wie die Einschnürungen gezeichnet sind. Indessen ist der Unterschied der Rippenstärke zwischen Schalenexemplaren und Steinkernen von Haploceren in der Regel nicht so bedeutend, als er hier bei Identification von *H. liptoriense* mit *affine* angenommen werden müsste. Wenn aber trotzdem nähere Beziehungen zwischen beiden Arten bestehen, dann ist es die ungenügende Darstellung Mathéron's, welche das Erkennen derselben verhinderte. *Am. Oedipus* Math. (Rech. pal., Taf. C—21, Fig. 6) erscheint durch die gerundete Nabelwand an *H. liptoriense* genähert, unterscheidet sich jedoch durch zahlreichere Hauptwülste und fast fehlende Zwischenrippen. *Am. Potieri* Math. (Rech. pal., Taf. B—20, Fig. 6) unterscheidet sich durch den Besitz einer Nabelkante, etwas höhere Umgänge, geschwungenere Wülste und schwächere Rippen. Von *Am. Matheroni* Orb. (Taf. 48, Fig. 1, 2) (syn. *vesticulatus* Leym.) weicht *H. liptoriense* durch viel engeren Nabel, und von *Am. Dupinianus* Orb. (Taf. 81, Fig. 6—8, nach Pictet, St. Croix, p. 280) ident mit *Am. Parandieri*) durch viel schwächer geschwungene Wülste und den Lobenbau ab.

H. liptoriense liegt mir in sehr zahlreichen, doch stets nur im Schiefer erhaltenen Exemplaren vor, von den Localitäten: Mallenowitz, Krasna, Niedek, Wernsdorf, Grodischt. Am häufigsten findet sich die beschriebene Art in Mallenowitz und Wernsdorf.

Haploceras Charrierianum Orb.

Taf. XV, Fig. 5; Taf. XVI, Fig. 5, 6, 7; Taf. XVII, Fig. 11, 14.

1840. *Ammonites Charrierianus* Orbigny, Paléont. franç., p. 618.
1847.   „   *Paraudieri* Quenstedt, Ceph., Taf. XVII, Fig. 7, p. 219.
1850.   „   *Charrierianus* Orbigny, Prodr., p. 99.
1859.   „   „   Pictet, St. Croix, p. 359.
1872.   „   „   Tietze, Swinitza, Taf. IX, Fig. 13—15, p. 131.

Orbigny beschreibt auf p. 129 seiner Paléontologie fr. einen *Am. Paraudieri* und erwähnt in der Erklärung der dazugehörigen Abbildungen, dass ihm Stücke aus dem Neocomien von Chamatenil bei Castellane und aus dem Gault von Bucey le-Gy (Haute Saône) vorlagen. Das erstere Vorkommen benützte er zur Darstellung der Seiten-und Mündungsansicht, das letztere zur Abbildung der Lobenlinie. Auf Seite 276 berichtigt er die frühere Angabe des Vorkommens von *Am. Paraudieri* im Neocom und behauptet, dass diese Form dem Gault eigen sei. Auf Seite 618 endlich stellt er die Species *Am. Charrierianus* auf, die dem *Paraudieri* sehr nahe stehen, aber nur im Neocom vorkommen soll. Aus seinen Worten ist jedoch nicht mit voller Sicherheit zu entnehmen, ob das auf Taf. 38, Fig. 7 u. 8 abgebildete Exemplar die Neocom- oder die Gault-Form darstelle. Der Autor dieser Art gibt demnach über diese selbst so gut wie gar keinen Aufschluss.

Später hat Quenstedt einen kleinen Ammoniten von dem Neocomien der Provence als *Am. Paraudieri* abgebildet und angegeben, dass er zufolge seines neocomen Alters wohl dem *Am. Charrierianus* Orb. entsprechen könnte. In der That hat Orbigny im Prodrôme die Quenstedt'sche Abbildung auf seine Art bezogen, so dass diese als massgebend betrachtet werden muss. Diese Auffassung finden wir auch bei Pictet und Tietze vertreten.

Es sind vorwiegend kleine Exemplare, die ich hierherstellen kann; das grösste hat einen Durchmesser von 54ᵐᵐ und eine Nabelweite von 18ᵐᵐ. Die flachen Umgänge umfassen einander nur bis zu ¹/₄, so dass ein ziemlich weiter Nabel offen bleibt. Die flachen, mit steil abfallender Nabelwand versehenen Umgänge sind mit ziemlich dicht stehenden, schwach geschwungenen Einschnürungen verziert, deren Zahl auf einem Umgange 6—10 beträgt. Dazwischen ist die Schale fast glatt, man sieht nur wenige, nur gegen die Externseite zu etwas deutlichere Streifen, und zwar nur bei Schalenexemplaren.

Die Lobenlinie hat denselben Verlauf, wie bei den Exemplaren von Swinitza. Der Aussenlobus ist ziemlich kurz, er endigt ungefähr auf derselben Höhe, wie der äussere Seitenast des ersten Laterallobus. Dieser selbst hat einen verhältnissmässig ziemlich breiten Körper und ist sehr regelmässig gebaut, da sich die beiderseitigen Äste nahezu auf derselben Höhe abgliedern. Der zweite Seitenast reicht mit seiner Spitze kaum so weit, als der innere Seitenast des ersten Seitenlobus und gewinnt dadurch eine ziemlich unsymmetrische Gestaltung, dass der äussere Seitenast an einer viel höheren Stelle abzweigt, als der innere. Dann folgen noch drei ausserordentlich kleine Hilfsloben, von denen der erste auf der Flanke, der zweite an der Nabelkante, der dritte an der Naht steht. Der Aussensattel ist subsymmetrisch getheilt, der Seitensattel dagegen zerfällt durch einen Secundärlobus in eine kleinere und tiefer stehende äussere und eine grössere und höhere innere Hälfte. Diese letztere stellt überhaupt den höchsten Theil der Suturlinie vor. Die Hilfsloben verlaufen in gerader Richtung zur Naht, ohne sich zu senken oder anzusteigen.

Mit der von Quenstedt abgebildeten Lobenlinie stimmt die unsrige allerdings nicht vollständig überein, doch dürfte dies nur in dem schlechten Erhaltungszustande des wohl abgewitterten Exemplares Quenstedt's begründet sein. Es sprechen dafür die plumpen und breiten Lobenkörper.

Bei drei Exemplaren ist der Mundrand erhalten, der von der Naht in einem Bogen nach vorn verläuft, dann nach hinten umbiegt, um in der Nähe der Externseite wieder stark nach vorn vorzugreifen. Der Mundrand läuft also den Einschnürungen parallel. Die Länge der Wohnkammer war nicht ganz mit Sicherheit bestimmbar; an zwei mit Scheidewandspuren versehenen Exemplaren ist die Wohnkammer vorhanden, es ist jedoch nicht mit Bestimmtheit zu sagen, ob die äusserste Begrenzung der Wohnkammer schon den Mundrand vorstellt, oder hier ein Theil der Wohnkammer nach einer Einschnürung abgebrochen ist. Die Wohnkammer wäre nämlich, wenn das letztere nicht der Fall wäre, ausserordentlich kurz, sie würde nicht viel über einen halben Umgang betragen.

Eine Verwechslung des *Charrierianus* in der von Tietze und mir vorgenommenen Fassung mit *Paraudieri* Orb. ist nicht möglich, wenn die letztere Form wirklich mit *Am. Beudanti* so nahe verwandt ist, als es nach Pictet (St. Cr., p. 279) erwartet werden muss. Dann muss nämlich *Am. Paraudieri* einen sehr abweichenden Lobenbau besitzen (cf. Orbigny, Taf. 81, Fig. 8), welcher abgesehen von den geringen Verschiedenheiten der äusseren Form und Sculptur, welche freilich sehr wenig charakteristisch und daher schwer zu erfassen sind, schon an und für sich eine Vereinigung beider Arten nicht gestattet.

Nach dem Baue der Scheidewand sind *H. portae ferreae* Ttze. und *Tachthaliae* Ttze. mit *Charrierianus* nahe verwandt, der erstere lässt sich durch einen eigenthümlichen, an *H. belus* Orb. erinnernden Querschnitt, der letztere durch höhere Umgänge, engeren Nabel und stärker geschwungene, zahlreichere Einschnürungen unterscheiden.

Fand sich vor in Wernsdorf, Lippovetz, Niedek, Krasna.

Haploceras aff. *Charrierianum* Orb.
Taf. XVII, Fig. 6. 7.

Liegt nur in zwei ziemlich gut erhaltenen Steinkernen vor, welche den engen Anschluss der Form an *Am. Charrierianus* Orb. beweisen. Sie gleichen dieser Art in Hinsicht auf die Involubilität, die äussere Form des Gehäuses und die steil abfallende Nabelwand; sie unterscheiden sich aber durch viel stärkere Sculptur, da auch die Steinkerne zwischen den zahlreichen stärkeren Einschnürungen Zwischenrippen erkennen lassen.

Scheidewandlinie wie bei *Charrierianus*, nur etwas weniger verzweigt.

Die vorhandenen Reste schienen mir zu mangelhaft, um als Grundlage zur Aufstellung einer neuen Form zu genügen.

Zwei Exemplare, eines von Wernsdorf, das andere ohne bestimmte Fundortsangabe.

Haploceras Melchioris Tietze.
Taf. XVII, Fig. 5, 12.

1872. *Ammonites Melchioris* Tietze, Swinitza. Taf. IX, Fig. 9, 10, p. 135.

Unter diesem Namen beschrieb Tietze eine mässig involute, anfangs glatte, später mit Einschnürungen versehene Form mit schwach gewölbten, fast flachen Flanken, stark gerundetem Aussentheil und senkrecht abfallender Nabelwand. Die Dicke ist bei dem Originalexemplare Tietze's in der Höhe 1·3mal enthalten. Die grösste Dicke liegt etwas unter der Mitte der Flanken; die Abnahme der Dicke gegen die Aussenseite erfolgt jedoch nicht so rasch, als dies die Figur 9 b bei Tietze zeigt. Einige Exemplare sind etwas engnabeliger, als Fig. 9 und 10. Mir liegen von dieser Art nur zwei Exemplare von Grodischt und Wernsdorf vor, doch diese stimmten mit dem Banater Vorkommen gut überein, so dass die Identification unbedenklich vorgenommen werden kann.

Sehr interessant ist die Scheidewandlinie, die ich sowohl von einem schlesischen, als auch einem Banater Exemplar abbilden liess. Sie besteht aus ganz denselben Elementen, wie die von *Am. Charrierianus*; auch haben diese genau dieselbe Stellung zu einander; ein Unterschied besteht nur darin, dass die Körper der Loben viel schmäler, die Verzweigungen feiner sind, als bei *Am. Charrierianus*, wodurch die Linie eine elegantere Form erhält.

Die am nächsten verwandten Arten sind wohl *Am. Charrierianus* und *Emerici* Orb. Von der ersteren Form unterscheidet sich *Am. Melchioris* durch stärker verästelte Lobenlinie, feinere und schmälere Lobenkörper, späteres Auftreten der Einschnürungen, grössere Höhe der Umgänge, von der letzteren namentlich durch die schmäleren, höheren, gegen die Externseite rascher an Dicke abnehmenden Umgänge. Die Lobenlinien beider stimmen fast ganz überein, wie man sich durch Vergleich der nach einem französischen Exemplare angefertigten Abbildung überzeugen kann.

Nach Exemplaren aus der Sammlung der geol. Reichsanstalt kommt *Am. Melchioris* auch in Südfrankreich (Barrême) vor.

H. Vattoni Coq. muss als eine sehr nahe stehende Species hervorgehoben werden. Ich wage nach der Abbildung keine directe Identification vorzunehmen, doch lässt sich kaum ein anderer Unterschied zwischen beiden Formen namhaft machen, als dass *H. Vattoni* etwas schwächere Einschnürungen, engeren Nabel und etwas dickere Umgänge als *H. Melchioris* zeigt; doch sind die Abweichungen nach allen drei Richtungen hin sehr gering. Auch *H. Mustapha* Coq. scheint nahe verwandt zu sein, ist aber durch die eigenthümliche Form der Umgänge leicht zu unterscheiden.

SILESITES [1] nov. gen.

Eine kleine, fast ganz unvermittelt dastehende Gruppe von Formen, die so eigenthümliche und bemerkenswerthe Eigenschaften zur Schau tragen, dass die Aufstellung eines besonderen Gattungsnamens für dieselben wohl Billigung finden dürfte. Die hierher zu zählenden Formen sind folgende:

Silesites Seranonis Orb.	*Silesites* n. sp. aff. *vulpes* Coq.
„ *Trajani* Ttze.	„ n. sp. aff. *vulpes* Coq.
„ *vulpes* Coq.	

Das Gehäuse ist flach scheibenförmig, ziemlich evolut, die Umgänge sind niedrigmündig, aussen gerundet an den Flanken ziemlich flach. Die Sculptur besteht aus bald scharfen, bald gerundeten Rippen, die anfangs gerade verlaufen, in der Nähe der Externseite aber plötzlich nach vorn umbiegen, um ununterbrochen über dieselbe hinwegzusetzen. Zuweilen geht an der Umbiegungsstelle der Rippen eine Spaltung derselben, manchmal unter Bildung eines kleinen Knötchens vor sich. Auf jedem Umgange verlaufen einzelne tiefe, den Rippen parallele Einschnürungen.

Die Sculptur zeigt demnach eine gewisse Ähnlichkeit mit der der Haploceren; nur sind bei den letzteren die Rippen stets schwach sichelförmig geschwungen, niemals gespalten und in der Regel auf der Externseite ebenso stark, häufig stärker, als auf den Flanken.

Sehr eigenthümlich ist der Verlauf der Scheidewandlinie, welche ich bei *Sil. Trajani, vulpes* und aff. *vulpes*, und zwar sowohl bei schlesischen, wie bei Banater und südfranzösischen Exemplaren verfolgen konnte. Loben und Sättel sind wenig gegliedert und haben breite, plumpe Körper; der Siphonallobus ist etwas kürzer als der erste Seitenlobus. Ausser dem Siphonallobus und den beiden Seitenloben sind noch zwei kleine Hilfsloben vorhanden, welche einen gegen die Naht zu aufsteigenden Verlauf zeigen, ähnlich, wie bei *Olcosteph. inverselobatus* aus dem norddeutschen Hils. Der Internlobus ist unbekannt.

Die Länge der Wohnkammer konnte nicht genau erkannt werden, wahrscheinlich ist sie kurz und beträgt nicht viel mehr als $\frac{1}{2}$, höchstens $\frac{2}{3}$ Umgang. Der Mundsaum war bei mehreren Exemplaren von *Sil. Trajani* und *vulpes* zu sehen, er hat einen den Rippen parallelen Verlauf; bei keinem Exemplare zeigten sich die sogenannten Ohren.

Die Gattung *Silesites* lässt sich nicht leicht an eine der bisher bekannten Formengruppen anschliessen. Jugendexemplare zeigen schon bei dem geringen Durchmesser von 8^{mm} dieselben Merkmale, wie die erwachsenen Individuen und geben in dieser Richtung keinen Aufschluss. In Bezug auf die Berippung ist einige Ähnlichkeit mit *Haploceras* vorhanden, doch sind, wie schon erwähnt, so bedeutende Abweichungen vorhanden, dass man nicht von einem gemeinsamen Berippungstypus sprechen kann.

Die Lobenlinie mit ihren breiten Loben-und Sattelkörpern, und dem aufsteigenden Nahtlobus entfernt sich vollends von den bei *Haploceras* bekannten Verhältnissen. Grosse Ähnlichkeit in der äusseren Form und selbst der Sculptur zeigt die Gattung *Silesites* mit *Mojsisovicsia* Steinmann (Neues Jahrb. für Mineral. etc. 1881,

---

[1] In dem vorläufigen Berichte über diese Arbeit in den Sitzungsberichten und dem akademischen Anzeiger erscheint diese Gattung als *Beneckeia* aufgeführt. Da fast gleichzeitig v. Mojsisovics eine Gattung gleichen Namens aufgestellt hat, ändere ich diesen Namen in *Silesites* um.

p. 142), welche auf Exemplare aus den Ablagerungen von Periatambo (Hoch-Peru) vom ungefähren Alter des Albians gegründet wurde. Ein innigerer Zusammenhang dürfte aber bei dem ganz verschiedenen Verlaufe der Lobenlinie kaum bestehen, mindestens ist nicht viel Wahrscheinlichkeit dafür vorhanden.

Die hierher gestellten Formen haben in der Literatur noch sehr wenig Beachtung gefunden. Die zuerst beschriebene Form, *Am. Seranonis* wurde von Orbigny sehr oberflächlich abgehandelt. Im Genfer Museum sah ich zahlreiche schöne Exemplare aus Südfrankreich, die der hier als *Sil. Trajani* beschriebenen Form angehören, unter dem Namen *Am. Seranonis* erliegen. Es wäre demnach leicht möglich, dass diese beiden Namen für die nämliche Form ertheilt wurden. Die Beschreibung und Abbildung des *Am. Seranonis* bei Orbigny ist freilich derart, dass man eine Identification mit *Am. Trajani* nicht vornehmen kann. Die letztere Art wurde von Tietze nach Exemplaren von Swinitza im Banate bekannt gemacht; von *Am. culpes* existirt bis jetzt nur eine allerdings sehr gute Abbildung in Mathéron's Rech. pal. Auf die letztere Form dürften vielleicht einzelne Citate von *Am. quadrisulcatus* zu beziehen sein.

Ich glaube die Gattung *Silesites* an *Haploceras* anreihen zu sollen, weil dieser Anschluss durch die theilweise ähnliche Sculptur einigermassen begründet werden kann; Beweise dafür liegen aber nicht vor und es wäre daher sehr leicht möglich, dass sich später, wenn einmal die Arten der unteren Kreide besser bekannt sein werden, ein anderer genetischer Zusammenhang ergeben wird. Unter diesen Umständen erscheint die Aufstellung eines neuen Gattungsnamens nicht blos erlaubt, sondern geradezu geboten. Die Eigenthümlichkeiten der Sculptur, wie der Lobenlinie werden diese Formen stets leicht wieder zu erkennen ermöglichen.

Soviel bis jetzt bekannt, ist die Gattung *Silesites* auf die sogenannte mediterrane Provinz beschränkt; die bisher beschriebenen Formen gehören sämmtlich der Barrême-Stufe an, nur *Am. Seranonis* wird von Orbigny [1] auch aus dem Néocomien citirt.

Silesites Trajani Tietze.

Taf. XVIII, Fig. 4, 7, 10, 11, 15.

1872. *Ammonites Trajani* Tietze. Swinitza. Taf. IX. Fig. 1, p. 140.

Gehäuse flach scheibenförmig, evolut, mit Umgängen, die einander zu $\frac{1}{4}$ bis $\frac{1}{3}$ umfassen, an den Flanken fast flach, an der Externseite stark gewölbt sind, und ziemlich steil einfallende, aber gerundete Nabelwand besitzen. Auf jedem Umgange stehen ungefähr vier sehr kräftige, rückwärts von Einschnürungen begleitete Wülste, die von der Naht an bis zu $\frac{2}{3}$ der Höhe der Umgänge fast gerade oder nur sehr wenig geschwungen verlaufen, dann aber plötzlich sehr stark nach vorn umbiegen. Zwischen je zwei Wülsten schalten sich 15—23 hohe und sehr scharfe Rippen ein, welche den Wülsten parallel laufen, jedoch an der Umbiegungsstelle nach vorn plötzlich schwach werden und sich bisweilen unter Bildung einer schwachen knotenartigen Anschwellung entzweispalten oder Schaltrippen eingesetzt erhalten; nur wenige verlaufen einfach. Nur bei einem Exemplare spaltet sich ausnahmsweise hie und da eine Rippe auf der Mitte der Seiten; bei demselben Exemplare sind die Rippen gleichzeitig etwas stärker geschwungen, als bei den anderen.

Die Nahtlinie besteht aus dem Aussen-, den beiden Seiten- und einem Hilfslobus und ist merkwürdig gestaltet. Der erste Seitenlobus ist nicht viel länger, als der mit langem Körper, aber kurzen paarigen Endästen versehene Aussenlobus; er hat ziemlich breiten Körper und ist fast ganz symmetrisch gebaut, indem die oberen und unteren Seitenäste fast gleich stark entwickelt sind und auf derselben Höhe vom Körper des Seitenlobus abgegliedert erscheinen. Ebenso ist der Externsattel ziemlich symmetrisch gestaltet. Der zweite Seiten- und Hilfslobus sind im Allgemeinen ähnlich gebaut, wie der erste Seitenlobus, nehmen aber sehr rasch an Grösse ab und zeichnen sich dadurch aus, dass sie in einer gegen die Naht aufsteigenden Linie gestellt sind, ähnlich wie dies bei *Olcostephanus inverselobatus* Neum. u. Uhl. der Fall ist.

Das grösste der vorliegenden Exemplare besitzt bei einem Durchmesser von 60^{mm} eine Nabelweite von 23^{mm}, ein anderes von 50^{mm} Durchmesser eine Nabelweite von 19^{mm}, während ein drittes von ebenfalls 50^{mm}

[1] Prodr. II. p. 65. 100. Das Citat auf p. 65 beruht vermuthlich auf einem Irrthum.

Durchmesser eine Nabelweite von 22ᵐᵐ aufweist. Bei 50ᵐᵐ Durchmesser beträgt die Höhe des letzten Umganges über der Naht gemessen 17ᵐᵐ; nach einem ziemlich wohl erhaltenen Steinkerne zu schliessen, ist die Breite des Umganges 1¼mal in der Höhe desselben enthalten. Die inneren Umgänge sind verhältnismässig dicker, wie das von Tietze abgebildete Exemplar zeigt. Es machen sich demnach, wie aus den vorhergehenden Angaben hervorgeht, gewisse Schwankungen bezüglich der Nabelweite geltend; im Allgemeinen legt sich der nachfolgende Umgang ungefähr an jener Stelle an den vorhergehenden an, wo die plötzliche Umbiegung der Rippen nach vorn stattfindet. Es liegen mir neun Exemplare vor, wovon drei etwas involuter sind, zwei stärker geschwungene Rippen besitzen, und eines an der Umbiegungsstelle der Rippen kleine Knötchen entwickelt. Diese Verschiedenheiten scheinen mir jedoch bei sonst völliger Übereinstimmung nicht gross genug zu sein, als dass die Stücke nicht unter einem Namen belassen werden könnten.

Tietze beschrieb diese Art in Gestalt zweier kleiner Kieskerne von Swinitza, von denen der eine, flachere (Fig. 2) wohl einer besonderen Art angehören dürfte. Dieselben sind auf der Externseite fast ganz glatt, da sich die Rippen ihrer Feinheit wegen daselbst nicht erhalten haben, wie dies auch bei einem Steinkerne von Skalitz der Fall ist. Die Nahtlinie ist bei Tietze nicht genau gezeichnet, namentlich das charakteristische Aufsteigen des zweiten Seiten- und des Hilfslobus gegen die Naht ist nicht genügend klar zur Anschauung gebracht worden; ich habe daher auch diese Nahtlinie zum Vergleiche abbilden lassen.

Im Genfer Museum sah ich Exemplare dieser Art aus dem südfranzösischen Barrêmien; sie waren daselbst als *Am. Seranonis* Orb. bezeichnet. In der That hat *Am. Trajani* mit *Am. Seranonis* die meiste Verwandtschaft, nach der Darstellung Orbigny's ist jedoch eine Identification beider unmöglich. Orbigny zeichnet lauter einfache, ungespaltene, von der Naht bis zur Externseite gleich starke Rippen, wie sie bei unseren Exemplaren nicht zu beobachten sind. Es ist allerdings auch möglich, dass d'Orbigny's Beschreibung nur auf oberflächlichem Studium dieser Art beruht; allein auf blosse Vermuthungen hin konnte doch eine Identification nicht vorgenommen werden, und es war dies um so leichter zu umgehen, als bereits ein von Tietze aufgestellter Name für diese Form vorhanden war.

Die Identität der karpathischen Vorkommnisse mit denen des Banats scheint mir ausser Zweifel zu sein; die Differenzen sind nur solche, die sich durch die verschiedenen Altersstadien (grössere Dicke der Banater Exempl.) und den Erhaltungzustand (mangelnde Berippung auf der Externseite derselben) erklären lassen. Die Übereinstimmung der Scheidewandlinien ist eine vollständige.

Silesites Trajani hat eine entfernte Ähnlichkeit mit *H. planulatum* Sow. (*Magorianum* Orb.), doch ermöglichen die sichelförmig geschwungenen, an der Externseite besonders kräftigen Rippen und die anders gestaltete Scheidewandlinie der letzteren Art leicht die Unterscheidung. Am nächsten verwandt ist ausser dem bereits besprochenen *Am. Seranonis* ohne Zweifel *Sil. vulpes* Coq., der in den folgenden Zeilen beschrieben werden soll.

Eines der Exemplare im Genfer Museum (von Cheiron) zeichnet sich durch Erhaltung des Mundrandes aus. Derselbe entspricht einer Einschnürung und verläuft anfangs gerade, aber doch etwas stärker nach vorn geneigt, als die übrigen Rippen, nach aussen zu wird ein ziemlich langer Externlappen, ähnlich wie bei *Sil. vulpes* angelegt.

Sil. Trajani ist bisher aus dem Banate, von Weitenau in den Nordalpen und aus Südfrankreich nachgewiesen worden, in den Karpathen fand er sich zu: Grodischt, Skalitz, Malenowitz, Ernsdorf, Wernsdorf.

Silesites vulpes Coq.

Taf. XVIII, Fig. 8, 9, 13, 14; Taf. XIX, Fig. 1.

1878. *Ammonites vulpes* Coquand in Math. Rech. pal. Taf. C—20. Fig. 1.

Sowie die vorhergehende, zeigt auch diese Art ein flach scheibenförmiges, sehr evolutes Gehäuse, dessen Umgänge an den Flanken wenig, an der Externseite stark gerundet sind und eine schwach gewölbte, allmälig gegen den Nabel zu abfallende Nahtfläche besitzen. Sie tragen je 4 bis 8 kräftige, wulstige Einschnürungen, die anfangs fast gerade verlaufen, nach ¹⁄₃ ihrer Erstreckung plötzlich stark nach vorn geneigt sind.

Zwischen ihnen liegen bis zu 7, ziemlich weit von einander abstehende, den Einschnürungen parallel gerichtete, ziemlich kräftige, aber gerundete Rippen, welche nach $^2/_3$ ihres Verlaufes plötzlich fast ganz verlöschen, um nur noch in Form einer oder mehrerer stark nach vorn geschwungener feiner Linien der Externseite zuzulaufen. Bisweilen ist die Zahl der sich zwischen je zwei Einschnürungen einstellenden Rippen geringer und sinkt bis auf 1—3 herab; in diesem Falle nimmt aber die Zahl der stärkeren Einschnürungen und Wülste zu und die feinen Anwachslinien treten deutlicher hervor. Einige Exemplare zeigen das letztere Verhalten in so selbstständiger Weise entwickelt, dass man sie fast als Vertreter einer besonderen Art auffassen könnte, wenn nicht Exemplare vorhanden wären, die beiderlei Sculpturverhältnisse zur Schau tragen. Auch das von Mathéron abgebildete Exemplar gehört zu den letzteren; wenn auch die Extreme sich ziemlich weit von einander entfernen, so dürfte eine consequente Trennung in zwei Arten kaum durchführbar sein, es wurden daher alle unter einem Namen beschrieben.

Der Mundsaum ist an drei Exemplaren erhalten; er ist einfach und zeigt denselben Verlauf, wie die Einschnürungen und Wachsthumslinien. Die Länge der Wohnkammer ist nicht mit voller Sicherheit bestimmbar, da gerade die Exemplare mit deutlichem Mundrande keine Scheidewandlinie zeigen; nur ein Exemplar mit Loben dürfte vielleicht vollständig erhalten sein, darnach müsste die Wohnkammer ungefähr zwei Drittel eines Umganges betragen haben.

Das grösste der mir vorliegenden Exemplare, ein Bruchstück, weist auf einen Durchmesser von 95^{mm} hin, die anderen erreichen in der Regel den Durchmesser von 80^{mm}. Der Verdrückung wegen lassen sich die Masszahlen namentlich für die Dicke nicht genau angeben. Bei einem Exemplare ist bei einem Durchmesser von 55^{mm} die Nabelweite 24^{mm}, die Höhe des letzten Umganges 17·5^{mm}. Ein anderes zeigt bei 70^{mm} Durchmesser eine Nabelweite von 30^{mm}, eine Umgangshöhe von 21^{mm}. Die Dicke des Umgangs verhält sich, nach den vorhandenen besser erhaltenen Exemplaren zu schliessen, zur Höhe wie 4 : 5.

Die Scheidewandlinie konnte an mehreren Exemplaren beobachtet werden; es zeigte sich, dass sie im Wesentlichen mit der von *Sil. Trajani* übereinstimmt und auch aus denselben, eine ganz gleiche Stellung zu einander einnehmenden Elementen besteht. Die geringfügigen Unterschiede bestehen darin, dass die Lobenkörper von *Sil. vulpes* breiter sind, als die von *Sil. Trajani*, und der obere Seitenast etwas höher abgezweigt erscheint, als der untere, während bei *Sil. Trajani* beide auf derselben Höhe ihre Entstehung nehmen. Endlich ist das so bezeichnende Aufsteigen des zweiten Seiten- und des Hilfslobus bei *Sil. vulpes* vielleicht noch stärker entwickelt, als bei *Sil. Trajani*.

Die Übereinstimmung mit der französischen Art, von welcher mir ein Exemplar von Escragnolles (aus dem Genfer Museum) zum Vergleiche zu Gebote steht, ist eine vollkommene. Das Exemplar gestattete die Einzeichnung der Suturlinie, die zum Vergleiche abgebildet wurde. Wenn auch bei dem etwas roh erhaltenen Stücke, bei welchem die Lobenlinie nur mittelst Säure herausgeätzt werden konnte, auf die Einzeichnung sämmtlicher feinen Einzelheiten verzichtet werden musste, so ersieht man doch, dass die Übereinstimmung eine sehr befriedigende ist. Die Lobenkörper des französischen Exemplares sind etwas länger und schmäler, das Aufsteigen des letzten Theiles der Lobenlinie gegen die Naht vielleicht noch etwas stärker, als bei der karpathischen Form. Die von Mathéron gegebene Abbildung ist sehr charakteristisch, nur bei der Mündungsansicht ist die Windungshöhe etwas zu hoch angegeben.

Von *Sil. Trajani* Ttze. unterscheidet sich *Sil. vulpes* leicht durch die weiter auseinander stehenden, weniger zahlreichen und gerundeten Rippen und das fast vollständige Fehlen derselben auf der Externseite.

Fundorte: Niedek, Gurek, Tierlitzko, Grodischt, Ernsdorf, Strazonka, Lippowetz, Wernsdorf, Lipnik, Malenowitz.

Silesites n. sp. aff. *vulpes* Coq.

Taf. II, Fig. 6; Taf. XVIII, Fig. 12.

Ein Exemplar von Koniakau schliesst sich sehr enge an die vorher beschriebene Art an; es zeichnet sich durch sehr kräftige, in regelmässigen Abständen vertheilte Rippen bei gleichzeitigem Zurücktreten der Ein schnürungen aus. Die Suturlinie zeigt keinerlei wesentliche Unterschiede gegen die der vorhergehenden Art. Der betreffende Rest ist zu unvollständig, als dass sich darauf hin eine Species gut und wohl begrenzt charakterisiren liesse; doch scheint er in der That eine besondere Art zu vertreten.

Silesites aff. *rulpes* Coq.

Taf. XVIII, Fig. 2.

Noch eine andere Art, die ebenfalls nur durch kärgliche, schlecht erhaltene Reste vertreten ist, muss hier angefügt werden. Sie unterscheidet sich von *Sil. rulpes* durch die viel dichtere Stellung der Rippen, die bisweilen auf der Mitte der Seite gespalten und so dicht gestellt sind, wie bei *Sil. Trajani* Tietze. Von dieser Art weicht sie wiederum durch die gerundete Form der breiteren Rippen und fast völligen Mangel derselben an der Externseite ab. Leider ist das Material zu schlecht, um zur Ertheilung eines besonderen Namens zu berechtigen. Ausser dem abgebildeten, von Gurek herrührenden Exemplare ist nur noch ein grösseres, aber sehr schlecht erhaltenes von Niedek vorhanden.

ASPIDOCERAS Zittel.

Eine der merkwürdigsten Arten der Wernsdorf-Fauna ist wohl der weiter unten zu beschreibende *Am. pachycyclus* n. sp.

Wenn man sich über die systematische Stellung desselben einigermassen Klarheit zu verschaffen strebt, und in der Literatur die nächst verwandten Formen aufsucht, so wird man wohl in *Am. nodulosus* Cat., *Voiromensis* Pict. et Lor., *Nieri* Pict., *Royerianus* Orb. (vergl. unten bei *Am. pachycyclus*) analoge Formen zu erkennen haben, allein man wird sehr wenig Angaben vorfinden, welche die Bildung eines Urtheils über die generische Stellung ermöglichten oder erleichterten. Dies rührt namentlich daher, dass mit Ausnahme des kleinen *Am. Royerianus* von keiner der genannten Arten die Lobenlinie ausreichend bekannt gemacht worden ist, und die ganze Formengruppe überhaupt noch sehr wenig Beachtung gefunden hat, obwohl sie in Südfrankreich sehr gut vertreten zu sein scheint. Glücklicher Weise befanden sich im Genfer Museum zwei südfranzösische Exemplare, welche vielfach zum Verständniss des *Asp. pachycyclus* der Wernsdorf-Fauna beitrugen. Um die von mir gegebene Darstellung des *Asp. pachycyclus* zu stützen, musste ich auf die nähere Beschreibung der südfranzösischen Exemplare eingehen, von denen das eine von Pictet als *Am. Guerinianus* Orb. (Prodr., p. 99) bezeichnet wurde, während das andere, von dem ersteren specifisch verschieden, mit einem neuen Namen versehen wurde. Ich bedauere sehr, auf so unvollständiges Material hin Beschreibungen von Arten gründen zu müssen, die in den französischen Museen gewiss viel besser vertreten sind; da es jedoch mein Bestreben sein musste, die Fauna der Wernsdorfer Schichten in allen ihren Theilen möglichst klar und im Zusammenhang mit den verwandten Formen darzustellen, so sah ich mich zu diesem Vorgehen genöthigt. Dieser Umstand möge es entschuldigen, wenn die Angaben lückenhaft blieben.

Aus der Betrachtung der Sculptur, der Gehäuseform und namentlich der Scheidewandlinie ergibt sich mit Bestimmtheit die nahe Verwandtschaft von *Asp. Guerinianus*, *Asp. Percevali* mit *Asp. pachycyclus*, nur ist bei den letzteren Ammoniten die Einrollung eine so lose, dass kein Innenausschnitt zu sehen ist, sondern die Umgänge, wie bei manchen *Lytoceras* einander nur bis zur Berührung genähert erscheinen oder sogar noch einen, wenn auch kleinen Zwischenraum zwischen sich lassen. Wollte man den älteren Eintheilungsprincipien folgen, so müsste auf die vorliegende Form der Gattungsname *Crioceras* angewendet werden. Ich habe dies unterlassen. *Asp. Guerinianus* und *Percevali* sind schon sehr evolute Formen mit einander sehr wenig umfassenden Umgängen; es hat demnach die geringe Verstärkung der Evolubilität bei *Asp. pachycyclus*, welche nothwendig war, um zur Grenze des „*Crioceras*"-Stadiums vorzuschreiten, auf das Wesen der betreffenden Art gewiss keinen erheblichen Einfluss ausgeübt. Bei dem Umstande, dass jetzt noch unter dem Gattungsnamen *Crioceras* (cf. Neumayr et Uhlig, Hilsammonitiden, p. 53—56) Abkömmlinge der Gattungen *Hoplites, Acanthoceras*, und ? *Olcostephanus* zusammengefasst werden, schien es mir passend, den *Asp. pachycyclus* lieber bei den nächst verwandten Formen mit umfassenden Umgängen zu belassen. Wenn einmal die Kenntniss der evo-

Inten Formen der unteren Kreide bis zur völligen Aufklärung der Abstammungs- und Verwandtschaftsverhält nisse vorgedrungen sein wird, könnte ja die Abtrennung des *Asp. pachycyclus* unter einem besonderen Genus namen leicht vorgenommen werden.

Die Zustellung zur Gattung *Aspidoceras* Zitt. geschah mit Rücksicht auf die äussere Form und vornehm lich den Bau der Lobenlinie, die in den wesentlichsten Zügen mit der der typischen Aspidoceren des Malm ganz gut übereinstimmt. Auch Neumayr führt in seinen Kreideammonitiden, p. 940 *Am. undulosus* Cat., *Rogerianus* Orb., *simplus* Orb., *Voironensis* Piet. et Lor. bei der Gattung *Aspidoceras* an. Es scheint dem nach, dass die Gattung *Aspidoceras* in der unteren Kreide zu abermaliger, reichlicherer Entwicklung gelangt, jedoch unter Aufnahme neuer Merkmale, welche diesen Formen ein etwas geändertes Aussehen ertheilen. Unsere Kenntnisse darüber sind leider noch zu gering, um in eine eingehendere Discussion dieses gewiss interessanten Stoffes einzugehen; auch wäre es immerhin noch möglich, dass sich nach eingehenderer Bekannt schaft mit dem ganzen Formenkreise der genetische Anschluss an eine andere Gattung ergeben wird.

Aspidoceras Guerinianum Orb.

Taf. XXVI, Fig. 1.

1850. *Ammonites Guerinianus* Orbigny, Prodr., p. 99.
1856—1858. *Ammonites Guerinianus* Pictet. St. Croix, p. 355.

Das Genfer Museum besitzt ein grosses, schönes Exemplar von Anglès, das von Pictet als *Am. Gueri nianus* Orbigny bezeichnet und in der Literatur bereits einmal (Melang. pal., p. 76) gelegentlich der Beschreibung von *Am. Nieri* erwähnt wurde. Um die Verwandtschaftsbeziehungen des *Asp. pachycyclus* aus den Wernsdorfer Schichten näher erörtern zu können, muss ich diese Form, sowie die nächstfolgende, hier beschreiben, obwohl das mir zu Gebote stehende Material ein nur sehr geringes ist, und nicht ausreicht, um über alle Fragen Aufschluss geben zu können.

Die Umgänge sind stark aufgebläht, an den Seiten und der Externseite gerundet, mit steil einfallender Nabelwand; sie umfassen einander nur wenig und lassen einen weiten und tiefen Nabel frei. Auf den inneren Umgängen stehen einzelne gerade Rippen, welche in der Nähe der Externseite zu einem sehr kräftigen Knoten anschwellen. Von den Knoten aus sind die Rippen schwach nach vorn geneigt, und gehen ununterbrochen aber bedeutend abgeschwächt über die Externseite hinweg. Diese Abschwächung der Rippen nimmt mit dem Alter zu, so dass die letzteren schliesslich verschwinden, bevor sie noch die Externseite erreicht haben. Bei 70mm Durchmesser verschwinden allmälig die Knoten, die Sculptur besteht dann nur mehr aus einfachen Rippen.

Durchmesser 120mm, Nabelweite 38mm, Dicke des letzten Umganges 65mm, Höhe desselben 50mm; die beiden letzten Angaben sind nur nahezu richtig, da das Exemplar etwas verdrückt ist.

Die Orbigny'sche Prodrômephrase passt ganz gut auf das vorliegende Exemplar, auf welches der Name von Pictet angewendet wurde. Die Unterschiede gegen den verwandten *Am. Nieri* Pict. sind von diesem Autor ausführlich angegeben worden (l. c.).

Orbigny führt den *Am. Guerinianus* aus dem „Urgonien" von Escragnolles, Castellane und Châ teauneuf-de-Chabre an.

Aspidoceras Percevali n. sp.

Taf. XXVI, Fig. 2, 3; Taf. XXVII. Fig. 2.

Der Beschreibung und Abbildung dieser Art liegt ein Exemplar von Escragnolles (Var) zu Grunde, wel ches im Genfer Museum ebenfalls als *Am. Guerinianus* bezeichnet wurde. Wenn man mit Pictet den vorhin beschriebenen Ammoniten als Typus des *Asp. Guerinianus* gelten lässt, so muss dieses Exemplar wohl mit einem anderen Namen versehen werden. Es unterscheidet sich von dem vorher beschriebenen dadurch, dass bei den inneren Umgängen zwischen den einen Knoten tragenden Rippen je 2—3 Zwischenrippen gelegen sind, welche bei *A. Guerinianum* fast vollständig fehlen. Bei 50mm Durchmesser verschwinden allmälig die Knoten, es sind nur mehr ziemlich dicht stehende, einfache, gerade Rippen vorhanden, welche etwas kräftiger sind und viel dichter stehen und namentlich auf der Externseite stärker entwickelt sind, als bei *Asp. Guerinianum.* Ein fernerer, doch geringfügigerer Unterschied besteht darin, dass die beschriebene Form noch etwas dicker ist, als *Asp. Guerinianum*, indem die Höhe des abgebildeten Umganges 34^{mm}, die Breite desselben 50^{mm} beträgt.

Die Scheidewandlinie besteht aus dem Siphonallobus, den beiden Lateralen, wovon der zweite der Naht genähert ist und dem Internlobus. Sie zeigt in vieler Hinsicht grosse Übereinstimmung mit derjenigen von *Asp. pachycyclus*, welche bei dieser Art näher beschrieben ist, so dass ich hier nur die Differenzen anzugeben brauche. Die wesentlichste Abweichung besteht darin, dass die Körper der Loben und namentlich der Sättel breiter, plumper und kürzer sind, als bei *Asp. pachycyclus*, die gegenseitige Stellung und Verzweigung ist die nämliche. Die mittlere Knotenreihe liegt bei der schlesischen, wie bei der karpathischen Form auf der inneren Hälfte des ersten Seitenlobus. Der Internlobus ist ziemlich schmal und um Weniges länger, als der zweite Lateral.

Aspidoceras pachycyclus n. sp.

Taf. XXVII, Fig. 1.

Das Gehäuse besteht aus nahezu cylindrischen, gerundeten, ungemein rasch anwachsenden und einander kaum berührenden Umgängen, die mit einer aus Rippen und einer Knotenreihe bestehenden Sculptur versehen sind. Die Rippen sind nicht sehr kräftig, beginnen an der Naht und sind unmerklich auf den inneren Windungen deutlich nach rückwärts umgebogen; auf den äusseren verlaufen sie radial. Gegen die Aussenseite zu steht eine Reihe von rundlichen buckelartigen Knoten, welche zuweilen als Anschwellung einer einzigen Rippe erscheinen, häufiger aber durch das Zusammentreten von zwei oder drei Rippen gebildet werden. Zwischen den geknoteten Rippen liegen in der Regel zwei ungeknotete. Über die Externseite, die bei keinem Stücke ganz deutlich erhalten ist, verlaufen die Rippen, wie es scheint, ununterbrochen, doch bedeutend abgeschwächt. Diese Art der Sculptur ist bereits bei 1^{cm} Durchmesser zu sehen; bei ungefähr 35—40^{mm} Durchmesser treten die Rippen etwas weiter auseinander, die Knoten stehen stets nur auf einer Rippe und sind verhältnissmässig weniger zahlreich und nicht regelmässig vertheilt, die Zahl der Zwischenrippen ist bedeutend grösser; auf dem letzten Umgange des einen Exemplares erscheinen die Knoten als längliche, rippenartige Anschwellungen.

Die Scheidewandlinie besteht auf dem äusseren Theile des Gehäuses aus dem Siphonal- und den beiden Laterallobben. Der Siphonallobus ist länger, als der erste Seitenlobus, welcher ziemlich breiten Körper besitzt, von dem sich auf gleicher Höhe ein äusserer und ein innerer Seitenast abgliedern. Der Externsattel, der durch die Seitenäste des Siphonal und ersten Lateral eingeengt ist, zerfällt durch einen Secundärlobus in zwei nicht ganz gleiche Hälften, von denen die innere grössere etwas höher steht, als die kleinere äussere. Der zweite Lateral ist viel kleiner, als der erste, aber sonst ganz ähnlich gestaltet. Der Seitensattel hat etwas breiteren Körper als der Aussensattel, ist durch einen Secundärlobus subsymmetrisch getheilt. Der zweite Seitensattel steht an der Naht, wenn man bei der losen Aufrollung der Art überhaupt von einer Naht sprechen kann.

Dimensionen: Durchmesser .... 130^{mm}
Nabelweite 47
Höhe des letzten Umganges ... 53
Dicke „   „   „   ... 60

Diese Art gehört zu den interessantesten unter denen der Wernsdorfer Schichten. Die beiden vorliegenden Exemplare sind Steinkerne, nur bei dem einen ist auf den inneren Windungen die Schale erhalten. Die Aufrollung der gerundeten Umgänge, die etwas breiter sind als dick, ist eine so lose, dass ein, wenn auch sehr kleiner Zwischenraum zwischen den Umgängen zu sehen ist; da die Exemplare, wie gesagt, Steinkerne sind, so lässt sich schwer entscheiden, ob nicht vielleicht der Zwischenraum gerade durch die Dicke der Schalen ausgefüllt wurde. Selbst wenn in der That ein kleiner Zwischenraum zwischen den einzelnen Umgängen vorhanden war, • dürfte es einstweilen doch passender erscheinen, diese Form bei den ihr nächst verwandten Formen mit sich berührenden Umgängen zu belassen, als sie als *Crioceras* zu bezeichnen, wie in der Einleitung betont wurde.

Die nächst verwandten Arten sind: *Am. nodulosus* Catullo (Prodromo di geogn. palaeozoica, Taf. XII, Fig. 5), *Nisei* Pictet (Mél. pal. Taf. 13, Fig. 2, p. 75), *Am. Voironensis* Pictet et Loriol (Voirons, Taf. II, Fig. 5, p. 19), *Royerianus* Orbigny (Taf. 112) und *Guerinianus* Orbigny (Prodr.). Unsere Form erhält durch das ungemein rasche Anwachsen, die lose Aufrollung und die eigenthümliche Sculptur ein so bezeichnendes Aussehen, dass es überflüssig sein dürfte, die Unterschiede gegen die genannten Arten besonders hervorzuheben; sie ergeben sich schon aus der Betrachtung der Figuren, allen ist der Unterschied gemeinsam, dass sie viel involuter und weniger rasch anwachsend sind, als unsere Art.

Liegt in zwei Exemplaren von Skalitz vor. (Münch. Samml.)

OLCOSTEPHANUS Neum.

Olcostephanus sp. ind.

Ein aus der Umgebung von Neutitschein herrührendes Fragment (Hoh. S.) stellt eine Art aus der Gruppe des *Olc. Astieri* Orb. dar, welche mit mächtigen, spitzen Nahtknoten versehen war, aus welchen je fünf oder sechs gerade, nach vorn geneigte Rippen entspringen. In der Gesammtform ist grosse Ähnlichkeit mit *Olc. Boussingaulti* Orb. von Santa Fe-de-Bogota (Voyage dans l'Am. mérid., p. 68, Taf. XVI, Fig. 1, 2) vorhanden, das Exemplar ist jedoch nicht genügend gut und vollständig erhalten, um die Bestimmung mit Sicherheit vornehmen zu können.

Man kann diese Art nicht als Andeutung eines südamerikanischen Faunenelementes betrachten, da die Arten aus der *Astierianus*-Gruppe eine ziemlich universelle Verbreitung haben. Dagegen verdient das Vorhandensein derselben deshalb besonders betont zu werden, weil dadurch die Vertretung der Gattung *Olcostephanus* sicher gestellt erscheint.

HOLCODISCUS n. g.

Unter diesem Namen will ich die Angehörigen einer kleinen, bisher nur wenig beachteten, aber interessanten und gut begrenzbaren Gruppe zusammenfassen, als deren Typus ich den später zu beschreibenden *Am. Caillaudianus* Orb. wähle. Folgende Arten könen hierher gezählt werden:

Am. Caillaudianus Orb. Prodr. II, p. 99.	*Am. furcato-sulcatus* Handtk.
„ *Perezianus* Orb. „ „ „	„ *Terquemi* Math. Rech. pal., C—19, Fig. 2.
„ *Gastaldianus* Orb. „ „ „	„ *quinquesulcatus* Math. „ „ „ „ 3.
„ *gibbosulus* Orb. „ „ „ 65.	„ *Tombecki* Coq. „ „ „ „ 1.
„ *camelinus* Orb. Journ. d. Conch. I, Taf. VIII, Fig. 1—4; Prodr. II, p. 100.	„ *fallacior* Coq. „ „ „ „ 4.
	„ *fallax* Coq. „ „ „ „ 5.
„ *incertus* Orb. Pal. fr., Taf. 30.	„ *Theobaldianus* Stol. Indien, Taf. 78.
„ *Escragnollensis* Orb. Prodr. II, p. 65.	„ *Cliveanus* Stol. „ „ 77, Fig. 3.
„ *Vandecki* Orb. „ „ „ 99, Loriol, Mte. Salève.	„ *Moraviatoorensis* Stol. „ „ 77, „ 4.
„ *Heeri* Oost. Céph. Suisse, Taf. 25, Fig. 1—6, p. 104.	„ *Paravati* Stol. „ „ 77, „ 5, 6.
	„ *papillatus* Stol. „ „ 77, „ 7, 8.
„ *Livianus* Cat. Mem. geogn. pal., Taf. XIII, Fig. 5, syn. mit *Am. Hugii* Oost. Céph. Suiss., Taf. XXIV, Fig. 7—15.	„ *pacificus* Stol. „ „ 77, „ 9.
	„ *Bhawani* Stol. „ „ 69, „ 4—7
	etc. (Taf. 70).

Mit Ausnahme des *Am. Theobaldianus* Stol. sind es lauter kleine, durchschnittlich bis 50^{mm} erreichende Formen, welche ziemlich evolut sind und aus gerundeten, dicht gerippten Umgängen bestehen. Von den Rippen heben sich einige stärker hervor, und erhalten jederseits zwei Knoten oder es verstärken sich zwei Rippen und treten zur Bildung einer Einschnürung zusammen. Zwischen den verstärkten geknoteten Rippen oder Einschnürungen liegen mehrere Zwischenrippen, von denen gewöhnlich die 3—5 vordersten mit der vor ihnen liegenden geknoteten Rippe ein Bündel bilden, während die übrigen Rippen entweder einfach verlaufen, oder einmal oder selten öfter (*Am. incertus*) zur Spaltung kommen. Die Rippen sind meist scharf und hoch, auf der Externseite im Alter meist nicht unterbrochen, selten abgeschwächt (*Am. incertus*); sie verlaufen entweder gerade, nach vorn geneigt oder schwach geschwungen (*Am. Livianus, Escragnollensis*). Die Knoten bilden in der Richtung des Rippenverlaufes gelegene Anschwellungen, sie sind etwas nach hinten geneigt und, soweit mich dies mein Material erkennen liess, hohl, d. h. das Lumen derselben ist von dem der Schale nicht durch eine besondere Lamelle getrennt, wie dies z. B. bei *Aspidoceras* und gewissen Hopliten der Fall ist; immerhin aber erscheinen die Knoten im Steinkerne weniger mächtig, als bei Schalenexemplaren.

Die Scheidewandlinie war mir in allen Einzelheiten nur bei *Hole. Perezianus* zugänglich. Sie besteht auf dem auswendigen Gehäusetheile aus dem Aussenlobus, den beiden Seitenloben und einem kleinen Hilfslobus. Die Körper der Loben, wie der Sättel sind ausserordentlich breit, die Verzweigung und Gliederung ist eine geringe. Der Siphonallobus ist ebenso lang oder fast etwas länger, als der erste Laterallobus, welcher einen schmalen, ziemlich langen Endast und jederseits einen kurzen, auf gleicher Höhe stehenden Seitenast aufweist. Der zweite Lateral ist viel kürzer, als der erste. Die Sättel sind fast ganz ungegliedert, ihre Körper sind ebenso breit, wie die der Loben; der Aussensattel steht etwas höher, als der erste Seitensattel. Interlobus unbekannt.

Die Scheidewandlinie von *Hole. Gastaldianus, Caillaudianus* und *Escragnollensis* stimmt mit der eben beschriebenen in den wesentlichen Stücken ganz überein; diejenige von *Hole. incertus* ist etwas reichlicher verzweigt. Die zahlreichen, von Stoliczka abgebildeten Scheidewandlinien zeigen im Wesentlichen ebenfalls dieselbe Beschaffenheit, nur ist bei ihnen auch eine reichlichere Gliederung zu bemerken; zum Theil dürfte dies übrigens darauf zurückzuführen sein, dass die von mir abgebildete Linie einem jugendlichen, noch nicht vollständig ausgewachsenen Exemplare angehört.

Der Mundsaum ist nicht genau bekannt, nur bei *Hole. Escragnollensis* konnte ein Theil des Externlappens beobachtet werden; die Wohnkammer hat die Länge von ⅔ bis ¾ eines Umganges.

Über die systematische Stellung der in Rede stehenden Gruppe liegen wenig Angaben vor. Pictet (St. Croix, p. 363) stellt die ersten fünf der citirten Formen als Gruppe X, die folgenden drei als Gruppe VIII zu den Ligaten, in die Nähe von *ligatus, intermedius, difficilis* etc., während Winkler den *Hole. incertus* (Bayr. Alp., p. 15) an *Am. Astierianus* anknüpft. Stoliczka reiht die meisten der von ihm beschriebenen Species in die Gruppe der Ligaten ein, nur den *Theobaldianus* bringt er zu den Planulaten. Neumayr endlich (Ammonitiden der Kreide, p. 924) führt die fraglichen Formen unter dem Gattungsnamen *Olcostephanus* an.

In der That erinnern die Vertreter dieser Gruppe durch die schief nach vorne geneigten Einschnürungen, die scharfen Spalt- oder Bündelrippen, die in Rückbildung begriffenen Loben nicht wenig an gewisse *Olcostephanus*, namentlich die der *Astierianus*-Gruppe. Die Gattung *Olcostephanus* wurde jedoch nur für jene von *Perisphinctes* abstammende Formen aufgestellt, die namentlich durch die Verlegung der Rippenspaltungsstelle an die Naht, die knotige Verdickung derselben, und den geraden Verlauf der der Naht genäherten Lobenelemente das Eingehen einer neuen Mutationsrichtung bekunden (cf. Neumayr, Kreidenmonit., p. 922). Eine Zutheilung zu *Olcostephanus* wäre demnach mit einer Erweiterung des ursprünglichen Gattungsumfanges verbunden; abgesehen von der Unzweckmässigkeit eines derartigen Vorgehens verbietet sich dasselbe von selbst bei eingehenderem Studium der inneren Windungen, die ja doch bei der Erörterung der Verwandtschaftsverhältnisse in erster Linie zu Rathe gezogen werden müssen.

Bei Jugendexemplaren, wie sie unter Fig. 8, Taf. 19 abgebildet wurden, sind die gleichmässigen, feinen Rippen deutlich geschwungen, auf der Mitte der Flanken oder in der Nähe der Externseite gespalten und auf der Externseite unterbrochen oder abgeschwächt, so dass sie vollkommen denen gewisser Planulaten des alpinen Tithons und der Hopliten gleichen. Sowie bei vielen Hopliten endigt auch hier jede oder wenigstens zahlreiche Rippen in kleinen Anschwellungen, von denen sich einige allmälig zu kräftigen Externknoten heraubilden, während andere verschwinden und die Rippen einfach ununterbrochen von der einen zur anderen Seite hin verlaufen. Das Stadium, in welchem die Rippen auf der Externseite zusammenschliessen, ist verschieden; bei *Holc. incertus* tritt dies sehr spät, bei *Caillaudianus, Perezianus* etc. viel früher ein; auch die Entwicklung der Knoten, wenn sie überhaupt vorhanden sind, tritt nicht bei allen Arten gleichzeitig ein, doch erscheinen stets die Aussenknoten früher, als die mittleren.

Wenn auch die Jugendindividuen eine nähere Verwandtschaft mit den Hopliten erweisen, so kann doch eine Zutheilung zu dieser Gattung nicht vorgenommen werden, weil die eigenthümliche Berippung, die Einschnürungen und die Rückbildung der Loben eine vollständig andere Mutationsrichtung erkennen lassen. Es muss demnach diese Gruppe als eine der Gattung *Hoplites* und *Olcostephanus* nebengeordnete aufgefasst und mit einem besonderen Gattungsnamen belegt werden, wenn sie sich auch nicht so reich entwickelt hat, als die ersteren und keine so hervorragende geologische Bedeutung gewonnen hat.

Ich verstehe also unter dem Namen *Holcodiscus* Formen, die sich ungefähr gleichzeitig mit den Hopliten von den mit Externfurche versehenen Planulaten des Malm abgezweigt haben, und deren Tendenz dahin geht, scharfe, einfache, gespaltene oder zu Bündeln vereinigte, nach vorn geneigte, geknotete Einschnürungen zu bilden. Was die einfach gebauten, breite Körper zeigenden Loben betrifft, so haben sie in denen von *Perisphinctes sensus* Opp. (Zittel, Stramberg, Taf. XXIV, Fig. 1) ein vollkommenes Analogon.

Keine von den europäischen hierher gehörigen Arten kann zu den gut gekannten gezählt werden.

Orbigny beschreibt nur den *Holc. camelinus* ausführlicher, erwähnt aber sonderbarer Weise weder in dieser Beschreibung, noch im Prodrôme (p. 99 und 100) irgend etwas von der Verwandtschaft desselben mit *Caillaudianus, Gastaldinus* etc., wohl ein Beweis dafür, wie oberflächlich zuweilen die Arbeiten des genannten Forschers ausgeführt wurden.

Etwas besser bekannt sind *Holc. incertus* durch die Arbeit Winkler's (Bayr. Alp., p. 15) und *Holc. Heeri* und *lirianus, Hugii* durch Ooster und Catullo, *Am. Vandecki* Orb. durch Loriol und Mösch l. c. In den Wernsdorfer Schichten kommen vier Formen vor, von denen sich zwei in dem geringen, mir zur Verfügung stehenden südfranzösischen Material nachweisen liessen; nur die eigentlich nebensächliche und formelle Namensfrage verursachte Schwierigkeiten. Die Prodrôme-Arten können zwar nicht den geringsten Anspruch auf Giltigkeit erheben, ich habe mich aber trotzdem zur Annahme derselben entschlossen, da sie, wie die Literatur zeigt, in der Schweiz und in Südfrankreich ziemlich eingebürgert zu sein scheinen. Ob jedoch die von mir gegebene Begrenzung genau derjenigen entspricht, welche Orbigny im Auge hatte, ist allerdings ganz unsicher, allein es ist dies auch ziemlich gleichgiltig.

Die unter dem Namen *Holcodiscus* zusammengefassten Formen sind bis jetzt so wenig zahlreich, dass es leicht ist, alle zu übersehen, ohne besondere Untergruppen aufstellen zu müssen. Ich beschränke mich darauf, zu erwähnen, dass *Holc. Caillaudianus, Perezianus, Gastaldinus* und *camelinus* einerseits, *Holc. lirianus* (dürfte wohl mit *Holc. Hugii* identisch sein und nicht mit *incertus*, wie Pictet [St. Croix, p. 359] angibt), *Heeri, incertus* und *Escragnollensis* andererseits, näher mit einander verwandt sind; die ersteren, mit Knoten versehenen Formen unterscheiden sich untereinander durch die verschiedene Stärke der Sculptur und die Form des Gehäuses, unter den letzteren ist *Holc. incertus* mit geraden, *lirianus, Heeri, Escragnollensis* mit schwach geschwungenen Spaltrippen versehen. Möglicher Weise gehören auch *Am. ligatus* und *intermedius* Orb. hierher, obwohl sie gewöhnlich zu der Gattung *Haploceras* gestellt werden; wenigstens erwähnt Orbigny in der Beschreibung seines *Am. incertus*, dass er den letzteren nur nach einigem Bedenken von *intermedius* abgetrennt habe. Die Untersuchung von Originalexemplaren würde diese Frage angenblicklich lösen; bei dem Umstande, dass die *Haploceras*-Formen stets geschwungene Rippen besitzen, ist es wahrscheinlicher, dass wenigstens der deutlich geradrippige *Am. intermedius* hierher gehört; besonders massgebend wäre die Untersuchung der Lobenlinie, die ja bei *Haploceras* sowohl, wie bei *Holcodiscus* einen unverkennbaren Charakter besitzt, und daher vor allem zur Entscheidung dieser Frage beitragen würde.

Die Gattung *Holcodiscus* ist in Europa nach den bisherigen Forschungen auf die älteren Kreidebildungen der Mediterranprovinz beschränkt; Mösch citirt *H. Perezianus* und *Caillaudianus* aus dem Sentis- und Churfirstengebirge, Eichwald den *Am. Perezianus* aus dem Neocom der Krim (Lethaea rossica); in Indien tritt *Holcodiscus* in der Ootatoor-, Trichinopoly-, Arrialoor-group (mittlere und obere Kreide) auf. Aus Neu-Granada citirt Orbigny den *Am. Vandeckii* (Rev. et Mag. Zool. III, 1851, p. 378).

Die Zugehörigkeit der indischen Formen ist übrigens nicht mit voller Bestimmtheit behauptbar, nach der Beschreibung und Abbildung bei Stoliezka ergibt sich kein absolut sicheres Urtheil.

Nach Neumayr (Kreideammonit., p. 925) sollen sich die Scaphiten der mittleren und oberen Kreide an *Am. Gustaldinus* anschliessen. Danach würde diese so natürliche und gut begrenzte Gruppe nicht an *Oleostephanus*, sondern an *Holcodiscus* anzureihen sein. Ich selbst war nicht in der Lage, über diese Frage irgend welche Beobachtungen anstellen zu können.

Holcodiscus Caillaudianus Orb.

Taf. XIX, Fig. 2—4, 6—9, 13, 14.

1850. *Ammonites Caillaudianus* Orbigny, Prodr. II, p. 99.
1858.   „   „   Pictet, St. Croix, p. 363.

Das Gehäuse ist scheibenförmig, ziemlich weitnabelig und besteht aus eben so hohen, als breiten Umgängen von gerundet quadratischem Querschnitt, die einander ungefähr zu $^1/_3$ umfassen. Die Windungen haben schwach gewölbte Seiten, einen etwas abgeflachten Externtheil und ziemlich steil einfallende, aber gerundete Nabelwand und sind mit zahlreichen geraden, nach vorne geneigten Rippen versehen. Einzelne von ihnen, — 10—12 auf dem letzten Umgange eines Exemplares von 42^{mm} Durchmesser — überragen die anderen an Höhe und Stärke, sind mehr nach vorn geneigt und entwickeln jederseits zwei Knoten, eine längliche, in der Richtung der Rippe gelegene Anschwellung auf der Mitte der Flanken und einen runden, kräftigen Buckel an der Grenze der Flanken gegen den Externtheil. Zwischen ihnen liegen je 7 — 9 einfache Rippen, von denen die drei vorderen mit der vor ihnen liegenden geknoteten Rippe in der Weise ein Rippenbündel zusammensetzen, dass sich die hinterste in der Nähe der Naht, die beiden anderen in der Nähe des Mittelknotens an die geknotete Rippe ansetzen.

Von den übrigen sechs Schaltrippen nehmen in der Regel vier ihre Entstehung an der Naht, während zwei durch Spaltung ungefähr auf der Mitte der Flanken oder etwas tiefer entstehen. Über die Externseite gehen die Rippen ununterbrochen und mit einer schwachen Neigung nach vorn hinweg; die beiden Externknoten der geknoteten Rippen sind in der Regel durch zwei Rippen verbunden, von denen die eine, stärkere und vordere der geknoteten Rippe entspricht, während sich die andere, hintere und schwächere durch Spaltung aus den Externknoten bildet. Von diesem Schema finden nur selten und nur unbedeutende Abweichungen statt, welche sich auf die Zahl und Stellung der Zwischenrippen beziehen. Bisweilen sind die Rippen etwas stärker geschwungen, als bei dem abgebildeten Exemplare, und nicht so stark nach vorn geneigt. Der Gegensatz von stärkeren geknoteten und ungeknoteten feinen Rippen entwickelt sich erst nachdem der Durchmesser von 12—15^{mm} erreicht ist, vorher sind die Umgänge mit schwach geschwungenen, auf der Mitte oder in der Nähe der Aussenseite gespaltenen, gleichmässig feinen Rippen versehen, die auf der Externseite eine leichte Unterbrechung zeigen.

Die Scheidewandlinie konnte nur bei einem Exemplare, jedoch nicht in allen Einzelheiten ermittelt werden; sie zeigt keine wesentlichen Abweichungen von der in der Gattungseinleitung beschriebenen.

Die in den voranstehenden Zeilen gegebene Darstellung bezieht sich ausschliesslich auf Exemplare von Escragnolles. Dieselbe Art liegt mir aber auch aus den Karpathen in sechs Exemplaren von Niedeck, Straconka und Lipnik vor: zwei davon wurden unter Taf. XIX, Fig. 13, 14 abgebildet. Sie weichen von der südfranzösischen Form dadurch ab, dass die Rippen etwas weniger nach vorn geneigt sind, die Umgänge mehr gerundeten Querschnitt zu besitzen scheinen, die Mittelknoten etwas stärker entwickelt sind und auch die vor der geknoteten gelegene Rippe zuweilen an der Bildung des Mittelknotens sich betheiligt. Auch scheinen die Knoten etwas früher zum Vorschein zu kommen. Ich glaube, dass diese Unterschiede nicht gross genug sind, um die Identification bei sonst völliger Übereinstimmung zu verhindern. Der vorderste Theil des letzten

ff *

Umganges ist ganz zusammengepresst und scheint schon der Wohnkammer anzugehören; die starken Rippen erscheinen daselbst schon ungeknotet.

D'Orbigny gibt im Prodrôme drei kurze Phrasen zur Charakterisirung dreier verwandter Arten, des *Am. Perezianus, Caillaudianus* und *Gastaldinus*.

Die für *Am. Caillaudianus* gegebene passt noch am besten zu der abgehandelten Form, obwohl man dieselbe in den Sammlungen auch als *Am. Perezianus* bezeichnet findet; ich wählte daher den ersteren Namen.

Die am nächsten verwandte Art ist ohne Zweifel *Am. camelinus* Orbigny; die Verwandtschaft ist eine so enge, dass sogar die Identität beider nicht ausgeschlossen ist. Nach Orbigny's Darstellung würden in der viel kräftigeren Entwicklung der Externknoten und dem Mangel der seitlichen Verdickungen Unterscheidungsmerkmale zu finden sein. Von *Am. Gastaldinus* Orb. unterscheidet sich *Am. Caillaudianus* durch gröbere Berippung, kräftigere Knotenbildung und niedere Umgänge. Von einer dritten Form mit stark aufgeblähten, dicken Umgängen, die man vielleicht als *Am. Perezianus* bezeichnen könnte, und von der die Lobenlinie abgebildet wurde, weicht *Am. Caillaudianus* namentlich durch die äussere Gehäuseform ab.

Holcodiscus aff. *Caillaudianus* Orb.

Taf. XIX, Fig. 12.

Zwei leider nicht ganz gut erhaltene Exemplare von Gurek scheinen einer besonderen, doch mit der genannten sehr nahe verwandten Form zu entsprechen. Sie haben ausserordentlich hohe und scharfe Rippen, die sehr stark nach vorn geneigt sind. Die stärkeren, Knoten tragenden Rippen liegen oft so nahe bei einander, dass nicht blos die hinter, sondern auch die vor ihnen gelegenen Rippen nicht an der Naht, sondern an der stärkeren Rippe ihre Entstehung nehmen. Die Mittelknoten sind wenig entwickelt, doch betheiligt sich auch die vor der geknoteten gelegene Rippe, besonders auf dem letzten Umgange an der Verdickung; es entsteht dann durch die beiden verdickten Rippen eine förmliche Einschnürung. Der vorderste Theil des letzten Umganges zeigt schwächere Berippung, welche sich zuletzt in feine Streifen auflöst; eine Sculpturveränderung, die wohl die Nähe des Mundrandes andeuten dürfte. Externknoten sind nicht zu sehen, doch dürften sie wohl vorhanden gewesen sein. Über die Dicke lässt sich kein bestimmtes Urtheil abgeben, es ist nur wahrscheinlich, dass sie grösser war, als bei *Am. Caillaudianus*, wodurch eine Annäherung an *Am. Perezianus* Orb. bewirkt würde; ob Identität zwischen der letzteren und der beschriebenen Form besteht, lässt sich nach dem mir vorliegenden Materiale nicht mit Bestimmtheit behaupten, ist jedoch nicht wahrscheinlich.

Holcodiscus Perezianus Orb.

Taf. XIX, Fig. 5, 11.

1850 *Ammonites Perezianus* Orbigny, Prodr. II, p. 99.
1858.   „   „   Pictet, St. Croix, p. 363.

Die kurze, im Prodrôme gegebene Beschreibung des genannten Ammoniten lässt sich auf eine südfranzösische Form beziehen, die hier der Vollständigkeit halber beschrieben und abgebildet werden mag, obwohl sie in den Wernsdorfer Schichten bisher nicht nachgewiesen wurde. Das Gehäuse besteht aus dicken, aufgeblähten Umgängen, welche breiter sind, als hoch (Dicke zur Höhe = 24 : 19), an den Seiten kräftig gerundet, am Aussentheil etwas abgeflacht sind. Auf dem letzten Umgange befinden sich meist acht verstärkte Rippen, die jederseits eine längliche mittlere Anschwellung und einen sehr kräftigen Aussenknoten tragen.[1] Dazwischen finden sich 6—8 scharfe, gerade, sehr hohe Zwischenrippen ein, von den die drei vordersten mit der folgenden geknoteten Rippe ein Bündel bilden, während die übrigen, meist ohne sich zu spalten an der Naht beginnen und gegen die Aussenseite sich allmälig verstärken. Spaltung der Zwischenrippen tritt nur selten und nur auf den inneren Umgängen ein.

---

[1] Orbigny's Angabe vom Vorhandensein von sechs Knoten (also jederseits drei) dürfte auf einem lapsus calami beruhen.

Die Scheidewandlinie wurde von einem Exemplare von Torreto bei Nizza, dessen Zugehörigkeit zu dieser Art übrigens nicht ganz sicher ist, das aber jedenfalls überaus nahe verwandt ist, bereits in der Gattungseinleitung näher beschrieben.

Am. Perezianus unterscheidet sich von *Caillaudianus* vornehmlich durch grössere Dicke der Umgänge und kräftigere, weniger häufig gespaltene Rippen. Übergänge zwischen beiden, die man nach Orbigny's kurzen Bemerkungen erwarten würde, sind nach meinem allerdings nicht grossen Material nicht vorhanden.

Dagegen besitzt das Genfer Museum ein Exemplar aus den Basses-Alpes, welches noch mächtigere, geknotete Rippen und stark aufgeblähte Umgänge zeigt; es steht dem *Perezianus* jedenfalls sehr nahe, unterscheidet sich aber dadurch, dass nur 2 bis 3 Zwischenrippen vorhanden sind; es dürfte wohl eine besondere Art vertreten.

Am. Perezianus Orb. liegt mir in vier Exemplaren von Eseragnolles und St. Martin (Var) und Torreto bei Nizza vor.

Holcodiscus Gastaldianus Orb.

Taf. XIX, Fig. 10.

1850. *Ammonites Gastaldianus* Orbigny, Prodr., p. 99.
1858.　　 ″　　　 ″　　 Pictet, St. Croix, p. 365.

Der Beschreibung und Abbildung dieser Art muss ich ebenfalls südfranzösisches Material zu Grunde legen, da die Exemplare aus den Wernsdorfer Schichten ziemlich schlecht erhalten sind. *Am. Gastaldinus* ist etwas hochmündiger und engnabeliger, als *Am. Caillaudianus*; bei einem Exemplar von 41^{mm} Durchmesser beträgt die Nabelweite 11^{mm}, die Dicke des letzten Umganges 16·5^{mm}, die Höhe desselben über der Naht 18^{mm}. Die grösste Dicke liegt ungefähr in der Mitte des Umganges oder näher gegen die Naht zu, die Nabelwand ist gerundet, fällt aber sehr steil ab. Die Rippen sind viel feiner, schärfer, dichter und zahlreicher, als bei *Am. Caillaudianus* und fast immer und zwar auf der Mitte der Flanken gespalten; auf den inneren Umgängen sind sie schwach geschwungen, auf dem letzten gerade und etwas nach vorne geneigt. Die geknoteten Rippen treten nicht sehr stark hervor, die Mittelknoten sind nur sehr schwach angedeutet, die Aussenknoten gut entwickelt, doch häufig abgebrochen; die letzteren erscheinen früher als die ersteren. Die Bildung von Rippenbündeln an den geknoteten Rippen wie bei *Am. Caillaudianus.*

Die Jugendindividuen mit gleichmässigen, schwach geschwungenen, auf der Externseite abgeschwächten Rippchen sind von denen der letzteren Form oft schwer zu unterscheiden.

Die Scheidewandlinie konnte nur in den groben Zügen ermittelt werden; doch erinnert sie darin vollkommen an die Lobenlinie von *Am. Perezianus* Orb.

Die dichte Berippung erinnert einigermassen an *Am. Hugii* Oost.; doch hat diese Form viel stärker geschwungene Rippen und schmäleres, viel hochmündigeres Gehäuse, so dass eine Verwechslung nicht möglich ist. Die Unterschiede gegen *Am. Caillaudianus* wurden schon früher angegeben.

Die südfranzösischen Exemplare (4) stammen aus den Basses-Alpes; eines hat die nähere Ortsangabe Eseragnolles. Die karpathischen von Skalitz herrührenden Exemplare (3) stimmen so gut mit den ersteren überein, dass ich die Identification vornehmen zu dürfen glaube. Der vorletzte Umgang derselben ist mit Schale versehen und zeigt, dass mit den Externknoten schon bei dem Durchmesser von 12^{mm} ziemlich lange Dornen verbunden waren.

Die im Vorhergehenden beschriebene Art passt allerdings nicht ganz zu der Phrase, die Orbigny davon im Prodrôme gibt, da nach ihm tiefe Einschnürungen und keine Knoten vorhanden sein sollen; da aber im übrigen Übereinstimmung vorhanden ist, und die Species in der Pictet'schen Sammlung mit diesem Namen bezeichnet war, so glaubte ich, ihn acceptiren zu sollen.

Holcodiscus n. f. ind.

Noch eine fernere ziemlich hochmündige und dicht gerippte Form vertritt in den Wernsdorfer Schichten das Genus *Holcodiscus*. Das betreffende Exemplar, von Skalitz herrührend, ist zu mangelhaft erhalten, als dass sich etwas Bestimmteres darüber sagen liesse; es hat die meiste Ähnlichkeit mit *Am. Gastaldinus* Orb. und mit *Am. papillatus* Stol. (Indien, Taf. LXXVII, Fig. 8, p. 159), ohne mit einer von beiden Arten identisch zu sein.

PULCHELLIA nov. gen.

Dieser Gattungsname mag für eine kleine, interessante Gruppe in Anwendung gebracht werden, als deren wichtigste Vertreter bis jetzt folgende namhaft gemacht werden können:

Ammonites galeatus Buch (*Sartousianus* Orb.)   *Ammonites provincialis* Orb.
    „   *Didayi* Orb. (*Leai* Forb.)   „   *Lindigi* Karst.
    „   *Dumasianus* Orb. (*pulchellus* Orb.)   „   *Caicedi* Karst.
    „   *Karsteni* n. f.   „   *Favrei* Oust. (vielleicht ident mit der
    „   *compressissimus* Orb.   folgenden Art, non *A. Favrei* Coq.)
    „   *galeatoides* Karst.   „   *Mazyluaus* Coq.

Es sind dies Species, die von Orbigny theils in die Gruppe der Pulchelli, theils in die der Compressi eingestellt wurden und fast genau der Gruppe der Pictet'schen Laticostati entsprechen (St. Croix, p. 345). Sie sind ausgezeichnet durch ein flaches Gehäuse mit hochmündigen einander stark umfassenden Umgängen, die einen fast geschlossenen oder sehr engen Nabel bilden. Die Sculptur besteht aus schwach geschwungenen, auf der Mitte der Flanke zuweilen gespaltenen Rippen, die sich durch ihre grosse Breite und flach gerundete Form auszeichnen. Die Zwischenräume zwischen denselben bilden meist schmale, scharfe Furchen. Zu beiden Seiten der Externseite verlaufen, der Medianlinie parallel, ein oder zwei scharfe und hohe Kiele, aus der Verdickung der jeweiligen Rippen hervorgegangen. Auf der Externseite sind die Rippen meist durch eine tiefe breite Furche unterbrochen; bei einigen Arten aber sind die erwähnten Kiele nur schwach angedeutet, und die Rippen laufen fast ununterbrochen oder sogar verdickt über die Externseite hinweg. Ein Beweis, dass der Beschaffenheit der Externseite nicht allzuviel Gewicht beizulegen ist, und dass in dieser Hinsicht ziemlich bedeutende Schwankungen vorkommen können. Bei einigen Formen, deren Gestaltung übrigens schon etwas abweichend ist und zu einer anderen Gruppe hinüberführt, ist auch die Medianlinie der Externseite gekielt.

Die Länge der Wohnkammer beträgt wahrscheinlich zwischen $\frac{1}{2}$ und $\frac{2}{3}$ eines Umganges, der Verlauf des Mundsaumes ist unbekannt; die Scheidewandlinie dagegen bietet eine eigenthümliche und sehr bezeichnende Beschaffenheit dar, mit der uns zuerst Orbigny bekannt gemacht hat (Voyage dans l'Amér. mérid.). Die Suturlinie ist zusammengesetzt aus dem Siphonal, den beiden Lateralen und mehreren kleinen Hilfsloben, deren Zahl nach der Involution Schwankungen unterworfen ist. Die Körper der Loben und der Sättel sind breit und flach, die Linie ist ringsum gezackt, es kommt aber nicht zur Bildung gut unterscheidbarer, scharf abgegliederter Seitenäste. Auch die Sättel sind fast ganz ungegliedert, nur ein kleiner schmaler Secundär- lobus bringt eine Theilung in zwei ungleiche Hälften hervor. Die Lobenlinien von *Dumasianus* (cf. Taf. XX, Fig. 4, nach einem Exemplar von St. Martin), die *P.* aff. *Karsteni* (Taf. XX, Fig. 3, nach einem Exemplare aus den Basses-Alpes), *galeatus* und *compressissimus* stimmen sehr gut mit einander überein, dagegen zeigt die Linie von *Am. provincialis* schon gewisse, wenn auch nicht bedeutende Abweichungen (cf. Taf. XX, Fig. 2 nach einem Exemplare von Escragnolles), indem der Körper des ersten Lateral etwas schmäler und länger ist, der zweite Lateral aber viel geringere Grösse besitzt. Die schwache Entwicklung der Hilfsloben hängt mit der grösseren Evolubilität des Gehäuses zusammen. Ferner ist bei dieser Art eine tiefe Externfurche vorhanden, wie sie in derselben Ausbildung bei den anderen Formen doch nicht vorkommt, und endlich sind die Rippen schmäler und schärfer, die Zwischenräume zwischen ihnen breiter. Während also *Am. provincialis*, welcher zur Veranschaulichung dieser Verhältnisse abgebildet wurde (Taf. XX, Fig. 2, vergl. weiter unten bei *Pulch. Lindigi*) im allgemeinen Habitus noch ganz unverkennbar den Charakter der Pulchellen zur Anschauung bringt, nähert er sich vermöge seines weiteren Nabels, der Sculptur und Scheidewandlinie nicht wenig an die geologisch jüngeren Hopliten, wie etwa *H. Dufrenoyi*, *regularis*, *tardefurcatus*, *Senebieri*, einen Theil der sogenannten Dentaten heran. Anderntheils aber erinnern wieder die Formen mit Mediankiel wie *Mazyluaus*

Coq. und *Furrei* Oost. nicht wenig an *Am. Prolleanus*, eine Form, die von Neumayr zu *Acanthoceras* ein gereiht wird.

Es scheint demnach die Gruppe der Pulchellien mit geologisch jüngeren Formen in mannigfachen Beziehungen zu stehen, die jetzt leider noch nicht genügend aufgeklärt sind. Ich muss mich auf die vorausstehenden Bemerkungen beschränken, da es eingehende Untersuchungen an reichlichem Untersuchungsmateriale, an dem es mir fast vollständig gebricht, erfordern würde, um genauere verlässlichere Angaben machen zu können. Es muss daher weiteren Untersuchungen vorbehalten bleiben, die zu vermuthende Fortentwicklung unserer Gattung in geologisch jüngeren Schichten zu verfolgen und eine passende, definitive Abgrenzung vorzunehmen.

Noch zweifelhafter als der Zusammenhang mit jüngeren Typen, erscheint der mit den geologisch älteren zu sein. Neumayr erwähnt (Kreideamm., p. 928), dass die inneren Umgänge von *provincialis* auf eine sehr nahe Verwandtschaft mit *H. Boissieri* hinweisen. *P. provincialis* ist aber gerade eine Form, die den Typus der Gattung nicht am reinsten ausgebildet zeigt, und, wie schon erwähnt, zu anderen, geologisch jüngeren Formen hinüberzuführen scheint. Die inneren Umgänge der typischen Arten sind unbekannt, dürften aber wahrscheinlich glatt sein und so über die verwandtschaftlichen Beziehungen wenig Aufschluss ertheilen. Die Gattung *Pulchellia* tritt eben gleichzeitig mit *Costidiscus* in Europa ganz unvermittelt auf, und es ist daher so schwierig, die Frage nach den genetischen Verhältnissen erfolgreich zu lösen. In Südamerika ist diese Gruppe, wie es scheint, sehr reich entwickelt, und es ist nicht unmöglich, dass man daselbst die Vorläufer derselben entdecken wird.

Nur soviel dürfte man wohl als sehr wahrscheinlich betrachten können, dass sich die in Rede stehende Gruppe an *Hoplites* im weiteren Sinne anschliesst und einen kleinen extrem ausgebildeten Zweig des grossen Perisphinctenstammes bildet.

Zur Rechtfertigung des neuen Gattungsnamens werden wohl wenige Worte genügen. Um ihn zu umgehen, hätte man die betreffenden Formen bei *Hoplites* belassen müssen. Diese Gattung enthält nach der bisherigen Fassung (cf. Neumayr, Kreideamm., p. 925 und Neumayr und Uhlig, Hilsamm., p. 34) aber der Hauptsache nach zwei grosse Gruppen: eine geologisch ältere, zu welcher die Formen aus der Verwandtschaft des *Euthymi pseudomutabilis, Boissieri, occitanicus, rarefurcatus, crypticeras, neocomiensis, castellanensis, amblygonius, hystrix, radiatus, Leopoldinus, asperrimus* gehören, und eine geologisch jüngere, welche hauptsächlich aus den bekannten reichverzierten, mit tiefer Externfurche versehenen Arten des Gault, wie *Raulini, tuberculatus, auritus, Archiaci, Denarius* etc. besteht. Von diesen beiden Gruppen weichen die Pulchellien durch ihren engen, fast geschlossenen Nabel, die eigenthümliche Sculptur und vor Allem die sehr merkwürdige Scheidewandlinie so sehr ab, dass man eine Vereinigung nicht vornehmen kann. Ferner verbietet sich dies aus dem Grunde, dass kein Zusammenhang mit geologisch älteren Hopliten erweisbar ist. Mit gewissen geologisch jüngeren Formen scheinen, wie schon erwähnt, engere Beziehungen zu bestehen, doch bedürfen auch diese eines eingehenderen Studiums. Der geologisch und paläontologisch selbstständigen Stellung der ganzen Gruppe dürfte wohl am besten durch einen besonderen Gattungsnamen Rechnung getragen werden, wenn sich auch jetzt der gesammte Umfang der Gattung noch nicht scharf umschreiben lässt.

Vertreter der Gattung *Pulchellia* wurden zuerst aus Südamerika durch Buch, später Orbigny und Karsten beschrieben; Orbigny wies sie in Südfrankreich nach, wo sie zuerst im Niveau der Barrème-Stufe erscheinen, im Aptien aber nicht mehr vorzukommen scheinen. Coquand, Pictet und Lorial, Ooster beschrieben ebenfalls eine hierher gehörige Art; Catullo erwies ihre Vertretung im Biancone.

In paläontologischer Hinsicht sind dieselben sehr schlecht und mangelhaft bearbeitet worden, wie dies schon aus dem Umstande hervorgeht, dass fast jede Art unter zwei Namen beschrieben wurde. Die Arten sind ferner grossen Schwankungen in der Sculptur unterworfen; so liegen mir einige Exemplare aus Südfrankreich vor, die zwar den beschriebenen Arten sehr nahe stehen, aber ihnen doch nur schwer direct zugestellt werden können. Wahrscheinlich besteht also eine weitgehende Varietätenbildung, auf die in den bisherigen Darstellungen wenig Rücksicht genommen wurde. Schon Karsten betont ausdrücklich die grosse Variabilität der ihm vorliegenden amerikanischen, wie französischen Formen (l. c. p. 108). Unter diesen Umständen kann es allerdings bedenklich erscheinen, wenn ich die Zahl der bereits bestehenden Namen noch um einen vermehre; allein der augenblickliche Zustand der Wissenschaft zwingt förmlich hiezu. Man muss eben gar mancher Form einen besonderen Namen ertheilen, auch wenn man recht gut weiss, dass sie zu anderen in sehr nahen Beziehungen stehe. Wenn man aber nicht im Stande ist, dieselben anzugeben, dann dürfte es wohl gerathener sein, die Formen getrennt zu halten, als unrichtige Identificationen vorzunehmen, die die Kenntniss und Geschichte der betreffenden Arten verwirren und oft zu unrichtigen geologischen Schlussfolgerungen führen können. Die Beziehungen zwischen den einzelnen Arten der Pulchellien, etwaige Übergänge etc., sind in der Literatur wenig berücksichtigt, und ein Untersuchungsmaterial, welches zur Erkenntniss derselben führen könnte, steht mir nicht zu Gebote. Ich musste daher den Ausweg der Ertheilung eines neuen Namens betreten.

Nach den bisherigen Kenntnissen scheint diese Gattung auf die Ablagerungen des sogenannten Mediterrangebietes beschränkt zu sein.

In den Wernsdorfer Schichten gehören die Pulchellien zwar nicht zu den häufigen Vorkommnissen, sind aber doch durch mehrere Arten vertreten. Leider konnten des schlechten Erhaltungszustandes wegen nicht alle genau bestimmt werden. Die Namen sind:

Pulchellia galeata Buch.	*Pulchellia Karsteni* u. f.
„　　aff. *galeata* Buch.	„　　*Lindigi* Karst.
„　　aff. *compressissima* Orb.	„　　*Caicedi* Karst.
„　　cf. *Didayi* Orb.	

Hohenegger führt *Am. galeatus, Didayi, Lindigi* an.

Pulchellia galeata Buch.

1839. *Ammonites galeatus* Buch, Pétrific. réc. en Amér. par A. de Humboldt et par Ch. Degenhardt, Fig. 17.
1839. „　　　„　　Orbigny. Paléont. de l'Amér. mérid., p. 73, Taf. XVII, Fig. 3—5.
1842. „　　*Scutosaurus* Orbigny, Paléont. franç., Taf. 91. Fig. 4, 5.
1850. „　　*galeatus* Orbigny, Prodr. II, p. 98.
1856. „　　„　　Karsten, Columbien, Taf. II, Fig. 6.
1858. „　　„　　Pictet, St. Croix, p. 345.

Mit dieser Species vereinige ich einen kleinen Steinkern von **Tierlitzko**, welcher durch den verhältnissmässig weiten Nabel, ziemlich gewölbte Flanken und flache, geschwungene, in der Nähe der Externseite gekielte Rippen der genannten Art jedenfalls ungemein nahe steht. Ein zweites grösseres Exemplar von **Ernsdorf** gleicht in der Sculptur ebenfalls völlig dem *Am. galeatus*, besitzt aber einen vollständig geschlossenen Nabel, und kann daher nicht mehr mit *Am. galeatus* vereinigt werden. Es ist leider zu schlecht erhalten, als dass es hätte abgebildet werden können; ich führe es als *Am. aff. galeatus* auf.

Pulchellia aff. compressissima Orb.

1840. *Ammonites compressissimus* Orbigny, Paléont. franç., p. 210. Taf. 61, Fig. 4, 5.
1850. „　　　„　　　　„　　Prodr. II, p. 98.
1856. „　　　„　　Karsten, Columbien, p. 107, Taf. II, Fig. 9.
1858. „　　　„　　Pictet, St. Croix, p. 345.

Ein grosses, jedoch ziemlich schlecht erhaltenes Exemplar von **Ernsdorf** hat geschlossenen Nabel, ist auf den Flanken glatt und zeigt nur in der Nähe der Aussenseite breite, flache, in einen Kiel ausgehende Rippen. Die äusseren Merkmale stimmen demnach vielfach mit denen der citirten Form überein; während aber die Rippen der französischen Form gerade sind und offenbar für eine sehr nahe Verwandtschaft mit *A. Dumasianus* sprechen, sind die Rippen bei der von Karsten abgebildeten und bei der schlesischen Form etwas geschwungen und deuten daher eine nähere Verwandtschaft mit *Am. galeatus* Buch, oder noch mehr der vorher als *Am. aff. galeatus* beschriebenen Form.

Das Exemplar ist schlecht erhalten und gestattet keine Abbildung.

Pulchellia cf. Didayi Orb.

Die unter diesem Namen zu beschreibende Form, welche nur durch zwei Exemplare von Ernsdorf und Gurek mangelhaft vertreten wird, ist ein Zwischenglied zwischen dem angezogenen *Am. Didayi* Orb. und *Am. Dumasianus* Orb. Die Berippung und namentlich die, wenn auch nicht sehr starke Kielbildung zu beiden Seiten des Externtheils erinnern an die letztere Form, der geschlossene Nabel jedoch an die erstere. Das vorhandene Material reicht zu einer definitiven Beurtheilung nicht aus.

Pulchellia Karsteni n. f.

Taf. XX, Fig. 1.

Ammonites pulchellus Orbiguy in Karsten, Columbien, p. 107. Taf. II, Fig. 8.

Von dieser Art liegen mir nur zwei Exemplare vor, von denen eines ziemlich wohl erhalten ist. Schon Hohenegger hebt auf der von ihm beschriebenen Originaletiquette die Übereinstimmung mit der von Karsten abgebildeten columbischen Form hervor. In der That wird man in der Sculptur beider kaum einen Unterschied nachweisen können; die Loben sind zwar bei beiden Vorkommen, der Querschnitt bei dem schlesischen unbekannt, es ist demnach nicht ausgeschlossen, dass doch noch Verschiedenheiten existiren; allein so weit sich nach den vorhandenen Daten urtheilen lässt, muss man beide unter einem Namen zusammenfassen.

Von *Am. Dumasianus* (syn. *pulchellus* Orb.) unterscheidet sich die vorliegende Form durch viel zahlreichere, weniger grobe und wohl auch etwas stärker geschwungene Rippen. Während die Rippen bei *Am. Dumasianus* schon auf der Mitte der Flanken kräftig hervortreten, und über die Externseite in dick wulstiger Form hinübergehen, werden sie bei *Am. Karsteni* erst in der Nähe der Externseite deutlich und wulstig, und die letztere zeigt jederseits eine ganz leichte Kante, die sich allerdings bei dem schlesischen Exemplare nicht so deutlich erkennen lässt, wie die Abbildung bei Karsten zeigt. Die ganze Schale ist mit feinen, dichten, den Rippen gleichlaufenden Anwachsstreifen versehen. Der Nabel ist vollkommen geschlossen.

Vor dem leider zerbrochenen Vorderrande des abgebildeten Stückes liegt ein kleines, scharf begrenztes Schalenstück, welches die äussere Form eines sogenannten Ohres besitzt; da es jedoch nicht mehr im Zusammenhange mit dem übrigen Gehäuse, so ist dessen Bedeutung nicht ganz zweifellos.

Das beschriebene Vorkommen weicht in der Sculptur vom typischen *Am. Dumasianus*, von dem mir ein Exemplar von St. Martin (Var), von dem die Lobenlinie auf Taf. XX, Fig. 4 abgebildet wurde, zum Vergleiche zur Verfügung steht, so weit ab, dass die Ertheilung eines besonderen Namens gerechtfertigt erscheinen dürfte, wenn auch von dem einen zum anderen Extrem Übergänge nachweisbar sein dürften.

Fundort: Lippowetz.

Pulchellia Lindigi Karst.

Taf. XX, Fig. 6.

Ammonites Lindigi Karsten, Columbien, p. 108, Taf. III, Fig. 3.

Im Gegensatze zu *Am. Dumasianus* Orb. und *Karsteni* n. f. zeigt diese Form einen, wenn auch nur kleinen Nabel. Die Schale ist mit schwachgeschwungenen, ungefähr auf der Mitte der Flanken gespaltenen Rippen versehen, welche etwas vor der Spaltung oder an der Spaltungsstelle schwach knotenförmig anschwellen. An der Externseite sind die Rippen stark nach vorn geneigt, sehr breit und mächtig und jederseits mit zwei Kielen versehen. In der Mittellinie sind die Rippen durch eine tiefe, ziemlich breite Furche unterbrochen. Die Dicke lässt sich an den schlesischen Exemplaren, welche zusammengedrückt sind, nicht bestimmen, ebenso sind die Loben unbekannt.

Diese Form steht dem südfranzösischen *Am. provincialis*, den Orbigny im Prodr. II, p. 99 aufstellte, und von dem ich ein Exemplar von Eseragnolles (aus dem Genfer Museum) abzubilden in der Lage bin (Taf. XX, Fig. 2), ungemein nahe; es ist sehr wahrscheinlich, dass beide identisch sind. Zwischen dem mir vorliegenden Exemplare und dem *Am. Lindigi*, wie er von Karsten geschildert wird, besteht der Unterschied, dass das erstere etwas weitnabeliger und mit schmäleren zahlreicheren Rippen versehen ist; doch dürfte dieser Unterschied wahrscheinlich schwinden, wenn man zahlreichere Exemplare beider Vorkommen untersuchen würde. Die schlesischen Exemplare stimmen hinsichtlich der Berippung, wie der Nabelweite mit den südamerikanischen sehr gut überein und, so weit nach diesen Merkmalen allein ein sicheres Urtheil möglich ist, kann die Identification als eine verlässliche angesehen werden.

Die Scheidewandlinie des südfranzösischen Exemplares gleicht im Allgemeinen derjenigen des *Dumasianus*. Der Siphonallobus liegt fast ganz in der Medianfurche; er hat kurzen, schmalen Körper mit sehr kurzen Endästen. Der Externsattel ist ausserordentlich breit, durch einen kleinen Secundärlobus getheilt; der erste Laterallobus ist länger als der Siphonal, hat auch einen breiten Körper, ist aber doch schmäler als der Externsattel. Er ist nicht verzweigt, sondern nur gezackt, die Zacken sind aber tiefer und länger, als bei *Dumasianus*. Der zweite Seitenlobus ist ausserordentlich klein; die Hilfsloben sind nicht deutlich zu sehen. Die Sättel endigen alle auf derselben Höhe.

Fundort: Lippowetz (Hoh. S.)

Pulchellia Caicedi. Karst.

1856. *Ammonites Caicedi* Karsten, Columbien, p. 107. Taf. III. Fig. 2.

Mit diesem Namen wurde von Karsten eine columbische Form belegt, welche dem *Am. Lindigi* sehr nahe steht, sich von dem letzteren durch engeren, fast geschlossenen Nabel und mächtigere Berippung unterscheidet. Ein Exemplar von Straconka (Hoh. S.) zeigt diese Eigenschaften, und es konnte daher der Karsten'sche Name darauf übertragen werden. Es mag hier bemerkt werden, dass die Mündungsansicht der Form bei Karsten (Fig. 2 *b*) offenbar falsch gezeichnet ist, indem diese sehr involute Form so dargestellt ist, als ob sich die Umgänge eben nur berühren würden.

Das schlesische Exemplar ist zu schlecht erhalten, um abgebildet werden zu können.

HOPLITES Neum.

In allen cephalopodenreichen Ablagerungen des Mittelneocoms gehören die Hopliten aus der Gruppe des *cryptoceras, radiatus* und *Leopoldinus* zu den häufigsten Vorkommnissen. Die Fauna des Barrémien hingegen entbehrt derselben fast ganz.

In den Wernsdorfer Schichten tritt nur eine Formengruppe, die des *H. Treffryanus* Karst., auf, und zwar in drei oder vier Arten. In faunistischer Hinsicht ist dieses Vorkommen von grossem Interesse, da diese Gruppe zuerst durch Karsten aus Columbien beschrieben wurde. Später haben französische Forscher einzelne Species derselben auch in den Pyrenäen und Südfrankreich nachgewiesen.

In zoologischer Hinsicht schliessen sich diese Arten am ehesten an *H. Deshayesi* und *angulicostatus* an, sie zeigen eine ganz ähnliche Sculptur und äussere Form, nur die Scheidewandlinie stimmt nicht recht. Wie bei den genannten Hopliten, so sind auch bei diesen Formen die Rippen auf der Externseite nur in der frühesten Jugend unterbrochen, später schliessen sie ununterbrochen zusammen. Übrigens muss noch besonders hervorgehoben werden, dass die Identification mit *H. Treffryanus* nur auf die Übereinstimmung in der äusseren Form und Sculptur gestützt werden konnte, während sich doch ein ganz sicheres Urtheil über die thatsächliche Vertretung der genannten columbischen Gruppe nur dann fassen liesse, wenn auch die Scheidewandlinien denselben Verlauf zeigen würden. Leider hat Karsten bei seiner Untersuchung der columbischen Ammonitiden der Lobenlinie jedwede Aufmerksamkeit versagt, und es muss daher die früher von Hohenegger gegebene und von mir angenommene Deutung der weiter unten zu beschreibenden Formen vorläufig noch als eine provisorische angesehen werden.

Anmerkung. Seither sind mir durch Herrn Geheimrath Beyrich die Originalexemplare zu *H. Calazzianus* gütigst zugesendet worden. Die Untersuchung derselben ergab die völlige Übereinstimmung im allgemeinen Bau und der Lobenzeichnung mit unseren Exemplaren.

Hoplites Treffryanus Karst.

Taf. XXI, Fig. 2.

1856. *Ammonites Treffryanus* Karsten, Columbien, p. 109, Taf. IV. Fig. 1.

Ein Exemplar von Mallenowitz (Hoh. S.) glaube ich mit Hohenegger als *Am. Treffryanus* Karst. bezeichnen zu sollen. Flachheit des Gehäuses, hochmündige Umgänge, enger Nabel, wuchtige, geschwungene Rippen, zwischen welche von der Externseite aus Schaltrippen einsetzen, sind die Merkmale, welche beiden Vorkommnissen gemeinsam sind. Der Nabel des karpathischen Exemplares ist zwar um ein Geringes weiter, aber kleine Schwankungen der Nabelweite hat man ja unbeschadet der specifischen Identität fast stets zu gewärtigen.

Trotzdem die Lobenlinie beiderseits unbekannt und auch die Dicke des karpathischen Exemplares nicht sicher erkennbar ist, dürfte die Identification doch gerechtfertigt erscheinen.

Ein anderes unvollständig erhaltenes Exemplar von Mallenowitz, das sich in der Sammlung der Teschener Cam.-Direction befindet, dürfte wahrscheinlich auch hierher gehören.

Hoplites Borowae n. sp.

Taf. XX, Fig. 5, 7–10; Taf. XXI. Fig. 1.

Flanken flach, Nabel ziemlich eng, Umgänge hochmündig und mit kräftigen Rippen versehen, welche an der Naht, zuweilen schwach knotig verdickt, beginnen und anfangs nach vorne geneigt sind, um auf der Mitte der Flanken nach rückwärts umzubiegen. Auf der Flankenmitte sind die Rippen etwas abgeschwächt, verdicken sich aber stark gegen die Externseite, über welche sie, wie es scheint, ohne Unterbrechung und kaum merklich abgeschwächt hinwegsetzen.

Auf der Mitte der Seiten, bisweilen etwas darunter, tritt eine Spaltung der Rippen ein, und die Primär-, wie die Spaltrippen bleiben dann einfach; nur bei einem grossen, schönen Exemplare (Fig. 1, Taf. 21), auf welches ich noch weiter unten zurückkomme, gehen sie nochmals eine Spaltung ein. Auf den innersten Windungen dürfte wohl eine Unterbrechung der Rippen auf der Externseite stattfinden.

Die Dicke ist nicht mit Sicherheit bestimmbar.

Die Scheidewandlinie konnte nicht in allen Theilen ihres Verlaufes genau verfolgt werden, aber die wichtigsten Elemente derselben konnten doch mit hinreichender Genauigkeit erkannt werden. Der Siphonallobus dürfte um ein Beträchtliches kürzer sein, als der erste Lateral, welcher einen breiten keilförmigen Körper und langen, schmalen Endast besitzt. Der äussere Hauptseitenast ist besser entwickelt, als der innere, wodurch eine ziemlich auffallende Unsymmetrie bewirkt wird.

Der zweite Seitenlobus ist dem ersten ähnlich gebaut, nur ist er viel kürzer. Die weiter nahtwärts gelegenen Suturelemente waren nicht mehr deutlich zu verfolgen. Auch die Sättel haben ziemlich breite Körper und sind durch schmale Secundärloben getheilt. Der Seitensattel scheint eine tiefere Lage einzunehmen als der Aussensattel, doch lässt sich namentlich die Grösse der Höhendifferenz nicht mit Bestimmtheit ermitteln, da das betreffende Exemplar etwas verzerrt ist.

Von dieser Art liegen mir 13 Exemplare vor, von denen neun dem oben beschriebenen Typus entsprechen; eines (Taf. XXI, Fig. 1), das durch seine Grösse hervorragt, zeichnet sich durch etwas dichtere Stellung und doppelte Spaltung der Rippen aus. Die inneren Windungen sind mit dichten, aber schwachen, zuweilen selbst dreifach gespaltenen Rippen versehen, unter denen nur hie und da eine Rippe stärker hervortritt. Die Nabelweite ist anfangs ziemlich klein, dann aber erweitert sich der Nabel plötzlich sehr stark. Da die Übereinstimmung dieses Exemplares mit den übrigen im Allgemeinen doch eine ziemlich grosse ist, so habe ich es einstweilen mit demselben Namen belegt. Bei genauerer Formenkenntniss wird sich möglicherweise die specifische Selbstständigkeit dieser Form erweisen lassen.

Wie schon in der Gattungseinleitung bemerkt wurde, konnte ich die beiden Originalexemplare von Karsten's *Am. Codazzianus* (Columbien, Taf. III, Fig. 4, 5, p. 108), welcher jedenfalls die nächst verwandte Art

Art vorstellt, mit den meinigen direct vergleichen. An einem der columbischen Exemplare konnte die Scheidewandlinie eingezeichnet werden. Es zeigte sich insofern völlige Übereinstimmung, als die Elemente eines jeden Lobus, sowie die Stellung und Länge derselben im Verhältniss zu einander in beiden Fällen gleich sind; nur sind die Lobenenden von *Am. Boroae* lang und spitz, während sie bei *Am. Codazzianus* kurz und ziemlich stumpf sind. Auch darf nicht übersehen werden, dass die Linie von *Am. Boroae* in Folge der ungünstigen Erhaltung des betreffenden Exemplares etwas verzerrt ist. Es erhalten dadurch die beiden Linien ein etwas verschiedenes Aussehen, welches sich jedoch bei genauerem Studium als geringer herausstellt, als es auf den ersten Blick den Anschein hat.

Der Unterschied in den Loben allein würde mich aber nicht zur specifischen Trennung beider Vorkommnisse veranlasst haben.

Eine fernere Abweichung liegt darin, dass die Rippen der columbischen Form an der Externseite bis in ein viel höheres Alter abgeschwächt, beziehungsweise kantig gebrochen erscheinen, als die der schlesischen. Auch ist der Nabel der letzteren um ein Geringes weiter, als der der ersteren. Diese, wenn auch in einzelnen geringfügigen Abweichungen zusammengenommen, zwingen uns wohl, das schlesische Vorkommen mit einem besonderen Namen zu belegen.

Die ausgezeichnet erhaltenen K a r s t e n'schen Exemplare setzten mich auch in die Lage, ein hierher gehöriges Jugendexemplar als solches zu erkennen; es zeigt nach vorn geneigte, geschwungene Rippen, die sich erst in der Nähe der Externseite spalten, mit zunehmender Grösse rückt die Spaltungsstelle gegen die Naht.

Die Sculptur des *H. Boroae* ist wenig charakteristisch und kommt in ähnlicher Weise bei vielen Arten vor, ohne dass vielleicht wirklich eine sehr nahe Verwandtschaft bestünde. Trotzdem lässt sich *H. Boroae* von diesen ähnlichen Arten leicht unterscheiden.

H. Treffryanus, welcher, soviel man bis jetzt weiss, nebst *H. Beskidensis* n. sp. die einzige wirklich sehr nahe verwandte Species bildet, weicht durch entfernter stehende und kräftigere Rippen ab.

Auch *H. Deshayesi* hat einige äussere Ähnlichkeit mit *H. Codazzianus*, allein der Lobenbau (cf. Neumayr et U h l i g, Hilfsammonitiden, Taf. XLV) ist so abweichend, dass eine Identificirung unmöglich ist. Auch *H. Thurmanni* Piet. et Camp. (St. Croix, p. 250, Taf. XXXIV und XXXV) hat nach der Abbildung eine ähnliche, doch viel schwächere Sculptur; wahrscheinlich bietet auch die Suturlinie bedeutende Unterschiede dar. *H. angulicostatus* unterscheidet sich leicht durch seinen ausserordentlich weiten Nabel, niedrigere Umgänge und die abweichende Suturlinie. *Am. Feraudianus* Orb., eine südfranzösische Barrême-Form, deren Scheidewandlinie unbekannt ist, könnte möglicherweise sehr nahe verwandt sein. Unterschiede liegen in der grösseren Nabelweite, geringeren Mündungshöhe und den namentlich am letzten Umgange weiter auseinander stehenden Rippen des *Am. Feraudianus*.

Fundorte: Mallenowitz, Krasna, Grodischt, Ustron, Niedek. Das Originalexemplar zu Taf. XXI, stammt von Ernsdorf. (Hoh. S.). Drei Exemplare befinden sich in der Fall. S. Die Art wurde nach dem Localnamen *Boroca* bei Mallenowitz benannt. Die Gegend, wo die Mallenowitzer erzherzoglichen Bergbaue liegen, führt diese Bezeichnung.

Hoplites Beskidensis n. sp.

Taf. XX, Fig. 12.

Schliesst sich nahe an die beiden vorher beschriebenen Arten an. Das Gehäuse ist flach hochmündig, die Flanken sind schwach gerundet, die Externseite abgestumpft, die Nabelwand gewölbt, ziemlich steil einfallend. Die Umgänge umfassen einander ungefähr zur Hälfte und sind mit zahlreichen, dicht stehenden, schwach geschwungenen, gegen die Externseite anschwellenden Rippen versehen, von denen einige an der Nabelwand deutlich verdickt beginnen, während andere unterhalb der Mitte der Umgänge einsetzen. Von den letzteren liegen gewöhnlich zwei zwischen je zwei an der Naht beginnenden Rippen. Über die abgestumpfte Externseite gehen die Rippen ununterbrochen und nicht abgeschwächt hinüber, an der Grenze von Flanken und Aussenseite sind sie schwach kantig gebrochen, doch nicht so stark, wie bei *H. Codazzianus* Karst. Von der Scheidewandlinie konnte nur der erste Lateral und der Siphonallobus blossgelegt werden.

Der Siphonallobus ist kürzer, als der erste Lateral, er endigt ungefähr in derselben Höhe als der äussere Seitenast des ersten Laterals. Der Aussensattel zerfällt durch einen Secundärlobus in eine kleinere innere und eine grössere äussere Hälfte. Der erste Lateral ist wie bei *H. Boroiræe* gestaltet.

Dimensionen des abgebildeten Exemplares: Durchmesser................63^{mm}
Nabelweite.................18 „
Höhe des letzten Umganges ...27 „
Dicke „ „ „ ...20 „

Diese Art unterscheidet sich von den vorhergehenden namentlich durch die viel dichteren, weniger geschwungenen Rippen. Es liegt mir ein Exemplar von Eseragnottes vor, welches dem hier beschriebenen sehr ähnlich ist, nur sind die Rippen auf der Externseite unterbrochen und die Verästelung der nicht deutlich sichtbaren Scheidewandlinie ist eine feinere; jedenfalls sind beide Formen einander nahe stehend.

Ein Exemplar von Grodischt. (Hoh. S.)

ACANTHOCERAS Neum.

Diese Gattung ist in der Fauna der Wernsdorfer Schichten durch sechs Arten vertreten, von welchen drei, *Ac. Albrechti Austriæ* Hoh., *pachystephanus* n. f. und *marcomannicum* n. f. in die Gruppe des *Ac. Martini* Orb. gehören, während sich eine sehr enge an den gut bekannten *Am. Milletianus* Orb. anschliesst. Nur zwei Formen *Ac. Amadei* Hoh. und *trachyomphalus* n. f. bieten auffallende Formverhältnisse dar und gehören mit zu den merkwürdigsten Arten der Wernsdorfer Fauna. *Ac. Amadei* ist sehr niedrigmündig und so evolut, dass es fast als *Crioceras* bezeichnet werden könnte. Warum dies nicht geschah, wird bei der Detailbeschreibung, sowie in der Einleitung zur Gattung *Crioceras* auseinandergesetzt.

Acanthoceras aff. *Milletianum* Orb.

Taf. XX, Fig. 5.

Ammonites Milletianus Orbigny, Paléont. franç., p. 163. Taf. 77; vergl. auch Pictet, St. Croix, p. 260, Taf. 57, Fig. 2—5; Pictet et Roux, Grès verts, p. 52, Taf. V, Fig. 1.

Ein leider ziemlich schlecht erhaltenes Exemplar von Matlenovitz von 45^{mm} Durchmesser zeigt ausserordentlich viel Ähnlichkeit mit der angezogenen Gault-Species. Die äussere Form der Umgänge und die Berippung stimmt fast vollkommen überein, in letzterer Hinsicht scheint nur soweit ein Unterschied vorhanden zu sein, als die Rippen bei der schlesischen Form kräftig verdickt über die Externseite gehen und keine Spur von Abschwächung erkennen lassen. Scheidewandlinie unbekannt.

Das Stück reicht zur Entscheidung der Frage nicht hin, ob man es hier mit sehr naher Verwandtschaft oder specifischer Identität zu thun habe; jedenfalls ist das Auftreten dieser Form in den Wernsdorfer Schichten sehr beachtenswerth. Befindet sich in der Münchner Sammlung.

Acanthoceras Albrechti-Austriæ Hohenegger in coll.

Taf. XX, Fig. 13; Taf. XXII; Taf. XXIII, Fig. 1.

Zu den bezeichnendsten Vorkommnissen der Wernsdorfer Schichten gehört ein prächtiges *Acanthoceras* aus der Verwandtschaft des *A. Martini* Orb., dessen dicke Umgänge breiter als hoch und mit zahlreichen, überaus wuchtigen Rippen versehen sind. Die Rippen beginnen an der Naht, nehmen rasch an Stärke zu, haben eine radiale Stellung und gehen ununterbrochen über die Externseite hinweg. Gewöhnlich sind auf jeder zweiten Rippe jederseits zwei kräftige, nach rückwärts umgebogene, zapfenartige, breite Knoten entwickelt, die beide auf den Seiten der Umgänge in der Weise angebracht sind, dass die Entfernung beider von einander ungefähr so gross ist, als die des unteren Knotens von der Naht. Zwischen diese geknoteten Hauptrippen stellen sich noch Zwischenrippen ein, welche immer etwas schwächer sind und ihre Entstehung meist in der Nähe des unteren Knotens durch Spaltung oder Einschaltung nehmen. Haupt- und Zwischenrippen wechseln fast immer in regelmässiger Weise so ab, dass je eine Zwischenrippe zwischen zwei Hauptrippen zu liegen kommt, manchmal aber folgen und zwar namentlich im Jugendstadium, mehrere geknotete Hauptrippen auf einander, während es viel seltener vorkommt, dass sich statt einer, zwei Nebenrippen einstellen. Die Schaltrippen zeigen übrigens in der Höhe der oberen Knotenreihe eine schwache Anschwellung, und nehmen im vorgerückteren Wachsthumsstadium ihre Entstehung selbstständig an der Naht. In einem noch weiter vorgeschritteneren Stadium erhalten sie auch in der Höhe der unteren Knotenreihe schwache Anschwellungen und der Unterschied zwischen Haupt- und Nebenrippen wird weniger auffallend, ohne sich aber selbst bei dem grössten vorhandenen Exemplare von etwa 200^{mm} Durchmesser ganz zu verwischen. Zu diesen geringen Sculpturveränderungen, welche die Art im Laufe ihres individuellen Wachsthums vornimmt, muss noch hinzugefügt werden, dass die Knoten der unteren Reihe allmälig stärker werden, während die der oberen etwas mehr zurücktreten. Bei einem ganz jugendlichen Individuum konnte in der Nähe der Medianlinie der Aussenseite eine leichte in der Richtung der Rippen gelegene Anschwellung bemerkt werden; eine eigentliche Unterbrechung der Rippen, wie bei *Ac. Martini* war auch da nicht vorhanden. Ob dies aber auf den allerinnersten Umgängen der Fall ist, konnte nicht beobachtet werden; nach Analogie bei *Ac. Martini* zu schliessen, dürfte dies wohl der Fall sein. Die ganze Schale ist mit dichten, namentlich auf dem letzten Umgange deutlich hervortretenden Wachsthumslinien bedeckt, welche auf der Innenseite ziemlich stark nach vorn vorgezogen sind.

Die Maasszahlen lassen sich nicht mit Sicherheit feststellen, da alle Exemplare mehr oder weniger zusammengedrückt sind. Nach dem besterhaltenen zu urtheilen, war bei dem Durchmesser von 90^{mm} die Nabelweite 37^{mm}, die Dicke des letzten Umganges 44^{mm}, seine Höhe über der Naht 34^{mm}. Das Gehäuse hatte ungefähr dieselbe Form wie bei *Ac. Martini* Orb. (Taf. 112, Fig. 1, 2); die Verdrückung ist meist eine solche, dass der Aussentheil der Rippen mit dem Seitentheil in eine Ebene gebracht ist, wodurch natürlich der Durchmesser viel grösser wird. Die Einrollung ist eine derartige, dass anfangs der folgende Umgang die obere Knotenreihe bedeckt, so dass auf den innersten Windungen nur die untere Reihe zu sehen ist; sobald aber der Durchmesser von etwa 30—50^{mm} erreicht ist, tritt allmälig die obere Reihe unter der Naht hervor: der Nabel wird demnach mit zunehmendem Alter verhältnissmässig weiter.

Die Scheidewandlinie ist bei dieser Art nicht bekannt, wohl aber bei der sehr nahe verwandten folgenden Species; es dürfte kein wesentlicher Unterschied zwischen beiden Lobenlinien bestehen.

Die am nächsten verwandten Formen sind *Acanthoceras Martini* Orb. (syn. *Cornuelianum* Orb., Taf. 58, Fig. 7—10; Taf. 112, Fig. 1, 2) und *Ac. Stoliczkanus* Gabb (Geological Survey of California, Palaeont. II, Taf. XXXVIII, Fig. 16, p. 135). Von der ersteren Art unterscheidet sich die beschriebene durch das Vorhandensein zweier wohl entwickelter Knotenreihen, von denen namentlich die untere sehr stark entwickelt und ziemlich weit von der Naht entfernt ist, während bei *Ac. Martini* die untere Reihe ganz schwach in der Nähe der Naht auftritt und viel schwächer ist, als die obere Reihe. Ferner schalten sich bei *Ac. Martini* zwischen die knotentragenden Rippen je zwei ungeknotete Rippen ein und die Spaltrippen entwickeln sich nicht aus dem unteren, sondern dem oberen Knoten. Auch ist endlich bei *Ac. Martini* die Verdickung der Rippen zu beiden Seiten der Mittellinie der Aussenseite deutlicher und noch im höheren Alter wenigstens angedeutet, während sie bei *Ac. Albrechti-Austriae* frühzeitig verschwindet. Ein Jugendindividuum von 20^{mm} Durchmesser, das wahrscheinlich den Wernsdorfer Schichten entstammen dürfte, von dem aber die Localität nicht bekannt ist, nähert sich sehr dem *Ac. Martini*, da bei ihm die Rippenspaltung auch vom oberen Knoten ausgeht, aber selbst dieses unterscheidet sich vom gleichen Stadium des genannten Ammoniten durch die bessere Entwicklung der inneren Knotenreihe. Eine Verwechslung mit *Ac. Martini* ist demnach nicht zu befürchten.

Ac. Stoliczkanus Gabb lässt sich durch die stärkere Ausbildung der buckelartigen Verdickungen der Rippen auf der Aussenseite bei gleichzeitig schwächerer Entwicklung der seitlichen Knotenreihen, durch engeren Nabel, gleichartigeres Aussehen der einzelnen Rippen und wohl auch grössere Umgangshöhe leicht unterscheiden.

Diese Art kommt namentlich in Mallenowitz häufig vor, sie fand sich ausserdem vor in Grodischt und Wernsdorf.

Acanthoceras pachystephanus n. sp.

Taf. XXIV, Fig. 1, 2; Taf. XXV, Fig. 1.

Diese Art unterscheidet sich von der vorhergehenden namentlich durch die noch wuchtigere Entwicklung der in weiteren Zwischenräumen angeordneten Rippen, bei gleichzeitigem allmäligen Rückgang der Knotenbildung. Schon die Jugendexemplare sind durch weniger dicht stehende, aber mächtigere Rippen ausgezeichnet; die auftretenden Schaltrippen sind viel schwächer und verschwinden bei einzelnen Exemplaren ganz, während bei anderen die Schaltrippen sehr verstärkt werden, so dass das Resultat, gleichartigere Entwicklung der Rippen auf dem letzten Umgange, in beiden Fällen dasselbe ist. Bei 60—90ᵐᵐ Durchmesser beginnen die Knoten und zwar zuerst die obere Knotenreihe zu obliteriren, ohne jedoch vollständig zu verschwinden, auch die grössten der vorhandenen Exemplare zeigen noch Spuren von Anschwellungen. Anwachsstreifen wie bei der vorhergehenden Art.

Die Dimensionen lassen sich auch hier wieder nicht ganz genau angeben; es geht jedoch aus dem vorhandenen Materiale mit ziemlicher Sicherheit hervor, dass diese Art weniger dick war als *Ac. Albrechti-Austriae*.

Die Scheidewandlinie konnte bei zwei in Thoneisenstein erhaltenen Exemplaren eingezeichnet werden. Sie gleicht fast vollständig der von *Ac. Martini* (cf. Orbigny. Taf. LVIII, Fig. 10 und Neumayr u. Uhlig, Hilsammonitiden, Taf. XXXV, Fig. 5, p. 52). Der Aussenlobus ist nicht vollständig zu sehen, doch dürfte er wohl dieselbe Länge haben, wie der erste Seitenlobus, welcher lang, ziemlich schmal und wenig gegliedert ist. Sehr merkwürdig ist die geringe Höhe des ersten Seitensattels, welcher viel niedriger steht, als der Aussensattel und nur wenig über die Höhe des äusseren Seitenastes des ersten Laterallobus hinausreicht. Der zweite Seitenlobus ist etwas kürzer, als der erste, der zweite Seitensattel reicht etwas höher hinauf, als der erste; erster Auxiliarlobus viel kleiner, als der zweite Laterallobus.

Die Lobenlinie von *Ac. Martini* unterscheidet sich von der beschriebenen namentlich dadurch, dass sich der äussere Seitenast vom Körper des ersten Laterallobus an einer höheren Stelle abzweigt, so dass dadurch der Endast länger wird, ferner dadurch, dass der zweite Lateral verhältnissmässig viel kürzer ist, als der erste und der zweite Seitensattel auf derselben Höhe endigt, wie der erste, während er bei *Ac. pachystephanus* höher steht.

Schon in der Beschreibung wurden die Unterschiede gegen *Ac. Albrechti-Austriae* angegeben; ich muss hier nur noch hinzufügen, dass die beiden Formen zwar sehr nahe verwandt sind, aber die Sonderung derselben keinen Schwierigkeiten unterliegt. Bei weiter Fassung könnte man allerdings beide zusammenziehen, allein schon die numerisch gleich starke Vertretung beider scheint mir dafür zu sprechen, dass man es hier nicht mit einer extremen individuellen Ausbildung zu thun habe, sondern beiden Formen Selbständigkeit zukommt. Bei einem Exemplare zeigt sich insofern eine abnorme Entwicklung, als die Schale auf einer Strecke von 32ᵐᵐ glatt bleibt und dann von Neuem Rippen bildet.

Dem *Ac. Stoliczkanum* Gabb steht diese Art durch geringere Dicke und weniger deutliche Differenzirung der Rippen noch etwas näher, als die vorhergehende Art. Sie unterscheidet sich namentlich durch den Mangel der Anschwellungen auf der Externseite und mächtigere Entwicklung der Rippen.

Wie *Ac. Albrechti-Austriae*, ist auch diese Art in Mallenowitz am häufigsten, sie kommt ausserdem vor in Wernsdorf, Grodischt, Krasna.

Acanthoceras marcomannicum n. sp.

Taf. XXIII, Fig. 2, 3.

Hat mit der vorhergehenden Form das allmälige Verschwinden der äusseren Knotenreihe gemeinsam, nur tritt dies schon in einem früheren Stadium ein; bei 50ᵐᵐ Durchmesser ist die externe Knotenreihe schon ganz verschwunden, bei 70ᵐᵐ Durchmesser sind auch nicht einmal mehr Spuren derselben vorhanden, sondern die

Rippen verdicken sich ganz allmählig gegen die Externseite zu. Die Rippen stehen in etwas grösseren Entfernungen, als bei *Ac. Albrechti-Austriae.* sind aber nicht verdickt, wie bei *pachystephanus.* Die Höhe und Dicke der Umgänge scheint dieselbe zu sein, wie bei der letzteren Art.

Da sich diese Form sowohl von *Ac. Albrechti-Austriae* (durch das Verschwinden der äusseren Knotenreihe und geringere Dicke), als auch von *Ac. pachystephanus* (durch frühzeitigeres und vollkommeneres Verschwinden der äusseren Knotenreihe und schwächere Berippung) gut unterscheiden lässt, habe ich derselben einen besonderen Namen ertheilt. Das grösste vorhandene Exemplar hat einen Durchmesser von 90^{mm}, die anderen sind noch etwas kleiner, wahrscheinlich blieb diese Art überhaupt kleiner, als ihre nächsten Verwandten.

Fundort: Mallenowitz.

Acanthoceras Amadei Hohenegger in coll.

Taf. XXIII, Fig. 5.

Mit diesem Namen belegte Hohenegger eine ausserordentlich merkwürdige, mit groben, ununterbrochenen Rippen versehene Form, deren Umgänge so sehr evolut sind, dass sie sich nur eben noch berühren, und die Rippen der Aussenseite des vorhergehenden Umganges auf der Innenseite des folgenden nur verhältnissmässig schwache Eindrücke hervorbringen. Die Umgänge haben eine breit rechteckige Form, da die Breite derselben die Höhe um ein Bedeutendes übertrifft (Höhe = 22, Breite = 34). Die grösste Breite liegt in der Nähe der Nabelwand, doch nimmt die Breite gegen die Aussenseite nur wenig ab. Die ungemein breite Externseite ist abgeflacht, nur wenig gewölbt, die Seiten sind fast flach und die Nabelwand gerundet, aber steil einfallend. Die Rippen sind sehr wulstig, beginnen an der Naht, nehmen rasch an Stärke zu und sind deutlich nach rückwärts umgebogen. In einiger Entfernung von der Naht bilden sie den ersten Knoten, in der Nähe der Aussenseite einen zweiten, wodurch die eckige Form der Umgänge hervorgebracht wird. Zwischen diesen beiden Endknoten befindet sich noch dem Innenknoten genähert eine dritte, knotenartige Verdickung, die jedoch schwächer ist, später auftritt und nicht an allen Rippen gleich deutlich wahrzunehmen ist. Bei dem Durchmesser von 90^{mm} sind bereits alle Rippen gleich stark, auf den inneren Windungen macht sich jedoch ein Unterschied zwischen stärkeren und schwächeren Rippen geltend; bei dem ungünstigen Erhaltungszustande der inneren Windungen lässt sich über die Beschaffenheit der Sculptur derselben leider keine genauere Angabe machen. Weitere Veränderungen im Laufe des individuellen Wachsthums sind nicht wahrzunehmen, nur scheinen die inneren Umgänge etwas mehr gerundete Flanken und weniger rechteckigen Querschnitt besessen zu haben. Das abgebildete Exemplar zeigt einen Theil der Wohnkammer.

Die Scheidewandlinie zeichnet sich durch die besondere Länge des Aussenlobus aus, welcher länger ist, als der erste Seitenlobus. Der letztere ist mit breitem Körper, zwei kurzen Seitenästen und einem Endast versehen und wird an Breite von dem Aussensattel stark übertroffen. Der Aussensattel zerfällt durch einen schief vom Laterallobus aus eingreifenden Secundärlobus, der auch als oberer Seitenast des Laterallobus angesehen werden könnte, in eine grössere und höher stehende äussere, und eine kleinere, tiefer stehende innere Hälfte. Der zweite Seitenlobus ist nicht entwickelt, da auf den ersten der durch einen kleinen Secundärlobus getheilte breite Seitensattel und sodann schon der innere Seitenlobus folgt. Der letztere, sowie der Columellarlobus sind subsymmetrisch gegliedert und reichlicher verzweigt, als die äusseren Loben; der Columellarlobus ist länger, als der innere Seitenlobus und endigt einspitzig. Besonders auffallend ist die Schmalheit und reichliche Gliederung des Innensattels im Gegensatz zur Breite und Einfachheit der Aussensättel (Taf. XXIII, Fig. 6).

Dimensionen des abgebildeten Exemplares: Durchmesser 93^{mm}, Nabelweite 45^{mm}.

Nach dem Baue der Lobenlinie und der Sculptur muss diese Form der Gattung *Acanthoceras* zugesellt werden, während sie in Folge der losen Aneinanderrollung der Umgänge an die Grenze zwischen *Crioceras* und *Acanthoceras* gestellt erscheint. Es gibt wenig beschriebene Formen, die mit der unsrigen in näheren Beziehungen stehen. Am nächsten verwandt dürfte wohl die im Prodrôme II, p. 113 unter dem Namen *Ac. Stobieckii* beschriebene Aptform sein, von welcher mir ein Exemplar von Escragnolles (aus der Münchn. Samml.) vorliegt. Das Stück ist leider namentlich hinsichtlich der inneren Umgänge nicht sehr gut erhalten und lässt die Suturen nicht erkennen, sonst wäre es von mir näher beschrieben worden; engere Beziehungen bestehen auch zwischen *Ac. Stobieckii* Orb. und *Amadei* Hoh. nicht, da die erstere Form involuter und flacher ist, und in der Sculptur grosse Unterschiede aufweist, die eine Annäherung derselben an *Ac. Albrechti-Austriae* bewirken. Auch die Unterschiede des *Ac. Amadei* gegen die letztere sind so augenfällig, dass sie nicht erst besonders hervorgehoben zu werden brauchen. Die grosse Evolubilität und die Bildung von Knoten erinnert bereits an die geologisch viel jüngere Sippe des *Ac. Lyelli* Leym., doch besteht keine enge Verwandtschaft; überhaupt weicht diese Form von allen bisher beschriebenen *Acanthoceras* so weit ab, dass eine Verwechslung unmöglich ist. Im gesammten Behaben, der geringen Involubilität, namentlich in der Form der wulstigen, nach rückwärts geneigten Rippen macht sich eine auffallende Ähnlichkeit mit dem jurassischen *Peltoceras torosum* Opp. und *transversarium* Qu. geltend, doch braucht wohl kaum erst betont werden, dass trotzdem jede nähere Verwandtschaft ganz ausgeschlossen ist.

Diese merkwürdige Form liegt in einem vollständigen Exemplare und zwei Fragmenten, sämmtlich Steinkernen von Grodischt vor. Hohenegger erkannte die Form als neu und benannte sie A. Boué zu Ehren.

Acanthoceras aff. *Amadei* Hoh.
Taf. XXIII, Fig. 6.

An die vorher beschriebene Art sind einige Fragmente anzuschliessen, die sich von derselben nur durch bedeutendere Dicke der Umgänge unterscheiden. Die Sculptur ist dieselbe und auch die allgemeinen Form- und Aufrollungsverhältnisse. Die um vieles grössere, auffallende Dicke macht jedoch die Zusammenstellung in eine Art unmöglich. Die Lobenlinie konnte in ihrem ganzen Verlaufe verfolgt werden, nur sind nicht alle feinen Details erhalten. Es zeigte sich eine völlige Übereinstimmung mit *Ac. Amadei*; der Internlobus wurde bereits bei dieser Art beschrieben.

Die Fragmente rühren von Grodischt her. (Hoh. S.)

Acanthoceras trachyomphalus n. sp.
Taf. XXIII. Fig. 4.

Obwohl diese Art nur durch einen Abdruck in Thoneisenstein vertreten wird, glaubte ich sie doch mit einem Namen belegen zu sollen, damit das höchst eigenthümliche Vorkommen derselben fixirt bleibe. Die Merkmale derselben sind übrigens so bezeichnend, dass es nicht schwer fallen dürfte, sie wieder zu erkennen. Sie schliesst sich in jeglicher Hinsicht sehr enge an die vorhergehende Art an, nur zeigt sie die Merkmale derselben in noch extremerer Weise. Die Breite der Umgänge überwiegt noch viel mehr die Höhe derselben, die grösste Breite liegt gegen die Aussenseite zu, da wo die äussere Knotenreihe liegt, so dass der Querschnitt ein verkehrt breit trapezförmiger war. Die Flanken fallen schief gegen den breiten und tiefen Nabel ab; nur auf dem letzten Umgange sind sie mehr gerundet. Die Rippen sind ausserordentlich wulstig, dicht und entweder einfach radial gerichtet oder etwas nach hinten umgebogen. Sie tragen jederseits drei Knotenreihen, eine in der Nähe der Naht, eine zweite in der Nähe der Aussenseite und eine dritte auf der Mitte, jedoch der inneren Reihe genähert. Während die äusseren Knoten überaus mächtig entwickelt sind und in breite dornenartige Fortsätze ausgehen, sind die mittlere und innere, namentlich die erstere, sehr schwach. Die äusseren Knoten entstehen schon frühzeitig, sie sind schon bei 1^{cm} Durchmesser gut zu sehen; sodann treten die inneren und zuletzt die mittleren Anschwellungen auf. Die Rippen sind bereits bei 25^{mm} Durchmesser alle gleichartig.

Die Scheidewandlinie ist unbekannt.

Ac. trachyomphalus unterscheidet sich von *Ac. Amadei* durch breitere Umgänge, deren grösste Breite in der Nähe der Aussenseite gelegen ist, tieferen Nabel, schwächere Neigung der Rippen nach hinten und viel kräftigere Entwicklung der Aussenknoten. Zwar lässt das letztere Verhältniss nicht ganz sicher beurtheilen, da die Exemplare von *Ac. Amadei* Steinkerne sind, jedenfalls aber sind die Aussenknoten im Verhältniss zu den inneren Reihen viel schwächer ausgebildet, als es hier der Fall ist.

Liegt nur in einem Exemplare vor, das wahrscheinlich von Grodischt herrührt. Die Abbildung wurde nach einem Abguss verfertigt. (Münch. Samml.)

CRIOCERAS Lév.

In der für das Verständniss der Kreideammonitiden und namentlich der evoluten Formen so wichtigen Schrift Neumayr's über Kreideammonitiden (p. 935) hat dieser Forscher mit Rücksicht auf die durch Quenstedt und besonders Pictet studirten Verhältnisse bei *Am. angulicostatus* die Ansicht ausgesprochen, dass die Crioceren und Ancyloceren der unteren Kreide von den älteren Acanthoceren abstammen. Später zeigte es sich jedoch bei der Untersuchung der norddeutschen Hilsammonitiden (Neumayr u. Uhlig, Hilsam., p. 53), dass die Abstammungsverhältnisse in Wirklichkeit etwas verwickelter und complicirter seien, dass nämlich verschiedene Gattungen und Gruppen von Ammoniten die Neigung zum Verlassen der normalen Spirale kundgeben. Unter den Crioceren der norddeutschen Hilsformation konnten fünf Gruppen unterschieden werden: *Cr. fissicostatum* Roemer schliesst sich an *Oleosteph. multiplicatus* Roem., *Cr. Seeleyi* Neum. u. Uhl. an *Hoplites longinodus* Neum. u. Uhl., *Crioceras* n.f. ind. an *Hoplites eurvinodus* Phill. an; neun Formen, darunter *Crioc. Roemeri, Urbani* Neum. u. Uhl. *Bowerbanki* Sow., *gigas* Sow. etc. stehen mit *Hoplites hystrix* in innigem Zusammenhange, während einige andere Formen nach dem vorhandenen Materiale an involute Ammoniten nicht angeschlossen werden konnten.

Diese Resultate werden durch die vorliegenden Beobachtungen nur noch bestätigt und erweitert. Zunächst muss hervorgehoben werden, dass sich der grösste Theil auch der alpinen Crioceren und Ancyloceren an *Hoplites angulicostatus* selbst möchte wohl besser als *Hoplites*, wie als *Acanthoceras* zu bezeichnen sein. Die Rippen gehen bei ihm allerdings verdickt über die Externseite hinüber, wie dies bei *Acanthoceras* der Fall ist, allein erstens ist dies auch bei *Hopl. Deshayesi* u. a. F. in höherem Alter der Fall, und zweitens weist die complicirte Lobenzeichnung des *Am. angulicostatus* entschieden auf die Zugehörigkeit zur Gruppe des *H. cryptoceras* hin, wie dies ja auch die Sculptur und die gesammte Form ergibt. Die Gattung *Acanthoceras* zeichnet sich vor *Hoplites* nicht nur durch kräftigere Berippung, sondern namentlich durch in Rückbildung begriffene, einfache, plumpe Loben aus und die Grenze beider Gattungen wird vielleicht besser dahin zu verlegen sein, wo das letztere Merkmal zuerst deutlich auftritt.

Von diesem Standpunkte aus fällt jeder, auch der formelle Widerstreit zwischen den älteren Angaben Neumayr's und den späteren Untersuchungsresultaten über die Hilsammonitiden hinweg. Ferner möchte ich bemerken, dass in den Rossfeldschichten ein *Hoplites* vorkommt, den ich in meiner diesbezüglichen Arbeit als *Hopl. aff. hystrix* Phill. bezeichnet habe. Das in denselben Schichten vorkommende *Crioc. Duvali* Lév. ist offenbar die evolute Form dieses *H. hystrix*. Wir sehen also, dass auch in den sogenannten alpinen Ablagerungen die Gattung *Hoplites* ähnliche Typen entstehen lässt, wie in den Hilsbildungen, welche in der nämlichen Weise zu Ausgangspunkten für *Crioceras*-Formen werden.

Von den alpinen Crioceren dürften etwa folgende an *Hoplites* anzuschliessen sein. (NB. Die Liste erhebt keinen Anspruch auf Vollständigkeit.)

Crioceras Duvali, Emerici, Quenstedti Oost., *Honnorati, Cornuelianum, Villiersianum, Koechlini* Ast., *Binelli* Ast., *Montoni* Ast., *Tabarelli* Ast., *Terveri* Ast., *Matheronianum* Orb., *Renauxianum* Orb., *Andouli* Ast., *hammatoptychum* n. f., *Hoheneggeri* n. f., *Zittelii* n. f., *Fallauxi* n. f., *silesiacum* n. f., *Karsteni* Hoh., *Coulani* Oost., *Meriani* Oost., *Sartousi* Ast., *Sablieri* Ast., *van den Heckei* Ast., *Lardyi* Oost. etc.

Alle diese Formen haben gewisse Eigenthümlichkeiten bezüglich der Sculptur, der Aufrollung und Lobenbildung gemeinsam. Die Sculptur besteht entweder durchaus oder wenigstens zu gewissen Zeiten der individuellen Entwicklung aus einem Wechsel von stärkeren dreifach geknoteten und feineren ungeknoteten Rippen, die Aufrollung erfolgt bald nach dem *Crioceras*-Typus (*Cr. Duvali*) oder dem *Ancyloceras*-Typus. Von manchen Arten ist es noch gar nicht entschieden, welchem Typus sie schliesslich folgen. Die Loben haben meist sehr gleichartige Beschaffenheit. Bei den typischen Arten sind vier Loben entwickelt (oder zuweilen auch sechs ??), der Siphonal- und Antisiphonallobus und jederseits ein Seitenlobus. Der letztere ist länger als der Siphonal, hat einen ziemlich breiten Körper, endigt aber in einen langen schmalen Endast, seine gut entwickelten Seiten-äste sind fast gleich stark. Die Sättel sind durch lange Secundärloben subsymmetrisch abgetheilt. Dadurch erhält die Lobenlinie eine grosse Regelmässigkeit. Die Verzweigung ist eine reichliche. Merkwürdig ist, dass den einzelnen Formen der Hilfsbildungen gewissermassen Parallelformen der alpinen Kreide an die Seite gestellt werden können. So erinnert *Cr. Emmerici* und *Ducali* an *Cr. Roemeri*, *Cr. Fallauci* mit seinen feinen Rippen, *Cr. Renaurianum* und *Audouli* an *Cr. Urbani, gigas, Bowerbanki*, die auch nur auf gewissen Theilen ihres Gehäuses Knoten tragen. Das grobrippige *Cr. hammatoptychum* u. f. lässt sich mit *Cr. Seeleyi* Neum. u. Uhl. vergleichen.

Wie sich die Arten aus der Gruppe des *Cr. simplex* Orb., *dilatatum* Orb., *pulcherrimum* Orb. etc., welche nach der Darstellung Orbigny's nur gerade, ungeknotete Rippen haben sollen, zu der eben kurz skizzirten verhalten, wage ich nach der Literatur nicht zu entscheiden. Es ist mir aber wahrscheinlich, dass auch sie sich hier anschliessen und wenigstens in der Jugend mit Knoten tragenden Rippen versehen waren, ähnlich wie *Cr. (Ancyl.) Meriani* Oost.

Eine sehr eigenthümliche und bemerkenswerthe Sonderstellung nehmen *Cr. dissimile* und *trinodosum* Orb. ein. Von beiden Formen kennt man bisher nur den gekammerten schmäleren Schenkel und die breitere, dem ersteren parallel gerichtete Wohnkammer, der Anfangstheil des Gehäuses ist vollkommen unbekannt. Was man davon kennt, hat also die äussere Form einer *Hamulina* und daher wurde von Orbigny auch dieser Gattungsnamen in Anwendung gebracht. Wenn man jedoch die Scheidewandlinie näher untersucht, so zeigt sie keineswegs die paarige Entwicklung, sondern der Seitenlobus ist plump, breit und endigt mit einem unpaaren Endaste. Der Charakter der Loben erinnert an die von *Tox. Emerici* Orb., *Crioc. cristatum* Orb. oder *Ancyl. furcatum* Orb. Was die Sculptur und in gewisser Hinsicht auch die Form des Gehäuses anbelangt, so wird man einigermassen an *Helicancylus aequicostatus* Gabb aus der californischen Kreide (Geol. Survey of California, Palaeontology, Bd. II, Taf. XXV, p. 141) erinnert. Diese Art beginnt mit einem spiralen, aus der Ebene heraustretenden Gewinde, an welches noch ein gerader Schaft und Haken anschliesst, ähnlich wie bei *Anisoceras* Piet. Die Scheidewandlinie stimmt jedoch vollständig mit der typischen *Crioceras*- oder *Ancylo-ceras*-Linie überein.

Es wäre nicht unmöglich, dass auch bei *Cr. dissimile* und *trinodosum* ähnliche Verhältnisse geherrscht haben. Selbstverständlich lassen sich darüber nur Vermuthungen aussprechen; es ist indessen sehr wahrschein-lich, dass die beiden genannten Arten ebenfalls von *Hoplites* abstammen und mögen daher einstweilen unter dem Gattungsnamen *Crioceras* eingeführt werden, wenn es auch sicher ist, dass sie von der Hauptmasse der übrigen *Crioceras* in manchen Stücken abweichen.

Endlich muss noch eine dritte Gruppe von evoluten Ammonitiden hier besonders hervorgehoben werden. Während die typischen Crioceren und Ancyloceren meist bedeutende, zuweilen riesige Grösse erreichen, han-delt es sich hier um kleine, zwerghafte Erscheinungen. Die Seitenloben weisen einen unpaaren Endast auf, und es dürften daher diese Formen am besten an *Crioceras* im weiteren Sinne anzureihen sein. Auf die Embryonal-kammer folgt ein oder ein und ein halber glatter Umgang, welcher dieselbe spiral umgibt, ohne sie direct zu berühren. Dann bildet das Gehäuse, das allmälig Rippen gewinnt, einen Bogen und nimmt entweder die *Crioceras*- oder *Ancyloceras*-Form an. Die Sculptur besteht aus geraden, schwach nach vorwärts oder rückwärts geneigten Rippen, die auf der Externseite meist etwas abgeschwächt sind. Zuweilen treten schwache Ein-schnürungen auf. Die Scheidewandlinie besteht aus dem Siphonal-, dem Antisiphonallobus und den beiden Seitenloben und ist höchst einfach gestaltet. Die Verzweigung ist eine minimale, bei *Cr. parvulum* ist die Zackung kaum angedeutet. Bei den *Crioceras*-artig aufgerollten Formen hat die Wohnkammer die Länge von ungefähr $^1/_2$ Umgang, der Mundsaum ist einfach, der Richtung der Rippen parallel laufend; bei den Arten, die ein *Ancyloceras*-ähnliches Gehäuse entwickeln, liegt die letzte Scheidewand an der Wende. Die Neigung zur Varietätenbildung ist gering, Schwankungen bezüglich der Aufrollung sind ebenfalls unbedeutend. Namentlich zeigt eine Art, die nach der *Crioceras*-Spirale wächst, stets diese Anrollung und kann nicht etwa unter

Umständen die *Aneyloceras*-Form annehmen. Die absolute Grösse der Arten ist gering, gewöhnlich übersteigt sie 6ᵐᵐ nicht, sehr häufig aber ist sie kleiner.

Für diese Gruppe, welcher etwa folgende Arten zuzuzählen sind:

Crioceras Brunneri Oost.	*Crioceras Beyrichi* Karst.
„ *Escheri* Oost.	„ *pumilum* n. sp.
„ *Studeri* Oost.	„ *subtile* n. sp.
„ *Puzosianum* Orb.	„ *assimile* n. sp.
„ *cristatum* Orb.	„ *parvulum* n. sp.
„ *Vaucherianum* Pict.[1]	„ *fragile* n. sp.
„ *Nicoleti* Pict. et Camp.	„ *Pugnairei* Ast.,
„ *Blancheti* Pict. et Camp.	

glaubte ich einen besonderen Untergattungsnamen *Leptoceras* aufstellen zu sollen.

Allerdings bin ich ausser Stande, weder genau anzugeben, an welche involute oder vielleicht evolute Ammonitiden die vorliegende Gruppe angeschlossen werden muss, noch auch, wie sich dieselbe zu Formen, wie *Cr. dilatatum* Orb., *pulcherrimum* Orb., *breve* Orb., *furcatum* Orb., *Moussoni* Oost. verhält, ob vielleicht Übergänge dazu und von diesen Formen zu den typischen Crioceren vorhanden sind oder nicht, allein trotzdem glaube ich diese Formen, selbst wenn sie nur extrem ausgebildete Typen der gesammten *Crioceras*-Reihe sind, durch einen besonderen Gattungsnamen auszeichnen zu sollen. Der Abstand zwischen diesen zwerghaften zierlichen Gehäusen mit kaum gezackten Loben und den riesigen mächtig sculpturirten und mit reichlich verzweigten Loben versehenen Ancyloceren ist ein so bedeutender, dass schon dadurch selbst beim Bestehen gewisser Übergänge die Ertheilung einer besonderen generischen Bezeichnung gerechtfertigt erscheint. Die bisherigen Daten und Untersuchungen sind noch so mangelhaft, dass es unmöglich ist, über die Stellung der *Leptoceras* eine bestimmte Meinung zu fassen. Vielleicht wird es manche Forscher befremden, wenn ich unter diesem Namen Arten mit *Crioceras*- und solche mit *Ancyloceras*-Spirale zusammenfasse. Ihre Übereinstimmung in den zoologisch wichtigen Merkmalen ist eine so vollständige, dass sich die Zusammenziehung derselben zu einer Gattung von selbst anfdringt. Das Unnatürliche und Künstliche des alten Verfahrens, die einzelnen Arten nur nach der Aufrollung in Gattungen zusammenzustellen, zeigt sich recht deutlich und drastisch, wenn man bedenkt, dass unch demselben *Leptoceras assimile*, *parvulum* und *fragile* mit *Ancyl. Matheroni* etc. einerseits, *Leptoc. subtile* mit *Crioceras Dueali* etc. andererseits in dieselbe Gattung gestellt werden müssten.

Es ergibt sich demnach, dass der grösste Theil der als *Crioceras* oder *Ancyloceras* bezeichneten Formen an *Hoplites* angeknüpft werden muss, dass sich wahrscheinlich auch die etwas abweichend gestalteten *Cr. dissimile* und *trinodosum* und vielleicht auch die *Leptoceras* hier anschliessen. Einen generischen Unterschied zwischen solchen Arten der ersten Gruppe zu machen, welche zeitlebens die sogenannte *Crioceras*-Spirale beibehalten (*Cr. Dueali* cf. Pictet, Mél. pal., Taf. II) und solchen, welche den *Ancyloceras*-Haken ansetzen, erscheint überflüssig, da die Verwandtschaft derselben eine überaus nahe ist. Wie sich in der grossen Gruppe der Hamiten im weiteren Sinne die Aufstellung von Unterabtheilungen unter besonderen generischen Namen als nothwendig erwiesen hat, so scheint dies auch bei den von *Hoplites* derivirten Formen der Fall zu sein, die man nach *Crioceras* im weiteren Sinne bezeichnen kann.

Ausserdem zeigen aber noch andere Ammonitengattungen die Neigung zur *Crioceras*-Bildung. So sehen wir, dass die Umgänge des merkwürdigen *Aspidoc. pachycyclus* und die des *Acanthoc. Amadei* Hoh. einander kaum berühren, und dass streng genommen diese Species auch unter die evoluten Ammonitiden gezählt werden könnten. Ich habe es trotzdem für passend erachtet, diese Formen noch bei den nächstverwandten involuten Formen zu belassen. Der Unterschied in der gesammten Gestalt ist ein so sehr geringer, dass er erst bei näherer Betrachtung in's Auge fällt. Vielleicht werden später noch Formen entdeckt werden, die die *Crioceras*-Bildung in stärkerem Maasse hervortreten lassen, und dann wird es noch immer an der Zeit sein, dieselben mit

---

[1] Die Zugehörigkeit dieser und der beiden folgenden Formen scheint mir nicht ganz sicher.

neuen Gattungsnamen zu versehen. Die Thatsache verdient aber ausdrücklich Betonung, dass ausser *Lytoceras* und *Haplites* auch noch die Gattungen *Olcostephanus, Acanthoceras* und *Aspidoceras* evolute Arten zur Entwicklung bringen können.

In den Wernsdorfer Schichten sind die *Crioceras* an Artenzahl ziemlich gut vertreten, ohne aber eine so grosse Rolle zu spielen, wie die Hamiten.

Crioceras Emerici Lév.

Taf. XXVII, Fig. 3; Taf. XXXII, Fig. 1.

Crioceratites Emerici Léveillé, Mém. soc. géol. de France II, p. 314. Taf. XXIII, Fig. 4.
Crioceras Emerici Orbigny, Paléont. franç., p. 463. Taf. 114.
" " Quenstedt, Ceph., p. 279, Taf. XX, Fig. 11.
Ancyloceras Emerici Orbigny, Prodr. II, p. 101.
" " Pictet et Loriol, Voirons, p. 28, Taf. V, Fig. 8—10.
" " Pictot, St. Croix, p. 49.
" *Honnorati* Ooster, Céph. Suisse, p. 49. Taf. 47, Fig. 3 (non Fig. 1 und 2).

Obwohl diese Art bereits mehrfach abgebildet und besprochen wurde, kann sie doch nicht zu den gut und genau bekannten gerechnet werden. Orbigny und Pictet geben als Unterschied gegen das nahe verwandte *Cr. Ducali* die stärkere Entwicklung der Dornen, die dichtere Stellung der Hauptrippen und die geringere Anzahl der Nebenrippen an. Wenn dies die einzigen Abweichungen sind, dann muss es allerdings schwer fallen, *Cr. Emerici* und *Cr. Ducali*, namentlich aber den sogenannten alpinen Typus des letzteren, dessen Sonderstellung namentlich von Pictet ausdrücklich betont wurde, auseinander zu halten. In der That sind daher manche Autoren, so Bayle und Coquand (Mém. Soc. géol. de France, II. sér., Bd. IV, p. 34) und namentlich Ooster geneigt, beide Formen zu vereinigen. Der letztere Autor nimmt namentlich auf die inneren Umgänge Rücksicht und beschreibt einige Formen, bei denen das Centrum der Spirale weit offen ist und diese selbst mit einem ziemlich weiten Bogen beginnt. Die folgenden Umgänge sind nur durch geringe Abstände von einander entfernt und in der Sculptur dem *Cr. Emerici* der meisten Autoren überaus ähnlich. Ooster identificirt *Cr. Ducali* und *Emerici* unter Aufrechterhaltung des letzteren Namens, damit die Bezeichnung *Cr. Ducali* für das *Ancyloceras Ducali* Orb. (Taf. 124) erhalten bleibe, für welches bei der Identität der Genera *Crioceras* und *Ancyloceras* ein neuer Name hätte geschaffen werden müssen. Die erst erwähnte Form hingegen mit offenem Centrum und bogenförmig beginnendem Gehäuse beschreibt Ooster als *Ancyl. Honnorati*. Soweit es möglich ist, sich nach den Ooster'schen Figuren ein Urtheil zu bilden, hat es sehr den Anschein, als ob seine Figuren 1 und 2 des *Ancyl. Honnorati* von Fig. 3 specifisch getrennt zu halten seien. Bei den ersteren entfernt sich der zweite Umgang sehr stark von dem ersten und es ist kaum abzusehen, wodurch sich diese Formen von *Cr. (Ancyl.) Thiollieri* Ast. (Cat. des Ancyl., p. 18, pl. V, Nr. 7) unterscheiden sollen, wenn man nicht etwa den etwas stärkeren Rippen des letzteren eine entscheidende Bedeutung zuschreibt. Ooster zieht *Toxoceras Honnoratianum* Orb. (Taf. CXIX, Fig. 1—4) in die Synonymie seines *Ancyl. Honnorati* ein, und er scheint damit wenigstens mit Rücksicht auf seine Figuren 1 und 2 im vollen Rechte zu sein.

Es ergibt sich also, dass gewisse Formen der Barrême-Stufe mit der bekannten oft geschilderten Sculptur, deren Spirale bogenförmig beginnt und in der Mitte offen ist, später weit abstehende Umgänge zeigen, während andere, die ähnlich beginnen, viel enger stehende Umgänge erhalten. Zu dem ersteren Typus dürfte *Ancyl. Honnorati* Oost. pars (Fig. 1 und 2), *Toxoceras Honnoratianum* Orb. und *Ancyl. Thiollieri* Ast. gehören. Zu den letzteren gehört die Fig. 3 des *Ancyl. Honnorati* Oost. und *Cr. Emerici* Quenst., ferner ein grosses, gut erhaltenes Exemplar von der Veveyse bei Chatel-St.-Denys, woher auch Ooster's Exemplare stammen, aus dem Genfer Museum, welches mir zum Vergleiche vorliegt.

Da nun die älteren Autoren, die *Cr. Emerici* studirt haben, von der Art der Aufrollung des innersten Umganges nichts erwähnen (die Abbildung desselben bei Orbigny entspricht offenbar nicht der Beobachtung von Thatsachen, sondern der Phantasie), so ist es nicht unwahrscheinlich, dass in der That die als *Cr.* oder *Ancyl. Emerici* abgebildeten oder citirten Formen der Barrême-Stufe der Ooster'schen Abbildung Fig. 3 der

Taf. 47 völlig entsprechen, und daher diese letztere am besten als Typus des *Cr. Emerici* verwendet werden könne.

Ob nun diese einander so sehr nahe stehenden Formen wirklich in dem angedeuteten Verhältnisse zu einander stehen, kann nur durch eine gründliche vergleichende Untersuchung der französischen Materialien, womöglich unter Zuhilfenahme der Originalexemplare Léveillé's und Orbigny's entschieden werden. Dabei liesse sich gleichzeitig feststellen, ob in den angedeuteten Verschiedenheiten der Aufrollung wirklich einigermassen constante specifische Merkmale gelegen sind, oder ob sich factisch Übergänge von enge eingerollten, zu weit aufgerollten Formen nachweisen lassen.

Die verwandten Formen dürften demnach etwa in folgender Weise am besten an einander zu reihen sein:

Crioc. Duvali eng aufgerollt, Rippen ziemlich grob, zahlreiche Zwischenrippen, Zahl der Hauptrippen gering, Dornen klein, Mittel-Neocom. Nach Pictet wären zwei Typen, ein jurassischer und ein alpiner zu unterscheiden, wovon der letztere hochmündigere und feinrippigere Formen umfasst, als der erstere.

Crioc. Emerici eng aufgerollt, Rippen fein, Zwischenrippen wenig zahlreich (1 - 4), Zahl der Hauptrippen sehr gross, Dornen sehr lang. Mitte der Spirale frei, das Gehäuse beginnt mit einem Bogen. Barrême-Stufe.

Crioc. Honorati (syn. *Cr. Honnorati* Oost, *Ancyl. Thiollieri* Ast ?, *Toxoc. Honnorati* Orb.). Ähnlich *Crioc. Emerici*, doch entfernt sich der zweite Umgang sehr weit vom ersten, Aufrollung weit. Barrême-Stufe.

Die Exemplare von Wernsdorf gehören entschieden zu *Cr. Emerici* im oben auseinandergesetzten Sinne, wie dies die abgebildeten Exemplare deutlich erkennen lassen werden. Der Durchmesser des grösseren 90^{mm}, die Höhe des letzten Umganges ungefähr 25^{mm}, die des vorletzten 8^{mm}.

Die Zahl der Zwischenrippen schwankt zwischen eins und drei, selten vier, auf dem letzten Umgange befinden sich 32 Hauptrippen, oft verschmelzen zwei Rippen zu einer Hauptrippe. Die Länge der Externdornen des letzten Umganges beträgt 15^{mm}; die Mediandornen sind meist abgebrochen; sie dürften sowie die Interndornen etwas kleiner gewesen sein, als die äusseren. Die Richtung der Dornen ist rein radial, wenn sie nicht beim Versteinerungsvorgange umgebogen wurden. Die Scheidung von Haupt- und Nebenrippen sieht man bereits, wenn der Umgang 5^{mm} hoch ist. Die weiteren Einzelheiten ergeben sich aus den Abbildungen. Nach Orbigny, Prodr., p. 101 und Pictet, St. Croix, p. 49 ist *Cr. Emerici* mit *Cr. Darii* Zigno aus dem Biancone und *Cr. Fournelii* Duval identisch.

Cr. Emerici kommt in den Wernsdorfer Schichten nicht sehr häufig vor; es fand sich in Lipnik, Lipowetz, Straconka, die Originalexemplare stammen von Lipnik und Straconka (Hoh. S.)

Crioceras hammatoptychum n. sp.

Taf. XXX.

Das Gehäuse zeigt die sogenannte *Crioceras*-Form im Sinne der Orbigny'schen Systematik. Die Umgänge sind höher als breit und erscheinen mit kräftigen, gerundeten bald stärkeren, bald schwächeren Rippen versehen, ohne dass ein regelmässiger Wechsel stattfinden würde. Sämmtliche Rippen sind schwach nach rückwärts geneigt und jederseits mit drei rundlichen Knoten geziert, von denen der äussere der kräftigste ist. Der innere steht ziemlich hoch, der mittlere ungefähr auf der Mitte der Flanken, der Externseite nur wenig genähert. Auf der Externseite sind sämmtliche Rippen unterbrochen; auf der Innenseite sind die Rippen nach vorn gekrümmt und sehr abgeschwächt.

Diese Art ist mir nur im mittleren Altersstadium bekannt; die abgebildeten Exemplare sind noch sämmtlich gekammert; sie scheinen übrigens wenig Neigung zu Sculpturveränderungen zu besitzen.

Auf den inneren Umgängen erscheint der Gegensatz zwischen stärkeren und schwächeren Rippen etwas grösser; mit zunehmender Grösse verliert sich derselbe immer mehr.

Die Scheidewandlinie zeigt den bei Crioceren gewöhnlichen Verlauf. Sie besteht aus dem Siphonal-, Lateral- und dem Internlobus. Der erstere ist kürzer als der zweite; die Sättel sind durch Secundärloben in subsymmetrische Hälften getheilt.

Die Wachsthumsverhältnisse ergeben sich aus der Abbildung.

Die Form und Sculptur dieser schönen Art sind so eigenthümliche, dass eine Verwechslung mit anderen nicht möglich ist. Aus dem alpinen Gebiete waren so grobgerippte Crioceren bisher noch wenige bekannt; gewöhnlich herrschen da gerade die feingerippten Typen vor. Einigermassen ähnlich ist *Ancyl. Van den Hecki* Ast., unterscheidet sich aber leicht durch das Vorhandensein ungeknoteter Zwischenrippen und grössere Entfernung der Rippen von einander. Die kurze Beschreibung, die Orbigny im Prodrôme, p. 100 von seinem *Cr. alpinum* gibt, passt ganz gut auf unsere Art; selbstverständlich lässt sich darauf hin keine Namensübertragung ausführen.

Unter den ausseralpinen Arten dürfte *Crioceras Seeleyi* Neum. et Uhl. am nächsten stehen, unterscheidet sich aber sehr leicht durch mangelnde Mittel- und Innenknoten, engere Aufrollung und etwas abweichende Lobenlinie.

Ausser den abgebildeten Exemplaren liegen mir noch Fragmente von Krasna vor, die einer sehr nahe verwandten, aber viel dickeren und enger gerippten Form angehören, leider sind sie zu gering, um als Grundlage für eingehendere Beschreibung dienen zu können.

Die Untersuchungsexemplare stammen von Krasna und Grodischt her. (Hoh. S.)

Crioceras Hoheneggeri n. sp.

Taf. XXXII. Fig. 2; Taf. XXXI (auf die Hälfte der natürl. Grösse reducirt).

Eine riesige Form mit dreiknotigen Haupt- und schwächeren Zwischenrippen, deren Länge 54^{cm} beträgt. Davon entfallen 20^{cm} auf den spiral eingerollten Theil. Das Gehäuse zeigt die sogenannte *Ancyloceras*-Form, da es aus spiral eingerollten Umgängen, einem geraden, etwas nach innen eingebogenen Schaft und einem sich daran anschliessenden hufeisenförmigen Haken besteht. Die spiralen Umgänge sind einander stark genähert, die allerinnersten mögen einander wohl völlig berühren. Leider sind die kritischen Stellen vielfach mit Gestein bedeckt, welches nicht entfernt werden konnte, so dass ganz genaue, ziffernmässige Beobachtungen nicht gemacht werden können. Da, wo der Schaft aus der Spirale tritt, besitzt derselbe eine Höhe von 9^{cm} und seine Entfernung von der Externseite des vorhergehenden Umganges beträgt ungefähr 8^{mm}. Das Anwachsen der Röhre ist ein verhältnissmässig langsames; der breitere Theil des Hakens läuft dem schmäleren entweder parallel, oder er bildet mit ihm einen kleinen Winkel.

Die Sculptur zeigt im Laufe des individuellen Wachsthums wenig Veränderungen. Die Zahl der ungeknoteten Zwischenrippen beträgt gewöhnlich zwei, die Rippen sind fast rein radial gerichtet, zuweilen eher etwas nach rückwärts, als nach vorwärts geneigt. Die knotentragenden Rippen sind auf der Externseite unterbrochen, die Zwischenrippen wie es scheint nicht. Der Schaft zeigt dieselbe Sculptur, die einzige Veränderung besteht darin, dass neben den stärkeren zuweilen auch schwächere Rippen mit Knoten versehen sind. Am hufeisenförmig gebogenen Haken nähern sich die Innenknoten so sehr, dass die Zwischenrippen in der Nähe derselben aus Hauptrippen zu entspringen scheinen. Die Innen- und Mittelknoten sind sehr kräftig, während die nicht sehr gut erhaltene Aussenreihe etwas abzunehmen scheint. Der breitere, absteigende Theil hat nur mehr kräftige, stark geknotete Hauptrippen, Zwischenrippen fehlen. Die Rippen nehmen auf dem Schafte eine horizontale Lage ein, und sind nicht schief nach oben und aussen gerichtet. Erst in der Nähe der Wende stellen sich die Rippen der Krümmung entsprechend schief. Sämmtliche Rippen werden gegen die Externseite zu stärker. Die Innenseite ist mit ziemlich kräftigen, wie es scheint, nur sehr wenig nach vorn gekrümmten Rippen versehen, deren Zahl die auf den Seiten befindlichen Rippen übertrifft.

Ein anderes Exemplar, von dem nur der Schaft erhalten ist, zeigt insofern eine Abweichung, als die Knoten weniger stark entwickelt sind, und der Unterschied zwischen Haupt- und Nebenrippen weniger scharf hervortritt. Die Spaltung der Nebenrippen aus den Hauptrippen ist hier besonders deutlich; die Hauptrippen auf dem breiteren Schenkel sind sehr kräftig, aber ungeknotet. Diese Abweichungen sind ziemlich bedeutend, die Übereinstimmung ist jedoch in anderer Hinsicht, namentlich in Bezug auf die horizontale Stellung der Rippen, so bedeutend, dass man dieses zweite Stück wohl auch als hierher gehörig betrachten muss. Ausser diesen zwei erwachsenen Exemplaren liegen mir noch zwei jugendliche vor, die ich hierher stellen zu müssen glaube; eines davon wurde abgebildet.

Die letzte Scheidewandlinie liegt im Anfangstheile des geraden Schaftes. Sie konnte auf dem grossen Exemplare nur theilweise verfolgt werden; auch auf den Jugendexemplaren konnte sie nicht vollständig eingezeichnet werden. Sie ist stark verästelt und zeigt viel Übereinstimmung mit der von *Ancyl. Matheronianum* Orb.

Die letztere Art ist offenbar die der beschriebenen zunächst stehende. In der That hat auch Hohenegger das abgebildete grosse Exemplar als *Ancyl. Matheronianum* bestimmt. Wenn man sich jedoch an die von Orbigny (Pal. fr., Taf. 122) gegebene Beschreibung und Abbildung dieser Art hält, und darauf ist man ja bei Mangel von Vergleichsexemplaren einzig angewiesen, so ergeben sich so grosse Unterschiede, dass eine Identification unmöglich ist. Die Rippen sind auf dem Schafte von *Cr. Matheronianum* schief nach oben gerichtet, während sie bei unserer Art horizontal stehen. Sodann sind die spiralen Umgänge bei *Cr. Hoheneggeri* einander sehr genähert, bei *Cr. Matheronianum* dagegen stehen sie weit von einander ab. Nach Pictet (St. Croix, p. 50) hat Orbigny die spiralen Umgänge sehr schematisch dargestellt; wenn Pictet's Bemerkungen und Vermuthungen darüber richtig sind, dann kann umsomehr von einer Identität des *Cr. Matheronianum* und *Hoheneggeri* keine Rede sein. Die Dicke der letzten Form scheint dieselbe zu sein, wie bei der ersteren.

Die Exemplare stammen von Wernsdorf und Grodischt (Hoh. S.) (zwei Jugendexemplare und zwei erwachsene).

Crioceras Zitteli n. sp.

Taf. XXVIII, Fig. 1 (auf die Hälfte der natürl. Grösse zurückgeführt).

Das Gehäuse besteht aus sehr langsam anwachsenden Umgängen, die anfangs spiral eingerollt sind, dann einen schwach gekrümmten Schaft und Haken bilden. Die spiralen Umgänge stehen, soweit sie sichtbar sind, ziemlich weit von einander ab, die innersten derselben sind zwar sehr schlecht erhalten, doch deuten die ganzen Wachsthumsverhältnisse darauf hin, dass auch sie lose aufgerollt waren, ohne einander zu berühren. Bei 100^{mm} Durchmesser legt sich der lange Schaft an, der schwach bogenförmig nach aussen gekrümmt ist, und die bedeutende Länge von etwa 4½,^{dm} besitzt. Vom absteigenden Schenkel des Hakens ist nur der Anfangstheil erhalten.

Auf den spiralen Umgängen wechseln einfache schwächere mit stärkeren, dreifach geknoteten Rippen derart, dass zwischen je zwei knotentragenden Rippen meist nur eine einfache zu liegen kommt. Allmälig nehmen aber alle Rippen nahezu gleiche Stärke an und die Knoten erscheinen weniger deutlich ausgesprochen. Auf der ersten Hälfte des Schaftes ist die innere Knotenreihe vollkommen verschwunden, die beiden äusseren erscheinen nur in Form schwacher Anschwellungen. Einzelne Rippen, die diese Anschwellungen deutlicher erkennen lassen, sind etwas stärker, als die übrigen, ein regelmässiger Wechsel findet jedoch nicht statt. Erst über der Mitte des Schaftes, da wo die letzte Scheidewand gelegen ist, tritt wieder die innere Knotenreihe auf, und es wechseln wieder dreifach geknotete stärkere mit schwächeren Rippen, bei welchen der innere und mittlere Knoten gar nicht, der äussere nur andeutungsweise entwickelt ist. In der Gegend der letzten Scheidewand sind drei solche Zwischenrippen zu zählen, dann sinkt ihre Zahl auf zwei, später auf eine herab, bis endlich auf der Wende und dem absteigenden Theile des Hakens nur mehr weit abstehende mächtige, geknotete Rippen zu sehen sind.

Die Externknotenreihe scheint auf diesem Gehäusetheile ganz rückgebildet zu sein, doch lässt sich dies nicht mit völliger Sicherheit behaupten, da das Exemplar an der Externseite mangelhaft erhalten ist. Die Externseite des Schaftes und der spiralen Umgänge ist glatt.

Die Dicke ist leider nicht zahlenmässig anzugeben, doch scheint die Art zu den verhältnismässig flachen zu gehören.

Die Scheidewandlinie konnte nicht in ihrem ganzen Verlaufe verfolgt werden. Der erste Seitenlobus hat ziemlich breiten Körper, einen langen, schmalen Endast und zwei fast gleich grosse und nahezu auf gleicher Höhe stehende Seitenäste. Der Seiten- und Aussensattel zerfallen durch ziemlich mächtige Secundärloben, welche ungefähr zur Höhe der Seitenäste des ersten Lateral hinabreichen, in zwei Hälften, deren Körper äusserst schmal sind. Beim Aussensattel steht die innere Hälfte höher und ist grösser, als die äussere, während beim Seitensattel das entgegengesetzte Verhältniss eintritt. Der Siphonal- und der Internlobus sind nur sehr unvollständig bekannt, der erstere ist kürzer, als der Seitenlobus.

Die nächst verwandte Form ist ohne Zweifel das von Orbigny beschriebene *Ancyl. Matheronianum* (Taf. 122 der Pal. fr.). *Cr. Zitteli* unterscheidet sich durch die nach aussen gerichtete Krümmung des Schaftes und die unregelmässigere Sculptur, die in den vorhergehenden Zeilen so weitschweifig beschrieben werden musste, weil sie sich fortwährend ändert, während Orbigny's Species auf den spiralen Windungen und dem Schafte ganz dieselbe Sculptur dauernd beibehält, namentlich viel feinere Zwischenrippen und ausgesprochenere Knoten besitzt, als unsere Form. Die Scheidewandlinien stimmen gut überein.

Von dieser schönen Species ist nur ein Exemplar von Mallenowitz vorhanden. (Fall. Samml.)

Crioceras Astouli Ast.

1851. *Ancyloceras Astouli* Astier, Catal. des Ancyl., Nr. 12. p. 22. Taf. VI, VII.

Es liegen mir mehrere Exemplare vor, die zu dieser eigenthümlichen, merkwürdigen Art in engen Beziehungen stehen; ausser wenig charakteristischen, berippten Bruchstücken ist auch ein Fragment des Hakens mit seinen sonderbaren, mächtigen, ohrenförmigen Knoten vorhanden, welches in Form und Beschaffenheit des Gehäuses, Richtung und Lage der Knoten mit der Astier'schen Form ganz auffallend übereinstimmt. Das Exemplar ist beschalt und zeigt, dass die Knoten nicht mit Dornen verbunden waren. Ausserdem liegen mir noch zwei Steinkerne von Wernsdorf (Hoh. S.) vor, die sich auch am ehesten der angezogenen Art anschliessen, doch etwas schmälere Schäfte besessen haben dürften.

Die Vertretung dieser ausgezeichneten Art in den Wernsdorfer Schichten ist demnach nicht ganz sicher, aber doch sehr wahrscheinlich.

Crioceras Fallauxi n. f.

Taf. XXIX, Fig. 1.

Eine sehr rasch anwachsende Form, deren flache Umgänge innen spiral eingerollt und einander, ohne sich zu berühren, sehr genähert sind und zuletzt in einen geraden Schaft übergehen.

Anfangs sind sie mit dichten einfachen und geknoteten Rippen versehen, welche meist in der Weise wechseln, dass zwischen je zwei stärkere, jederseits mit drei Knoten ausgestattete Rippen eine oder zwei schwächere einfache Zwischenlinien gelegen sind. Sobald der Durchmesser von etwa 30^{mm} erreicht ist, werden die Knötchen schwächer, der Unterschied zwischen geknoteten und ungeknoteten Rippen verwischt sich allmälig, es lassen aber die einzelnen gleichstarken Rippen noch Spuren der Knoten in Form leichter Verdickungen erkennen. Die mittlere Knotenreihe, die etwas über der Mitte der Flanken gelegen ist, verschwindet bei einem Durchmesser von etwa 60^{mm}, die äussere erst später, bei ungefähr 75^{mm} Durchmesser. Zuletzt laufen sämmtliche gleichstarke Rippen in radialer, nur wenig nach vorn geneigter Richtung von der Naht zur Externseite. Über den Zeitpunkt des Verschwindens der inneren Knotenreihe lässt sich nichts ganz Bestimmtes angeben, da das Exemplar gerade an den entscheidenden Stellen zerdrückt und schlecht erhalten ist; so viel ergibt sich jedoch mit Sicherheit, dass die Innenknoten bei 45^{mm} Durchmesser schon ganz spurlos verschwunden sind; wahrscheinlich obliteriren sie schon früher. Die Externseite dürfte bis zum Durchmesser von etwa 20^{mm} glatt bleiben, später gehen die Rippen ununterbrochen über dieselbe hinweg.

Auf dem Schafte, von dem leider nur der untere Theil erhalten blieb, sind die Rippen ebenfalls gerade und einfach und verstärken sich allmälig gegen die Aussenseite, nur sehr selten findet Einsetzen von Schaltrippen auf der Mitte der Flanken statt.

Da das mit Schale erhaltene Stück gequetscht ist, ist die Dicke nicht mit Bestimmtheit zu erkennen, doch war die Form ziemlich flach. An den geraden Schaft schloss sich vermuthlich ein *Ancyloceras*-Haken an.

Obwohl die Scheidewandlinie nicht bekannt ist, glaube ich diese Art doch zu *Crioceras* in dem oben erläuterten Sinne stellen zu sollen. Es spricht dafür die Sculptur der inneren Umgänge, sowie die ganze Form und die Wachsthumsverhältnisse.

Aus dem alpinen Gebiete sind meines Wissens bisher noch keine Formen beschrieben worden, welche mit *Cr. Fallauxi* in engerer Verwandtschaft ständen. Die inneren Umgänge von *Ancyl. Koechlini* Ast. haben allerdings einige Ähnlichkeit, doch sind bei dieser Form nur zwei Knotenreihen vorhanden, die Rippen sind stark nach vorn geneigt, die Umgänge stehen weiter von einander ab, und das Anwachsen ist ein langsameres; wahrscheinlich sind auch die Umgänge viel dicker, so dass auch bei Unkenntniss des Hakens von *Ancyl. Koechlini* die Unterscheidung ganz leicht ist. Die grosse und merkwürdige Form, welche Astier als *Ancyl. Audouli* beschrieben hat, ist vielleicht ähnlicher; die inneren Windungen von ihr sind, sowie der Hacken von *Cr. Fallauxi* allerdings unbekannt, allein auch nach den bisher bekannten Gehäusetheilen lassen sich beide Formen leicht unterscheiden. *Ancyl. Audouli* hat nämlich breitere, wulstigere Rippen und der spirale Theil des Gehäuses dieser Art steht von dem Schafte viel weiter ab, als bei *Cr. Fallauxi*, eine Verwechslung ist daher ausgeschlossen. Auch *Ancyl. simplex* Orb. (Pal. fr., Taf. 125, Fig. 5—8) könnte zum Vergleiche herbeigezogen werden; diese Art unterscheidet sich von der beschriebenen durch viel weiter von einander entfernte Umgänge und häufiger gespaltene, breitere Rippen.

Erwähnenswerth ist es, dass einzelne Crioceren aus den norddeutschen Hilsgebilden im Allgemeinen ganz ähnliche Beschaffenheit zeigen, z. B. *Cr. Urbani* Neum. u. Uhl. (Palaeontographica, Bd. 27, Taf. 49 u. 50). Auch da sind die Umgänge anfangs mit knotentragenden Rippen versehen, die sich aber bald verlieren, so dass in einem gewissen Stadium nur einfache, verhältnissmässig dünne und flache radiale Rippen, wie bei *Cr. Fallauxi* zu bemerken sind. Im Besonderen sind freilich so viele Unterschiede vorhanden, dass es überflüssig erscheinen dürfte, sie besonders hervorzuheben, sie ergeben sich aus dem Vergleiche der Abbildungen von selbst.

Diese schöne und merkwürdige Art liegt mir leider nur in einem Exemplare von Mallenowitz vor. (Fall. Samml.)

Crioceras silesiacum n. sp. [1]

Taf. XXVIII, Fig. 4.

Der spirale Theil, welcher nicht ganz erhalten ist, zeigt sich mit dichten, fadenförmigen Rippen besetzt, welche an der Externseite mit Knoten versehen sind. Ungefähr jede zweite Rippe besitzt den Externknoten, in welchem bisweilen auch zwei Rippen vereinigt sind. Auf dem schwach bogenförmig nach aussen gekrümmten Schafte bilden sich allmälig einzelne stärkere Rippen aus, welche auf der Mitte der Flanken, dann auch an der Innenseite Knoten erhalten. Zwischen den geknoteten befinden sich anfangs fünf oder vier, später drei oder zwei Zwischenrippen, die sich aber in der Nähe der Umbiegungsstelle verlieren, wo sich die Rippen gleichzeitig stark verdicken. Aus dem stumpfen, zapfenförmigen Innenknoten gehen in der Regel zwei gleich kräftige Rippen aus, welche auf der Mitte der Flanken und an der Aussenseite etwas verdickt und namentlich an der letzteren Stelle schwach winkelig gebrochen erscheinen, entsprechend den früheren Mittel- und Aussenknoten.

---

[1] Hohenegger hat dieser Art in der Sammlung den Namen *Cr. angulicostatum* ertheilt; um etwaige Verwechslungen mit den aufgerollten Formen von *Am. angulicostatus* zu verhüten, habe ich den Namen geändert.

Auf dem absteigenden Theile verlieren sich allmälig die Spuren der Aussen- und Mittelknoten, die Rippen, von denen je eine zu einem Innenknoten gehört, verlaufen einfach und sind auch auf der Innenseite kräftig, wo sie früher schwach fadenförmig entwickelt waren.

Der Querschnitt und der Verlauf der Scheidewandlinie ist nicht bekannt; die Länge des Gehäuses ergibt sich aus der Abbildung.

Von *Cr. Tabarelli* A st. unterscheidet sich unsere Art namentlich durch den mehr bogenförmigen Schaft und die Berippung der spiralen Umgänge, sowie des ersten Theiles des Schaftes. Die Sculptur des Hakens beider Arten hat ziemlich viel Ähnlichkeit, doch sind die Spuren der Mittel- und Aussenknoten bei *Cr. silesiacum* länger zu verfolgen, als bei *Cr. Tabarelli.*

Eine Verwechslung beider Arten ist demnach nicht zu befürchten. Grosse Ähnlichkeit in Bezug auf Sculptur und die bogenförmige Krümmung zeigt die beschriebene Art mit *Toxoceras Royerianum* Orb. (Pal. fr., Taf. 118, Fig. 7—11). Die dreifach geknoteten Rippen beginnen bei Orbigny's Abbildung schon am spitzeren Ende in einem Stadium, wo *Cr. angulicostatum* noch fadenförmige und mit Aussenknoten versehene, gleich starke Rippen zeigt, und es sollte demnach specifische Verschiedenheit zu erwarten sein. Indessen sind bekanntlich Orbigny's Figuren namentlich bei den evoluten Ammonitiden keineswegs ganz verlässlich, und es wäre demnach immerhin möglich, dass beide Arten in näherer Verwandtschaft stehen, als man nach der Abbildung meinen sollte. Pictet ist freilich geneigt, *Tox. Royerianum* Orb. mit *Ancyloceras Matheronianum* zu vereinigen, und wenn demnach die Vermuthung dieses ausgezeichneten Kenners sich als richtig erweisen sollte, dann wäre freilich von einer Identität keine Rede. Wie viele andere Species Orbigny's, bedarf eben auch *Toxoceras Royerianum* noch weiterer Studien und eingehenderer Begründung.

Crioceras silesiacum liegt mir in drei Exemplaren vor, von denen eines von Ernsdorf und eines von Wernsdorf herrührt; das dritte vollständigst erhaltene stammt wahrscheinlich ebenfalls von der letzteren Localität. Die beiden ersteren Stücke gehören der Mitnehner Staatssammlung, das letztere befindet sich im Museum der k. k. geol. Reichsanstalt.

Crioceras Karsteni Hohenegger in coll.

Taf. XXVIII. Fig. 3.

Steht der vorhergehenden Art so nahe, dass ich mich auf die Angabe der Unterschiede beschränken kann. Der spirale Theil ist nicht erhalten, wohl aber der Beginn des schwach bogenförmigen Schaftes, dessen Rippen dicker sind und weniger dicht stehen als bei *Cr. silesiacum* n. sp. Die Zahl der ungeknoteten Zwischenrippen auf der Mitte des Schaftes ist geringer, indem stets nur eine ungeknotete Zwischenrippe zwischen zwei geknotete eingesetzt ist. Die Rippen auf dem Haken und dem absteigenden Theile hingegen sind weniger dick, aber dichter gestellt und zeigen bis zur Mündung deutliche nach rückwärts umgebogene Mittelknötchen; endlich ist *Cr. Karsteni* kleiner als *Cr. silesiacum*. Die äusserste Begrenzung des absteigenden Hakentheiles, die einfach gerade verläuft, entspricht wohl dem definitiven Mundsaum.

Wie sich aus dem Vorhergehenden ergibt, sind die Unterschiede zwischen *Cr. silesiacum* und *Cr. Karsteni* nicht sehr erheblich, aber, wie ich glaube, doch gross genug, um die von Hohenegger vorgenommene Trennung aufrecht zu erhalten.

Von *Cr. Karsteni* konnte ich zwei Exemplare untersuchen; eines stammt von Ernsdorf (Hoh. S.) und eines wahrscheinlich von Wernsdorf (S. d geol. Reichsanst.).

Crioceras n. f. indet. aff. *Karsteni* Hoh.

Taf. XXIV. Fig. 1.

An die vorhergehenden Arten schliesst sich ein Exemplar von Wernsdorf sehr nahe an, welches in der äusseren Form gut übereinstimmt, das aber schon bei Beginn des Schaftes dichte geknotete Rippen und nur sehr wenige ungeknotete Zwischenrippen besitzt. Es ist leider zu schlecht erhalten, um näher beschrieben werden zu können. (Hoh. S.)

Crioceras Tabarelli Ast.

Taf. XXVIII, Fig. 2.

Ancyloceras pulcherrimum Quenstedt, Ceph. p. 283, Taf. XXI, Fig. 1.
„   „   *Tabarelli* Astier, Catal. déser. des Ancyl., Nr. 9, p. 19, Taf VII.
„   „   Pictet et T. de Loriol, Voirons, p. 27, Taf. V, Fig. 1—7.
„   „   Pictet, St. Croix, p. 48.
„   „   Ooster, Catal. Céph. Suisse, p. 37, Taf. 11, Fig. 1—7.

Die innersten Umgänge sind nicht deutlich erhalten; bei 13ᵐᵐ Durchmesser besteht die Sculptur aus stärkeren, jederseits dreifach geknoteten und schwächeren fadenförmigen Rippen, welche derart wechseln, dass ungefähr fünf der letzteren Art zwischen je zwei der ersteren eingeschaltet sind; nur auf den inneren Umgängen sind die geknoteten Rippen etwas zahlreicher. Der Schaft zeigt dieselbe Berippung, welche sich erst in der Nähe der Umbiegungsstelle verändert, wo die mittleren und äusseren Knoten allmälig verloren gehen und zwei bis drei kräftige Rippen aus einem Innenknoten entspringen, oder in der Nähe desselben einsetzen. Die Rippen sind namentlich in der Nähe der Innenknoten, die in ziemlich lange, spitze, etwas nach rückwärts umgebogene Zäpfchen ausgehen, besonders hoch und mächtig. Auf dem absteigenden Schenkel geht von jedem Knoten nur eine kräftige Rippe aus, und die Schaltrippen verlieren sich allmälig. Die Innenrippen sind auf dem aufsteigenden Schafte schwach und nach oben convex, auf dem absteigenden Theile erscheinen sie ziemlich kräftig. Die Gesammtlänge beträgt ungefähr 93ᵐᵐ, wovon 34ᵐᵐ auf den spiralen Theil entfallen.

Die Scheidewandlinie wurde von Quenstedt dargestellt; sie zeigt den Verlauf und die Bestandtheile der echten *Crioceras*-Linie.

Diese Art liegt mir in einem etwas zerdrückten, ziemlich vollständigen Schalenexemplare von Lippowetz (Hoh. S.) vor, welches von dem südfranzösischen Typus in einigen Punkten abweicht; die Unterschiede scheinen mir jedoch nicht gross genug zu sein, um die Identification zu vereiteln. Zunächst ist das karpathische Exemplar stärker berippt; es dürfte jedoch dieser Umstand wenigstens zum Theil dadurch zu erklären sein, dass das erstere beschalt ist, während die französischen Stücke gewöhnlich als Steinkerne erhalten sind. Sodann ist der gerade Schaft bei dem ersteren im Verhältnisse zum spiralen Theile etwas länger, die Berippung, namentlich an der Umbiegungsstelle, etwas weniger dicht, als bei den letzteren. Die grössere Breite des Schaftes bei unserem Exemplare dürfte wohl nur Folge der Zusammenpressung sein; der Haken hingegen erscheint schmal, weil offenbar der externe Gehäusetheil abgebrochen ist.

Ein Exemplar von Lipnik zeichnet sich durch Externdornen aus, die am Schafte eine Länge von mindestens 5ᵐᵐ besitzen, bei gleicher Grösse des Thieres, wie das abgebildete. Es ist jedoch die specifische Zugehörigkeit nicht ganz sicher, da der spirale Theil wulstige Hauptrippen besitzt und die Beschaffenheit des Hakens nicht mit Sicherheit erkennbar ist. Ein weiteres Exemplar, das leider sehr schlecht erhalten ist, ist klein und am Spiraltheile mit sehr kräftigen Rippen versehen; es ist wohl sicher specifisch verschieden.

Cr. Tabarelli gehört zu den bezeichnendsten Arten des Barrémiens der Basses-Alpes. Pictet und Loriol wiesen es in den Voirons, Ooster vom Gantrischknuli (Berner Alpen) und von der Veveyse bei Châtel-St.-Denys (Freiburger Alpen) nach.

Crioceras aff. Morloti Oost.

Taf. XXVIII, Fig. 5.

Ancyloceras Morloti Ooster, Céph. Suisse. p. 33, Taf. 38, Fig. 6—13.

Unter dem angezogenen Namen beschrieb Ooster eine schöne Species von der Veveyse, welche aus einem spiralen Gewinde und einem fast geraden, nur wenig gekrümmten Schafte besteht. Die Sculptur besteht aus feinen, schief gestellten Rippen, welche an der Externseite jederseits eine Knotenreihe tragen.

Ein mir vorliegendes Fragment eines Schaftes von Wernsdorf (Hoh. S.) zeigt eine ganz ähnliche Sculptur, nur ist die Breite des Schaftes etwas geringer, und die Knoten verschwinden allmälig, so dass kaum specifische Identität vorhanden sein dürfte. Übrigens erinnert die Berippung auch an gewisse Hamiten, wie die aus der Verwandtschaft des *Ham. elegans* Orb., so dass die Bestimmung noch schwankender wird. Die Unkenntnis der Loben versetzt uns in die unangenehme Lage, selbst über die Gattungszugehörigkeit kein ganz sicheres Urtheil abgeben zu können.

Crioceras dissimile Orb.

Taf. XXV, Fig. 2—4.

Hamites dissimilis Orbigny, Paléont. franç., p. 528, Taf. 130, Fig. 1—7.
Hamulina dissimilis Orbigny, Journ. de Conch. III. p. 212, Taf. III. Fig. 1—3.
„   „   Pictet, St. Croix. p. 103.

Der gerade schmälere Schenkel ist mit dreifach geknoteten stärkeren Rippen versehen, zwischen welchen 1—2 schwächere Linien gelegen sind. Die ersteren Rippen zerschlagen sich zwischen dem Innen- und dem Mittelknoten oder dem letzteren und dem Aussenknoten häufig in zwei Linien, die sich in den genannten Knoten vereinigen. In der Nähe der Umbiegungsstelle ändert sich die Sculptur, indem zunächst der mittlere, dann der äussere Knoten verschwindet, es bleibt nur der Innenknoten, von dem an der Umbiegungsstelle zwei bis drei kräftige Rippen ausgehen. Auf dem ebenfalls geraden, breiteren Schenkel gehen die Innenknoten in schief nach oben gerichtete Zäpfchen aus und stehen entweder mit einer oder zwei gerundeten Rippen in Verbindung. Auf der Innenseite verlaufen vom Knoten der einen zu dem der anderen Seite zwei bis dreimal zahlreichere, sehr feine, gegen die Mündung zu convexe Linien, nur die vier letzten auf dem abgebildeten Exemplare erhaltenen Rippen setzen sich auch auf der Innenseite kräftig fort. Diese Sculpturveränderung, verbunden mit der Abnahme der Knoten deutet wohl auf die unmittelbare Nähe des definitiven Mundrandes hin.

Von dieser Art liegen mir zwei Exemplare vor; während bei dem einen beide Schenkel parallel laufen, bilden sie bei dem anderen einen, wenn auch kleinen Winkel. Die beiden Exemplare unterscheiden sich auch noch durch die grössere Anzahl der ungeknoteten Linien, sowie dadurch, dass bei dem letzteren die Mittelknoten etwas später verschwinden, da sie noch auf der Umbiegungsstelle zu sehen sind. Sonst ist jedoch die Übereinstimmung eine so vollständige, dass beide Exemplare als derselben Art angehörig zu betrachten sind.

Cr. dissimile steht mir ausserdem in zwei Exemplaren von Eseragnolles (aus dem Genfer Mus.) zur Verfügung, welche mit den karpathischen in Bezug auf Form und Sculptur in der grössten Übereinstimmung stehen; nur lassen die Knoten und zwar namentlich die äusseren auf dem breiteren Schenkel etwas länger noch deutliche Spuren zurück. Bei den karpathischen Exemplaren lässt sich dies übrigens nicht gut verfolgen, da die Externseite nicht gut erhalten ist. Auch in Bezug auf die Dicke der Röhren scheint, soweit dies wenigstens bei den etwas zerdrückten Gehäusen erschlossen werden kann, ziemlich gleiche Entwicklung geherrscht zu haben.

Weniger gut ist die Übereinstimmung mit der schönen Abbildung im Journal de Conch. l. c., die Differenzen zeigen sich aber nur beim schmäleren Schenkel, welcher eine grössere Anzahl von Zwischenrippen aufweist. Auch sind diese letzteren sehr regelmässig verlaufend gezeichnet, was dem Rippencharakter der sämmtlichen mir vorliegenden Stücke, auch der südfranzösischen, nicht entspricht. Die feinen Zwischenlinien zeigen bei letzteren in ihrem Verlaufe häufig etwas unregelmässiges, sie setzen oft erst auf der Mitte der Flanken ein, oder verschwinden daselbst schon. Es ist daher wohl möglich, dass diese Differenz einem Beobachtungs- oder Zeichnungsfehler oder gar unrichtiger Combination bei Orbigny entspringt. Die letztere Vermuthung wird dadurch bestärkt, dass die Scheidewandlinie, welche ich an einem Stücke beobachten konnte, gar nicht zu der Beschreibung bei Orbigny passt. Die abgebildete, von dem Exemplare von Eseragnolles genommene Scheidewandlinie zeichnet sich durch geringe Verästelung und grosse Breite der Loben und Sattelkörper aus. Der Aussenlobus ist etwas kürzer, als der Seitenlobus, der in einen kurzen Endast und zwei Seitenäste ausgeht. Der Seitensattel ist besonders breit, und durch einen Secundärlobus getheilt, der schon auf der Innenseite gelegen ist. Auch der Internlobus ist ziemlich breit und endigt inpaarig. Die Scheidewandlinie erinnert an die von *Toxoceras Emericianum* Orb. (Taf. 120, Fig. 9), *Cr. cristatum* Orb. (Taf. 115, Fig. 8) oder *Toxoceras annularis* Orb. (Taf. 118, Fig. 6), oder *Ancyl. furcatum* Orb. (Taf. 127, Fig. 12), steht aber mit Orbigny's Beschreibung gar nicht im Einklange. Dagegen kann letztere sehr gut auf die Lobenlinie von *Hamites Emericianus* Orb. (Taf. 130, Fig. 9—10) bezogen werden, eine Art, die von Orbigny in seiner Schrift über die Gattung *Hamulina* in der That als der schmälere Schenkel von *Ham. dissimilis* erklärt wird. Da es nun äusserst unwahrscheinlich ist, dass zwei Gehäuse, deren breitere Schenkel in jeglicher Hinsicht so vollständig übereinstimmten, verschiedene schmälere Schenkel und vollends vollkommen abweichende Lobenlinien haben sollten, so dürfte auch Orbigny's zweite Darstellung von *Ham. dissimilis* nicht ganz richtig sein und zum Theil durch Zuziehung nicht hierher gehöriger Formen, wie des mit *Lytoceras*-Loben versehenen *Ham. Emericianus*, falsch erweitert worden sein. Ich habe desshalb auch das französische Exemplar abbilden lassen, obwohl es nicht sehr gut erhalten ist, um endlich eine richtige Darstellung dieser schönen und leicht kenntlichen Art zu geben und die völlige Identität mit den karpathischen Vorkommnissen darzuthun.

Crioceras trinodosum Orb.

Hamulina trinodosa Orbigny. Journ. de Conch. III. 1852. p. 215, Taf. IV, Fig. 1.

Liegt mir nur in einem Exemplare von Kozy (Hoh. S.) vor, welches leider ziemlich schlecht erhalten ist und daher nicht abgebildet wurde. Es stimmt mit Orbigny's Abbildung in jeder Hinsicht so gut überein, dass ich nicht anstehe, die Identification vorzunehmen. Nach der Sculptur dürfte diese Art wohl dem *Cr. dissimile* Orb. sehr nahe verwandt sein, und daher gelten für die Gattungsbestimmung die bei der angezogenen Art gemachten Bemerkungen.

Crioceras (Leptoceras) pumilum n. sp.

Taf. XXIX, Fig. 4—6.

Kleine Form, deren Umgänge anfangs ganz glatt, später mit feinen, geraden, verhältnissmässig hohen Rippen versehen sind. Bis zum Durchmesser von 15^{mm} sind die Rippen alle gleichmässig entwickelt, dann treten einzelne, von verstärkten Rippen begleitete Einschnürungen auf, die Rippen lassen etwas weitere Zwischenräume zwischen sich und scheinen schwach nach rückwärts umgebogen zu sein. Die Externseite ist bei keinem Exemplare gut erhalten; es lässt sich nur so viel sagen, dass die Rippen daselbst nicht direct unterbrochen, wohl aber etwas abgeschwächt waren. Der Querschnitt ist cylindrisch oder breit elliptisch.

Die Embryonalkammer liegt inmitten eines spiralen Gewindes von 2—3^{mm} Durchmesser, welches aus 1½—2 glatten, einander nicht völlig berührenden, aber sehr genäherten Umgängen besteht. Sodann tritt die Röhre in einem weiten Bogen aus der bisherigen Spirale heraus, um sich später wieder bei dem Durchmesser von etwa 15^{mm} dem Nucleus zu nähern. Nachdem die Röhre sodann eine halben Umgang dem vorhergehenden genähert geblieben ist, verlässt sie bei ungefähr 25—30^{mm} abermals die frühere Spirale, um sich noch ein Stück nach Art eines *Ancyloceras*-Schaftes zu verlängern. Bei dem grössten der vorliegenden und abgebildeten Exemplare ist zwar der Mundrand nicht erhalten, doch dürfte er bei dem betreffenden Stücke gewiss nicht weit von der jetzigen Begrenzung gelegen haben.

Scheidewandlinie unbekannt.

Die nächst verwandte Arten sind *Ancyloceras (Leptoceras) Studeri* Oost. (Céph. Suiss., Taf. 36, Fig. 7—15) und *Escheri* Oost. (Taf. 37, Fig. 1—9, Typus Fig. 7). Die erstere Form unterscheidet sich durch kräftigere, mehr nach rückwärts umgebogene, gleichmässig starke und entfernter stehende Rippen, ferner durch die Aufrollung des Nucleus und dadurch, dass 1½ Umgänge in regelmässiger Spirale angelegt sind, bevor dieselbe verlassen wird; die letztere ist grösser, freier aufgerollt und mit gleichmässigen Rippen versehen, so dass eine Verwechslung nicht möglich ist. Nur das in Fig. 3 abgebildete Stück könnte möglicher Weise zu der beschriebenen Art gehören.

Ancyl. (Leptoceras) Beyrichi Karsten (l. c. Taf. 1, Fig. 4) hat in der ganzen Anlage des Gewindes viel Ähnlichkeit mit *Leptoc. pumilum*, weicht aber durch schärfere, kräftigere und dichtere Rippen, Mangel der Einschnürungen und bedeutendere Grösse so sehr ab, dass die Identificirung unmöglich ist.

Die Unterschiede gegen die nächstfolgende Art siehe bei dieser.

Die untersuchten Exemplare (6) stammen von Straconka (Hoh. S.) und Gurek.

Crioceras (Leptoceras) cf. Brunneri Oost.

Ancyloceras Brunneri Ooster. Céph. Suiss., p. 31, Taf. 37, Fig. 10—13.

Ein bogenförmiges Fragment von Skalitz zeigt ein so langsames Wachsthum, dass es nur mit der angezogenen Art verglichen werden kann. Zur Feststellung der Identität reicht das Stück jedoch nicht aus.

Crioceras (Leptoceras) subtile n. sp.

Taf. XXIX, Fig. 7, 8, 9.

Auch diese Form erreicht nur die geringe Grösse von etwa 25^{mm} im Durchmesser und besteht, wenn man vom Nucleus absieht, aus nicht viel mehr als einem Umgange. Der gekammerte Theil dieses Umganges bildet einen halbkreisförmigen Bogen, die Wohnkammer nähert sich dagegen allmälig wieder dem älteren Theile des Gewindes, so dass der Schlusstheil der Wohnkammer von der Externseite des gekammerten Theiles nur etwa 2—4^{mm} entfernt ist. Der knapp vor dem Mundrande gelegene Wohnkammertheil nimmt dann auf eine kurze Strecke eine gerade Richtung nach Art eines *Ancyloceras*-Schaftes an. Die Embryonalblase wird von einem spiralen, schmalen Umgange enge umschlossen, welcher in den bogenförmig gekrümmten Theil übergeht.

Bis zum Durchmesser von etwa 4^{mm} ist das Gehäuse ganz glatt, allmälig legen sich ziemlich kräftige, radiale Rippen an, welche auf der Externseite deutlich abgeschwächt, fast unterbrochen sind. Sie stehen ziemlich entfernt von einander und haben häufig die Eigenthümlichkeit, sich in zwei Rippen aufzulösen, die sich in der Nähe der Externseite wieder vereinigen. Auf dem vorderen Theile der Wohnkammer werden die Rippen schwächer, feiner, bis sie endlich vor der Mündung ganz verschwinden und nur mehr feine, strichförmige Anwachslinien zu erkennen sind. Der Mundsaum ist einfach und erscheint etwas nach rückwärts gebogen, im Sinne der Richtung der Rippen. Der Querschnitt ist, nach einem verkiesten Exemplare zu schliessen, rundlich, cylindrisch. Die Umgänge waren eben so breit, als hoch.

Die Scheidewandlinie hat einen sehr einfachen, fast goniatitischen Verlauf. Sie besteht aus dem Siphonal-, dem Internlobus und den beiden Lateralen. Der Siphonallobus ist um Weniges länger, als der erste Lateral, dieser wieder etwas grösser, als der zweite Lateral. Der Körper der Loben sind breit kegelförmig, ohne jegliche Verzackungen; die Körper der Sättel sind ebenfalls breit, nur durch eine kleine Zacke ausgezeichnet. Der Internlobus ist nicht bekannt. Die Wohnkammer hat die Länge eines halben Umganges.

Leptoceras pumilum ist die nächst verwandte Art, welche sich durch etwas verschiedene Aufrollung und vornehmlich die Art der Berippung, das Vorhandensein verstärkter Rippen leicht unterscheiden lässt. Noch grösser ist der Unterschied gegen *Leptoc. Studeri* Oost., welches in seiner Aufrollung, Berippung und selbst der etwas mehr gezackten Scheidewandlinie auffallende und stark abweichende Merkmale besitzt. *Leptoc. Escheri* Oost. hat auch einige Ähnlichkeit, namentlich hinsichtlich der Art der Aufrollung (wenn man nur Ooster's Fig. 3, 4, 5, 7 der Taf. 37 berücksichtigt), unterscheidet sich aber leicht durch bedeutendere Grösse und andere Berippung. Eine Verwechslung dieser interessanten kleinen Species mit bereits bekannten dürfte also nicht zu befürchten sein.

Nur von den Localitäten Niedek und Skalitz bekannt. (Hoh. und Fall. S.) Von Skalitz liegen mir gegen 20 Exemplare vor, die alle die nämliche Spirale zeigen und wenig Abweichungen unter einander aufweisen. Geringe Schwankungen erkennt man hinsichtlich der Entfernung der vorderen Hälfte der Wohnkammer vom gekammerten Theil; in Fig. 7 und Fig. 9 wurden die beiden Extreme abgebildet.

272   *Victor Uhlig.*

Crioceras (Leptoceras) Beyrichi Karst.
Taf. XXXII, Fig. 4—6, 8.

Ancyloceras Beyrichi Karsten, Columbien, p. 103, Taf. I, Fig. 4.

Aus der Gegend von Velez in Columbien beschrieb Karsten eine mit geraden scharfen Rippen versehene Form, von welcher ich mehrere Exemplare aus den Wernsdorfer Schichten nicht genügend zu unterscheiden weiss, um sie davon getrennt zu halten. Die Art der Spirale zeigt sehr viel Übereinstimmung, namentlich das unter Fig. 4 abgebildete Exemplar hat genau dieselbe Einrollung und Grösse. Die anderen Exemplare weichen durch den etwas bedeutenderen Durchmesser und grössere Entfernung der einzelnen Umgänge von einander ab. Die Rippen haben eine fast rein radiale Richtung, und sind hoch und scharf. An der Externseite sind sie abgeschwächt und endigen daselbst zu beiden Seiten der Medianlinie in schwachen, kleinen Verdickungen. (Vergl. Fig. 8.)

Länge der Wohnkammer, Mundsaum, Loben unbekannt.

Ausser dem bereits betonten Unterschied der freieren Anrollung einzelner Exemplare könnte noch hervorgehoben werden, dass die Rippen von *Cr. Beyrichi* schärfer und mehr dachförmig gestaltet sind, doch ist zu vermuthen, dass dieser Charakter der Rippen in der Abbildung etwas übertrieben wurde. Diese Unterschiede sind doch kaum gross genug, um eine Sonderstellung nothwendig zu machen. Es ist freilich recht misslich, bei Unkenntnis einiger der wichtigsten Merkmale und ziemlich indifferenter äusserer Form, Identificationen von Arten vorzunehmen, die aus so entfernten Ländern stammen, allein nicht weniger schädlich wäre die Creirung eines neuen Namens mit ungenügender Begründung. Sollte später die specifische Verschiedenheit der beiden Formen ersichtlich werden, so kann ja die Abtrennung immer noch vorgenommen werden.

Die Unterschiede des *Cr. Beyrichi* und *Cr. Humboldti* Forb. hat schon Karsten auseinandergesetzt, ich möchte als verwandte Formen noch *Cr. Escheri* und *Heeri* Oost. namhaft machen. Die erstere Form unterscheidet sich namentlich durch die viel feinere Berippung; die letztere ist von Ooster zu unvollständig charakterisirt worden, als dass die Unterschiede genau angegeben werden könnten. *Cr. Pizosianum* Orb. ist wohl auch eine verwandte, vielleicht näher verwandte Art als es nach der gewiss schematischen Zeichnung den Anschein hat. Sie unterscheidet sich durch die Verschiedenheit der Rippen, welche auf der Externseite nicht abgeschwächt und etwas nach vorn geneigt sind. *Cr. cristatum* Orb. hat viel entfernter stehende Rippen mit tieferer Externfurche.

Liegt in zahlreichen, aber meist ziemlich schlecht erhaltenen Exemplaren von Niedek, Ostri, Lippowetz, Lipnik, Mallenowitz, Ernsdorf vor.

An *Cr. Beyrichi* muss ich noch einige Worte über zwei nahe stehende Arten anschliessen, die nur durch mangelhaft erhaltene Exemplare vertreten sind. Das eine stammt von Niedek (Hoh. S.) und ist mit etwas entfernter stehenden Rippen und flacheren Flanken versehen (Taf. 32, Fig. 7). Das andere (Fig. 3 der Taf. 32) zeigt eine regelmässigere spirale Anrollung, kräftigere, entfernter stehende Rippen, die radial gerichtet oder schwach nach rückwärts umgebogen sind. Hohenegger verglich das Exemplar mit *Cr. cristatum* Orb. (Taf. 115, Fig. 4—8) des Gault. In der That hat dasselbe namentlich in der Art der Spirale viel Ähnlichkeit mit der französischen Art; eine directe Identification ist schon der entgegengesetzten Rippenneigung wegen ausgeschlossen. Das betreffende Stück rührt von Mallenowitz her und befindet sich im Münchner Museum. (Hoh. S.)

Crioceras (Leptoceras) assimile n. sp.
Taf. XXXII, Fig. 9.

In der äusseren Gestalt und der Sculptur ist diese Art von *Hamulina Varusensis* Orb. (Journ. de Conchyl. III, Taf. V, Fig. 4, 6, p. 221) kaum zu unterscheiden. Hohenegger hat in der That diesen Namen auf die karpathische Species übertragen. Hoch kammförmige, scharfe, ziemlich entfernt stehende Rippen, gerundet quadratischen Querschnitt haben beide gemeinsam; als Unterschied könnte nur die dichtere Anordnung der

Rippen auf dem schmäleren Schenkel von *H. Varusensis* und die Stellung der Schenkel bei *Cr. assimile,* welche mit einander einen spitzen Winkel bilden, während sie bei der französischen Art nahezu parallel laufen, geltend gemacht werden. Indessen muss man zugeben, dass diese Unterschiede nicht sehr bedeutend sind, und daher zur Sonderung beider Vorkommnisse für sich allein kaum ausreichen würden. Sehr tief greifende Unterschiede scheint aber die Scheidewandlinie darzubieten. Nach Orbigny, welcher die Loben nur beschrieben, nicht abgebildet hat, sind dieselben „symmetrisch, zusammengesetzt aus Loben und Sätteln, die aus nahezu gleichen Partien gebildet sind, wenig verzweigt".

Die Scheidewandlinie der karpathischen Form besteht aus dem Siphonal, dem Internlobus und den beiden Seitenloben. Der Siphonallobus ist eben so lang, oder etwas länger als der erste Lateral, dieser ist länger, als der zweite. Der Siphonal und der zweite Lateral zeigen nur Spuren einer kleinen Zacke; der erste Lateral ist länglich keilförmig und bildet jederseits eine kleine Seitenzacke. Die Sättel sind viel breiter als die Loben, und sind nur schwach gezackt. Der Internlobus ist nicht bekannt. Wenn auch Orbigny's Beschreibung der Scheidewandlinie von *Ham. Varusensis* etwas kurz und schablonenhaft ist, so kann sie sich doch kaum auf Verhältnisse beziehen, die den hier beschriebenen entsprechen; ich glaube daher trotz der äusseren Ähnlichkeit keine Identification vornehmen zu dürfen.

Der Anfangstheil, sowie der Mundsaum ist nicht erhalten. Der schmälere Schenkel und die Wende sind gekammert, die letzte Scheidewand reicht bis zum Beginn des breiteren Schenkels.

Nach dem Baue der Scheidewandlinie und der Sculptur sind wohl *Leptoceras subtile* und *pumilum,* wahrscheinlich auch *Leptoc. Beyrichi,* die nächstverwandten Formen, wenn auch die Art der Aufrollung eine verschiedene ist. In der Gattungseinleitung habe ich diese Verhältnisse ausführlicher besprochen und verweise darauf.

Die Unterschiede zwischen *Leptoc. assimile* und den folgenden Arten werden bei diesen angegeben werden.

Das Originalexemplar stammt von Mistrowitz (Hoh. S.), ein zweites Exemplar, dessen Zugehörigkeit übrigens nicht ganz sicher ist, von Lipnik (Fall. S.).

Crioceras (Leptoceras) parvulum n. f.

Taf. XXIX, Fig. 3, 10.

Der schmälere Schenkel ist schwach bogenförmig gekrümmt, anfangs glatt, später mit scharfen, schief stehenden Rippen versehen, welche auf dem breiteren Schenkel allmälig die horizontale Lage annehmen und in weiteren Abständen vertheilt erscheinen. Gegen die Aussenseite nehmen die Rippen an Stärke etwas zu, sind auch innen nur wenig abgeschwächt, und bilden demnach continuirliche Ringe. Der Querschnitt beider Schenkel ist elliptisch, am Mündungsende des Wohnkammerschenkels beträgt die Breite, von der Innen- zur Aussenseite gerechnet, 5·5^{mm}, die Dicke, von einer Flanke zur anderen gerechnet, 4^{mm}.

Die Scheidewand ist aus denselben Elementen zusammengesetzt, wie die der vorhergehenden Art. Der Siphonallobus ist etwas kürzer als der erste Lateral, dieser etwas länger als der zweite Lateral. Die Körper der Loben sind keilförmig, der erste Seitenlobus zeigt zwei kleine Seitenzacken, der zweite ist nahezu ungezackt. Die Sättel sind breiter, als die Loben und nur mit kleinen secundären Zacken versehen. Die letzte Scheidewand reicht bei dem einen der abgebildeten Exemplare bis zur Wende; da jedoch bei dem nächst verwandten *Leptoc. assimile* die Kammerung bis zum Beginn des breiteren Schenkels reicht, so dürfte hier wohl ein noch nicht völlig erwachsenes Individuum vorliegen. Der breitere Schenkel gehört ganz der Wohnkammer an. Jedenfalls konnte der Grössenunterschied zwischen dem vollkommen erwachsenen Thiere und dem unserigen kein grosser sein, da es sich nur um die, mit der weiteren Anlage von drei, höchstens vier Scheidewänden verbundene Grössenzunahme handeln kann.

Von *Leptoceras assimile* unterscheidet sich die beschriebene Art durch geringere Grösse, dichtere Stellung der Rippen, namentlich auf dem schmälleren Schenkel, und die etwas einfachere Scheidewandlinie. Dem letzteren Merkmale ist übrigens nicht viel Gewicht beizumessen, da die mehr oder minder deutliche Verzackung wohl mit der Grösse zusammenhängt.

Namentlich der bei *Lept. parvulum* deutlichere Gegensatz in der Sculptur beider Schenkel wird die Unterscheidung auch jüngeren Exemplaren des *Lept. assimile* gegenüber leicht ermöglichen.

Zu *Lept. parvulum* stelle ich drei Exemplare, wovon das besterhaltene ein Kieskern von Wernsdorf (Hoh. S.) ist, während zwei andere, zerdrückte Schalenexemplare von Lipnik herrühren. (Fall. S.) Die Zugehörigkeit der letzteren Exemplare ist nicht ganz zweifellos, da sie ein etwas rascheres Anwachsen zu besitzen scheinen. Ein Exemplar davon wurde unter Taf. XXIX, Fig. 10 abgebildet, welches ausserdem durch etwas schwächere Sculptur abweicht.

Crioceras (Leptoceras) fragile n. f.
Taf. XXIX, Fig. 11.

Die äussere Form des Gehäuses ist so, wie bei der vorhergehenden Art. Auch die Berippung hat im Allgemeinen dasselbe Behaben; nur stehen die Rippen viel dichter und sind ausserordentlich viel feiner. Namentlich auf dem breiteren Wohnkammerschenkel sind sie sehr dicht gestellt, schwächen sich allmälig ab, so dass zuletzt nur mehr feine scharfe Anwachsstreifen zurückbleiben.

In allen übrigen Verhältnissen dürfte sich diese Art vollkommen an die vorhergehende anschliessen.

Liegt nur in einem Exemplare von Lipnik vor. (Hoh. S.)

Crioceras (Leptoceras) n. sp. ind.
Taf. XXIX, Fig. 2.

Trotz des schlechten Erhaltungszustandes muss ich noch einer merkwürdigen Art von ungefähr $3 \cdot 8^{cm}$ Durchmesser gedenken, bei welcher die Wohnkammer länger ist, als der übrige, gekammerte Theil des *Ancyloceras*-ähnlichen Gehäuses. Die Sculptur besteht aus dichten geraden Rippen. Der spirale Theil ist nicht deutlich erhalten; nach der Lagerung der vorhandenen Schalentheile lag der letztere mit der Wohnkammer nicht in einer Ebene, sondern die Wohnkammer wuchs über das spirale Gewinde hinaus, so dass sie unterhalb desselben zu liegen kam.

Das Exemplar ist ganz zusammengedrückt und leider so schlecht erhalten, dass sich nichts Näheres darüber angeben lässt. Nach der Sculptur und der gesammten Form kann die Zustellung zu *Leptoceras* nur mit einigem Zweifel vorgenommen werden. Vielleicht ist eine Verwandtschaft mit der nächstfolgenden ebenfalls nur mangelhaft bekannten Art, die als *Heteroceras* n. f. ind.(?) beschrieben wurde, vorhanden.

Gurek, ein Exemplar.

Heteroceras n. f. ind.
Taf. XXXII, Fig. 10.

Von der Localität Gurek liegen mir zwei Reste vor, die trotz ihrer Unvollständigkeit nicht übergangen werden können, weil sie einer eben so interessanten, als wenig bekannten Formengruppe angehören. Bekanntlich hat Orbigny unter dem Gattungsnamen *Heteroceras* (Journ. d. Conchyl. II, p. 217, Taf. 3, 4) mehrere Arten beschrieben, deren Umgänge anfangs die Aufrollung von *Turrilites* zeigen, später aber einen Haken, wie *Ancyloceras* oder *Hamites* bilden. Ihre Sculptur besteht hauptsächlich aus kräftigen, geraden, zuweilen gespaltenen Rippen; ihre Loben sind unsymmetrisch. Mit Rücksicht auf letztere hat Neumayr die Gattung *Heteroceras* in seinen „Kreideammonitiden," p. 938 an *Crioceras* angeschlossen. Nach Orbigny hat meines Wissens nur Meek [1] ausführlichere Untersuchungen über *Heteroceras* angestellt; die von ihm beschriebenen Formen nähern sich aber viel mehr an die Orbigny's, als unsere Art heran. Das besser erhaltene Exemplar, welches abgebildet wurde, zeigt deutlich, dass die Umgänge anfangs etwa wie bei *Het. Astierianum* Orb. oder *bijurcatum* Orb. aufgerollt waren, wenn auch nur die eine Seite (Nabelseite) erhalten ist. Die andere Seite müsste

---

[1] Report of the United States Geological Survey of the territories by F. V. Hayden; vol. IX. Washington 1876, Invertebrate Paleontology, p. 477.

den durch die einzelnen Umgänge gebildeten Kegel, der hier jedenfalls sehr niedrig war, zeigen; leider erlaubt es der Erhaltungszustand nicht, diese Seite blosszulegen. Bei einem Durchmesser von etwa 26^{mm} wird der Schaft angelegt, von dem nur ein kleiner Theil erhalten ist. Die Sculptur besteht aus hohen, kräftigen, ungespaltenen Rippen, welche auf dem spiralen Theile nach rückwärts umgebogen erscheinen, auf dem Schafte aber sich senkrecht zur Längsrichtung desselben zu stellen streben. Scheidewandlinie unbekannt. Dimensionen, soweit messbar, gehen aus der Abbildung hervor.

Auf Grundlage dieser spärlichen Daten ist es nicht möglich, die Zugehörigkeit zu *Heteroceras* Orb. mit Bestimmtheit zu behaupten. Die ähnlichen Aufrollungs- und Sculpturverhältnisse sprechen wohl dafür, aber die Ähnlichkeit ist doch keine so schlagende, dass man sich selbst bei Unkenntniss der Scheidewandlinie ein bestimmtes Urtheil erlauben könnte. Noch grösser ist vielleicht die Verwandtschaft mit der Gattung *Lindigia* Karsten (Columbien, Taf. I, Fig. 5, p. 103), allein diese Gattung ist so unvollständig charakterisirt worden, dass sich über den Zusammenhang unserer Vorkommnisse mit der columbischen Gattung nur Vermuthungen aussprechen lassen. Jedenfalls ist das beschriebene Vorkommen als neue Species anzusprechen, die Ertheilung eines Namens wurde jedoch vermieden, da die Kenntniss der wichtigsten Verhältnisse zu mangelhaft ist. Hohenegger führt in seinem Hauptwerke, p. 29, *Lindigia helicoceroides* Karst. aus den Wernsdorfer Schichten an, das betreffende Exemplar befand sich leider nicht unter dem von mir untersuchten Materiale.

Vielleicht steht diese Form mit den von mir als *Leptoceras* beschriebenen Arten in näherem Zusammenhange; leider lässt sich bei so mangelhaftem Erhaltungszustand, der auch eine sehr unvollständige Kenntniss der Form und Organisationsverhältnisse bedingt, kein sicheres Urtheil fällen.

Inhalt.

Seite

Artenbeschreibung.

Namenregister.

Die mit * bezeichneten Zahlen verweisen auf die Seite, auf welcher der betreffenden Art oder Gattung ein besonderer Abschnitt gewidmet ist. Das Namenregister bezieht sich nur auf den rein paläontologischen Theil der Arbeit.

ERKLÄRUNG DER TAFELN.

TAFEL I.

Fig. 1. *Belemnites carpaticus* n. sp. Exemplar in natürlicher Grösse, von Grodischt. Fall. S. p. 177.
„ 2. „ *gladiiformis* n. sp. Ex. in natürl. Gr., von Grodischt. Fall. S. p. 176.
„ 3. „ *beskidensis* n. sp. Ex. in natürl. Gr., von Hotzendorf. Hoh. S. p. 177.
„ 4. „ *Fallauxi* n. sp. Ex. in natürl. Gr., von Grodischt. Fall. S. p. 177.
„ 5. „ *Grasi* Duv. Ex. in natürl. Gr.. von Mallenowitz. Fall. S. p. 174.
„ 6. „ „ Duv. Ex. in natürl. Gr., von Grodischt. Hoh. S. p. 174.
„ 7. „ *beskidensis* n. sp. Vielleicht ein Jugendexemplar dieser Art in natürl. Gr., von Grodischt. Hoh. S. p. 177.
„ 8. „ *minaret* Rasp. Ex. in natürl. Gr., von Grodischt. Hoh. S. p. 175.
„ 9. „ „ „ „ „ „ „ „ Fall. S.
„ 10. „ *Hoheneggeri* n. sp. Ex. in natürl. Gr., von Grodischt. Fall. S. p. 175.
„ 11. „ *Grasi* Duv. Jugendexemplar in natürl. Gr., von Grodischt. Hoh. S. p. 174.
„ 12. „ aff. *extinctorius* Rasp. Ex. in natürl. Gr., von Grodischt. II, S. p. 175.
„ 13. „ sp. ind. Vielleicht zu *Bel. Fallauxi* gehörig, die oberste Schalenlage blättert sich an der untersten Spitze ab in natürl. Gr., von Grodischt. Hoh. S. p. 177.
„ 14. *Belemnites Fallauxi* n. sp. Jugendliches Exemplar in natürl. Gr., von Grodischt. Hoh. S. p. 177.
„ 15. „ *pistilliformis* Bl. (?). In natürl. Gr., von Grodischt. Fall. S. p. 176.
„ 16. „ sp. ind. Nicht näher bestimmbares Fragment, von Hotzendorf, welches die eigenthümliche Löcherung der Oberfläche gut sehen lässt. Hoh. S. p. 174.
„ 17. *Belemnites minaret* Rasp. In natürl. Gr., mit löcheriger Oberfläche. Hoh. S. p. 176.

TAFEL II.

Fig. 1. *Nautilus bifurcatus* Oost. Thoneisensteinkern in natürl. Gr. Fundort unbekannt, wahrscheinlich aus der Umgebung von Wernsdorf. Samml. d. k. k. geol. Reichsanst. in Wien. p. 178.
„ 2. *Costidiscus rectionstatus* Orb. Querschnitt eines Thoneisensteinkernes, von dem auf Taf. V die Loben abgebildet sind. Der letzte Umgang ist in seiner unteren Hälfte verdrückt. Grodischt. Fall. S. p. 193. (S. Taf. V, VII, VIII.)
„ 3. *Costidiscus* cf. *nodosostriatus* n. sp. Zerdrücktes, schlecht erhaltenes Schalenexemplar in natürl. Gr., von Grodischt. Hoh. S. p. 197. (S. Taf. IX.)
„ 4. *Hamulina* aff. *Haueri* Hoh. Mit Schale erhaltenes Fragment von Lippowetz. Samml. d. erzherzogl. Cam.-Direction in Teschen. p. 210. (S. Taf. X.)
„ 5. *Costidiscus* n. sp. aff. *nodosostriatus* n. sp. Thoneisensteinkern in natürl. Gr., von Tierlitzko. Fall. S. p. 197.
„ 6. *Silesites* n. sp. aff. *vulpes.* Steinkern in natürl. Gr. Die Loben sind auf Taf. XVIII, Fig. 12 abgebildet. Koniakau. Fall. S. p. 236.

TAFEL III.

Nautilus plicatus Fitt. Etwas verdrücktes Exemplar in natürl. Gr., von Gurek. Fall. S. p. 178.

TAFEL IV.

Fig. 1. *Phylloceras infundibulum* Orb. Flachgedrücktes Schalenexemplar in natürl. Gr.. mit Mundrand; der Externtheil ist nicht erhalten. Grodischt. Fall. S. p. 179.
„ 2. *Phylloceras infundibulum* Orb. Flaches Schalenexemplar in natürl. Gr., mit Mundsaum, repräsentirt das gewöhnliche Vorkommen dieser Art. Gurek. Aus der Samml. d. erzherzogl. Cam.-Direction in Teschen.
„ 3. *Phylloceras infundibulum* Orb. Lobellinie eines mit Wohnkammer versehenen Exemplares von derselben Grösse, wie Fig. 1, von Grodischt. Hoh. S.
„ 4. *Phylloceras infundibulum* Orb. Vergrössertes Stück der Schalenoberfläche, um die eigenthümlich wellige Streifung zu zeigen. Grodischt. Hoh. S.

11*

Fig. 5. *Phylloceras infundibulum* Orb. Vergrössertes Stück der Schalenoberfläche, von Grodischt. Hoh. S. p. 179.

" 6. " *Ernesti* u. sp. Theilweise beschaltes Exemplar in natürl. Gr., mit Wohnkammer. Externlobus ist nicht zu zu sehen. Die eingezeichnete Lobenlinie ist die vorletzte. Grodischt. Hoh. S. p. 183.

" 7. *Lytoceras anisoptychum* n. sp. Ein wenig flachgedrückter Steinkern in natürl. Gr. Zwei Drittel des letzten Umganges gehören der Wohnkammer an. Von Cheiron (Basses Alpes). Coll. Pictet in Genf. p. 190. (S. Taf. XIV.)

" 8. *Lytoceras* aff. *anisoptychum* n. sp. Flachgedrücktes Schalenexemplar in natürl. Gr., von Lipnik. Hoh. S. p. 190.

" 9. *Phylloceras* aff. *Guettardi* Rasp. Verkiestes Exemplar in natürl. Gr., von Mallenowitz. Hoh. S. p. 182.

" 10. " *Guettardi* Orb. Lobenlinie in natürl. Gr. eines Exemplares aus den Basses Alpes. Die Auxiliarloben sind nicht vollständig zu sehen. Samml. d. k. k. geol. Reichsanst. in Wien.

" 11. *Phylloceras Rouyanum* Orb. Lobenlinie eines Exemplares von Swinitza, bis zum ersten Auxiliarlobus, die weiteren Auxiliare fehlen. Samml. d. k. k. geol. Reichsanst. in Wien. p. 181.

TAFEL V.

Fig. 1. *Lytoceras Phestus* Math. Flaches typisches Schalenexemplar in natürl. Gr., von Grodischt. Fall. S. p. 187.

" 2. " " " Dichter gerippte Form; ein Theil des letzten Umganges gehört wahrscheinlich der Wohnkammer an. Mallenowitz. Fall. S. p. 187.

" 3. *Lytoceras Phestus* Math. Schalenexemplar in natürl. Gr., mit weit auseinander stehenden Rippen und deutlicher Spiralstreifung der Schale. Ernsdorf. Hoh. S. p. 187.

" 4. *Lytoceras Phestus* Math. Lobenlinie eines kleineren Exemplares. Von Grodischt, Fall. S. p. 187.

" 5, 6. *Lytoceras raricinctum* n. sp. Flache Schalenexemplare in natürl. Gr. Mienschowitz. Hoh. S. p. 188.

" 7. " " n. sp. Jugendexemplar in natürl. Gr. p. 188.

" 8 a, b, c. *Lytoceras crebrisulcatum* n. sp. Wohlerhaltener Thoneisensteinkern in natürl. Gr. Fig. 8 c. Die Linie am Ende der Zeichnung bedeutet die Nahtlinie, über welche hinaus die Spitze des Hauptseitenastes des Internlobus auf die Flanken übergreift. Fig. 8 d. Zweiter Seitenlobus, Naht und Internlobus; der letztere breitet sich mit zwei paarigen Ästen auf der vorhergehenden Scheidewand aus, in eine Ebene abgewickelt. Die Lobenspitzen erscheinen nach aufwärts gekehrt. Fig. 8 e. Der Intern- und Nahtlobus in der natürlichen Lage. p. 191.

" 9. *Lytoceras crebrisulcatum* n. sp. Mündungsansicht eines verkiesten Exemplares, von Swinitza (Original zu Tietze's *Lytoc. quadrisulcatum*, Jahrb. d. k. k. geol. Reichsanst. 1872), um die Ausbreitung des Innenlobus auf der vorhergehenden Scheidewand zu zeigen. Swinitza. Samml. d. k. k. geol. Reichsanst. in Wien. p. 191.

" 10. *Lytoceras crebrisulcatum* n. sp. Innenlobus eines Exemplares von Swinitza, vergrössert. Samml. d. k. k. geol. Reichsanstalt. p. 191.

" 11. *Lytoceras subfimbriatum* Orb. Lobenlinie eines Exemplares aus den Basses Alpes. Coll. Pictet in Genf. p. 189.

" 12. " aff. *subfimbriatum* Orb. Lobenlinie eines Exemplares von Gurek; Externlobus nicht erhalten. Fall. S. p. 189.

" 13. " " " Flachgedrücktes, schlecht erhaltenes Schalenexemplar in natürl. Gr. Gurek. Samml. d. k. k. geol. Reichsanst. p. 189.

" 14. *Lytoceras* aff. *subfimbriatum* Orb. Vergrössertes Stück der Schale, um die feinen Linien zu zeigen, welche sich zwischen den welligen Streifen befinden. Niedek. Hoh. S. p. 189.

" 15. *Costidiscus recticostatus* Orb. Lobenlinie in natürl. Gr. Fig. 15 b. Innenlobus, mangelhaft erhalten. Die Linie n n bezeichnet die Lage der Naht. Ein Ast des zweiten Laterallobus breitet sich auf der Innenseite aus. Grodischt. Fall. S. p. 193. (S. Taf. II, VII, VIII.)

" 16. *Costidiscus Grebenianus* Tietze. Lobenlinie des Originalexemplares zu Taf. IX. Fig. 1. Coll. Pictet in Genf. p. 198.

" 17. " " " Scheidewandlinie des Originalexemplares zu Tietze Swinitza (Jahrb. XXII, Taf.VIII, Fig. 8). Der zweite Seitenlobus ist nicht deutlich erkennbar. Swinitza. Samml. d. k. k. geol. Reichsanst.

" 18. *Macroscaphites Yoani* Puz. Lobenlinie eines Exemplares von Althammer. Hoh. S. p. 205. (S. Taf. XIV.)

" 19. *Costidiscus striatisulcatus* Orb. Scheidewandlinie eines Exemplares von Castellane; n n bezeichnet die Lage der Naht; mit Innenlobus. Paläont. Samml. der Wiener Univ. p. 186.

" 20. *Lytoceras Phestus* Math. Scheidewandlinie in natürl. Grösse eines Exemplares von Auglès. a. Externlobus b. Erster und zweiter Lateral. Coll. Pictet in Genf.

TAFEL VI.

Fig. 1 a, b, c. *Lytoceras densifimbriatum* n. sp. Exemplare in natürl. Gr., von St. Auban. Paläont. Staatssamml. in München. Fig. 1 c. Extern- und erster Laterallobus. Fig. 1 d. Zweiter Laterallobus. Fig. 1 e. Schalenvergrösserung. p. 191.

" 2. *Lytoceras densifimbriatum* n. sp. Schalenvergrösserung nach einem Exemplare von der Veveyse bei Freiburg (Schweiz). Coll. Pictet in Genf. Die Schalenvergrösserungen wurden vom Zeichner leider nicht treffend wiedergegeben.

TAFEL VII.

Costidiscus recticostatus Orb. Etwas flachgedrücktes Exemplar in natürl. Gr., dessen letzter Umgang grösstentheils der Wohnkammer angehören dürfte. Mallenowitz. Fall. S. p. 193. (S. Taf. II, V, VIII.)

TAFEL VIII.

Fig. 1. *Costidiscus recticostatus* Orb. Flaches Schalenexemplar in natürl. Gr. Dicht gerippte Form von Mallenowitz. Fall. S. p. 193. (S. Taf. II, V, VII.)

„ 2. *Costidiscus recticostatus* Orb. Flachgedrücktes Schalenexemplar in natürl. Gr., von Niedek. Übergangsform zu *C. oleostephanoides* n. sp. Fall. S. p. 194.

„ 3. *Costidiscus recticostatus* Orb. Exemplar mit meist ungespaltenen Rippen, von Wernsdorf. Hoh. S. p. 194.

„ 4. „ *oleostephanoides* n. sp. Flachgedrücktes Schalenexemplar in natürl. Gr., von Mallenowitz. Fall. S. p. 195.

„ 5. „ *Rakusi* n. sp. Flachgedrücktes Schalenexemplar in natürl. Gr., von Strazonka. Fall. S. p. 196.

TAFEL IX.

Fig. 1. *Costidiscus Grebenianus* Ttze. Bis an das Ende gekammerter, wohlerhaltener Steinkern in natürl. Gr., aus Cheiron (Basses Alpes). Die Lobenlinie befindet sich auf Taf. V. Coll. Pictet. p. 198.

„ 2. *Costidiscus nodosostriatus* n. sp. Flachgedrücktes Schalenexemplar in natürl. Gr., von Ernsdorf Hoh. S. (S. Taf. II.)

„ 3. „ „ „ Flachgedrücktes Schalenexemplar in natürl. Gr. Fundort unbekannt. Paläont. Samml. d. Wiener Univ. p. 197. (S. Taf. II.)

„ 4. *Costidiscus nodosostriatus* n. sp. Dichtes geripptes flaches Schalenexemplar in natürl. Gr., von Ernsdorf. Hoh. S. p. 197.

„ 5. *Macroscaphites Yeani* Puz. Schlanke Form mit Wohnkammer und Mundsaum, in natürl. Gr., von Mallenowitz. Fall. S. p. 205. (S. Taf. V.)

„ 6. *Macroscaphites Yeani* Puz. Gedrungene Form, mit Mundsaum, in natürl. Gr., von Mallenowitz. Fall. S. p. 205.

„ 7. *Macroscaphites binodosus* n. sp. Schalenexemplar in natürl. Gr. Fundort unbekannt, wahrscheinlich Umgebung von Wernsdorf. Samml. d. k. k. geol. Reichsanst. p. 207.

„ 8. *Macroscaphites* cf. *Fallauxi* Hoh. Ex. in natürl. Gr., von Lippowetz. Die dritte Knotenreihe ist auf dem Stücke weniger deutlich, als in der Zeichnung. Hoh. S. p. 208.

TAFEL X.

Fig. 1. *Macroscaphites* n. sp. ind., aff. *Yeani*. Flachgedrückter Thoneisensteinkern, von Mallenowitz. Samml. d. erzherzogl. Cam.-Direction in Teschen. p. 207.

„ 2. *Hamulina Astieri* Orb. Flachgedrücktes Schalenexemplar in natürl. Gr., von Grodischt. Fall. S. p. 209. (S. Taf. XI.)

„ 3. „ „ „ Flachgedrücktes, bis zur Wende erhaltenes Schalenexemplar in natürl. Gr., von Lipnik. Hoh. S. p. 209.

„ 4. *Hamulina Haueri* Hoh. Schalenexemplar in natürl. Gr., von Ernsdorf. Hoh. S. p. 210. (S. Taf. II.)

„ 5. *Macroscaphites Fallauxi* Hoh. Ex. in natürl. Gr., von Ernsdorf. Hoh. S. p. 208.

TAFEL XI.

Fig. 1. *Hamulina silesiaca* n. sp. Gekammerter, schmälerer Schenkel, grösstentheils mit Schale, von Grodischt. Samml. d. k. k. geol. Reichsanst. p. 210. Die Lobenlinie besteht aus dem Extern-, dem ersten Lateral- und dem Internlobus.

„ 2 a. *Hamulina Astieri* Orb. Scheidewandlinie nach einem südfranzösischen Exemplar, von Anglès. Fig. 2 b. Querschnitt. der Wohnkammer von demselben Exemplare. Coll. Pict. p. 209. (S. Taf. X.)

„ 3 a. *Hamulina* n. sp. Aus der Verwandtschaft der *H. Astieri*. Die letzte Scheidewandlinie wurde eingezeichnet. Fig. 3 b. Querschnitt der Wohnkammer. Das Exemplar ist ein Thoneisensteinkern. Fundort nicht genau bekannt. Hoh. S. p. 211.

TAFEL XII.

Fig. 1. *Hamulina subcylindrica* Orb. Wohlerhaltener Steinkern in natürl. Gr., von der Scheidewandlinie ist der Extern- und erste Laterallobus zu erkennen gewesen; von Anglès. Coll. Pict. p. 212.

„ 2. *Hamulina Lorioli* n. sp. Flachgedrückter Steinkern in natürl. Gr., von Anglès. Coll. Pict. p. 212.

„ 3. „ „ „ Steinkern in natürl. Gr., von Anglès. Coll. Pict. p. 212.

„ 4. 5. „ „ „ Flachgedrückte Schalenexemplare, das erstere von Lippowetz, Hoh. S., das letztere vom Ostri. Samml. d. k. k. geol. Reichsanst. p. 212.

„ 6. *Hamulina Suttneri* n. sp. Ein wenig flachgedrücktes Exemplar, mit Schale, von Niedek. Fall. S. p. 214.

„ 7. „ *Hoheneggeri* n. sp. Flachgedrücktes Schalenexemplar in natürl. Gr., von Strazonka. Fall. S. p. 213.

„ 8. „ „ „ Steinkern, die letzte sichtbare Scheidewand wurde eingezeichnet. Von Grodischt. Samml. d. k. k. geol. Reichsanst. p. 213.

„ 9. *Hamulina subcincta* n. sp. Theilweise mit Schale versehenes Exemplar in natürl. Gr., aus den Basses Alpes. Coll. Pict. in Genf. p. 215.

TAFEL XIII.

Fig. 1. *Hamulina* n. sp. ind. Zerdrücktes, schlecht erhaltenes Schalenexemplar in natürl. Gr., mit Mundsaum. Von Gurek. Samml. d. erzherzogl. Cam. Direction in Teschen. p. 211.

" 2. *Hamulina funisulgium* Hoh. Zum Theil mit Schale versehenes, flachgedrücktes Exemplar, von Ernsdorf. Hoh. S. p. 214.

- 3. „ *Quenstedti* n. sp. Thoneisensteinkern in natürl. Gr., von Tichau-Kozlowitz. Hoh. S. p. 216.

„ 4. „ aff. *subcincta* n. sp. Flachgedrücktes Schalenexemplar, von Gurek. Fall. S. p. 215.

„ 5. „ „ „ „ Flachgedrücktes Schalenexemplar, von Lippowetz.

- 6. „ n. sp. ind. Thoneisensteinkern, flachgedrückt, in natürl. Gr., von Grodischt. Fall. S. p. 217.

„ 7. n „ „ Thoneisensteinkern in natürl. Gr., flachgedrückt, von Grodischt. Hoh. S. p. 217.

n 8. „ „ „ Flachgedrücktes Schalenexemplar in natürl. Grösse, von Mallenovitz. Fall. S. p. 216.

TAFEL XIV.

Fig. 1. *Ptychoceras Puzosianum* Orb. Schlecht erhaltenes, theilweise mit Schale versehenes Exemplar in natürl. Gr., von Grodischt. Hoh. S. p. 219.

„ 2. *Hamulina ptychoceroides* Hoh. Schalenexemplar in natürl. Gr., von Grodischt. Hoh. S. p. 218.

- 3. „ *paxillosa* n. sp. Schalenexemplar in natürl. Gr., von Ernsdorf. Hoh. S. p. 218.

„ 4. „ *acuaria* n. sp. Flachgedrücktes beschaltes Exemplar in natürl. Gr., von Lippowetz. Hoh. S. p. 217.

" 5. „ *paxillosa* n. sp. Zum Theile beschaltes Exemplar, mit eingezeichneter Lobenlinie, in natürl. Gr., von Gurek. Fall. S. p. 218.

„ 6. *Hamulina paxillosa* n. sp. Theilweise beschaltes Exemplar in natürl. Gr., von Ernsdorf. Hoh. S. p. 218.

„ 7. *Lytoceras* (?) *visulicum* n. sp. Schalenexemplar in natürl. Gr., von Lippowetz. Hoh. S. p. 199.

n 8. „ (?) n. sp. aff. *Agassizianum* Piet. Flachgedrücktes Schalenexemplar mit Mundsaum. von Straconka. Hoh. S. p. 200.

" 9. *Lytoceras anisoptychum* n. sp. Wohlerhaltenes Exemplar aus den Basses Alpes. Coll. Piet. p. 190. (S. Taf. IV.)

„ 10. *Pictetia longispina* n. sp. Beschaltes Fragment, von Lippowetz. Hoh. S. p. 220.

n 11. „ „ n. sp. Laterallobus eines Ex., von Grodischt. Hoh. S. p. 220. (S. Taf. XV.)

TAFEL XV.

Fig. 1. *Pictetia longispina* n. sp. Stark zerdrücktes Schalenexemplar, in natürl. Gr., von Lipnik. Hoh. S. p. 220. (S. Taf. XIV.)

„ 2. „ „ „ Theilweise mit Schale erhaltenes, unverdrücktes Exemplar in natürl. Gr., von Ernsdorf. Fall. S. p. 220.

3. *Haplocceras lechicum* n. sp. Schalenexemplar in natürl. Gr., von Gurek. Hoh. S. p. 227.

n 4. „ „ „ Schalenexemplar in natürl. Gr., von Niedek. Samml. d. erzherzogl. Cam.-Direction in Teschen. p. 227.

„ 5. *Haploceras Charrierianum* Orb. Schalenexemplar mit Mundsaum, von Lippowetz, in natürl. Gr. Fall. S. p. 231. (S. Taf. XVI u. XVII.)

TAFEL XVI.

Fig. 1. *Haploceras* aff. *cassida* Rasp. Schalenexemplar, von Ernsdorf. Hoh. S. p. 228.

n 2. „ *psilotatum* n. sp. (Übergang zu *H. difficile* Orb.) Flachgedrücktes Schalenexemplar in natürl. Gr., von Gurek. Hoh. S. p. 226.

" 3. *Haploceras psilotatum* n. sp. Flachgedrücktes Schalenexemplar in natürl. Gr., von Niedek. Fall. S. p. 226.

„ 4. „ *cassidoides* n. sp. Steinkern in natürl. Gr., aus dem südfranzösischen Barrémien, von Chatillon (Drôme). Die Nabelkante tritt in der Flankenansicht zu wenig hervor. Die Lobenlinie befindet sich auf Taf. XVII, Fig. 10. Museum d. k. k. geol. Reichsanst. p. 227.

„ 5—7. *Haploceras Charrierianum* Orb. Schalenexemplar mit Mundsaum; von Gurek. Fall. S. p. 231. (S. Taf. XV u. XVII.)

TAFEL XVII.

Fig. 1. *Haploceras difficile* Orb. Beschaltes Fragment, von Grodischt. Hoh. S. p. 226.

„ 2. „ „ „ Flachgedrücktes Schalenexemplar in natürl. Gr. Fundort unbekannt, wahrscheinlich aus der Umgebung von Wernsdorf. Samml. d. k. k. geol. Reichsanst. p. 226.

" 3. *Haploceras strettostoma* n. sp. Schalenexemplar in natürl. Gr. von Swinitza. Samml. d. geol. Reichsanst. p. 225.

„ 4. „ „ „ Kieskern, von Swinitza. Original zu Tietze, Jahrb. d. geol. Reichsanst. XXII, Taf. V, Fig. 5. Samml. d. geol. Reichsanst. p. 225.

Fig. 5. *Haploceras Melchioris* Ttze. Fragmentarischer Thoneisensteinkern, von Grodischt. Die Auxiliarloben nicht deutlich. Fall. S. p. 232.

„ 6. *Haploceras* aff. *Charrierianum* Orb. Steinkern in natürl. Gr., von Wernsdorf. Hoh. S. p. 232.

„ 7. „ „ „ „ Lobenlinie. Hoh. S. p. 232.

„ 8. „ cf. *strettostoma* n. sp. Lobenlinie eines Exemplares, von Skalitz. Fall. S. p. 225.

„ 9. „ aff. *Liptoviense* Zeuschn. Lobenlinie einer Art, die sich durch bedeutendere Dicke von der angezogenen unterscheidet, abgebildet, um den Interulobus zu zeigen, von Lučki in der Liptau. *un* bedeutet die Nahtlinie. Hoh. S. p. 229.

„ 10. *Haploceras cassidoides* n. sp. Lobenlinie des Exemplares zu Taf. XVI, Fig. 4. Der Externlobus war nicht deutlich erkennbar.

„ 11. *Haploceras Charrierianum* Orb. Lobenlinie des Originalexemplares zu Tietze, Jahrb. d. geolog. Reichsanstalt XXII, Taf. IX, von Swinitza. Es ist blos der Extern- und der erste Laterallobus erkennbar gewesen. p. 231. (S, Taf. XV, XVI.)

„ 12. *Haploceras Melchioris* Ttze. Lobenlinie eines Exemplares. von Swinitza. Samml. d. geol. Reichsanst. p. 232.

„ 13. *Haploceras Emerici* Rasp. Scheidewandlinie eines Exemplares aus dem Aptien von Barrème. Der erste Lateral erscheint etwas verkrümmt, weil er gerade auf einer Einschnürung liegt. Samml. d. geol. Reichsanst. p. 224.

„ 14. *Haploceras Charrierianum* Orb. Lobenlinie eines Exemplares, von Krasna. Der Siphonallobus ist nicht erhalten. Hoh. S. p. 231. (S. Taf. XV, XVI.)

„ 15. *Haploceras strettostoma* n. sp. Lobenlinie eines Exemplares, von Tierlitzko. Der Siphonallobus und die Auxiliaren sind nicht erhalten. Der äussere Seitenast des ersten Laterallobus ist zu lang gezeichnet worden, der zweite Laterallobus zu schmal. Fall. S. p. 225.

„ 16. *Haploceras Liptoviense* Zeuschn. Lobenlinie eines verkiesten Exemplares, von Castellane. Paläont. Staatssamml. in München. p. 229. (S. Taf. XVIII.)

„ 17. *Haploceras Liptoviense* Zeuschn. Mit Schale versehenes, etwas verdrücktes Exemplar, dessen letzter Umgang zum Theil schon der Wohnkammer angehören dürfte. von Mallenowitz. Fall. S. p. 229.

„ 18. *Haploceras Liptoviense* Zeuschn. Schalenexemplar, von Mallenowitz. Geol. Museum der Wiener Univ. p. 229.

TAFEL XVIII.

Fig. 1. *Haploceras Liptoviense* Zeuschn. Schalenexemplar in natürl. Gr., von Mallenowitz. Fall. S. p. 229. (S. Taf. XVII.)

„ 2. *Silesites* aff. *vulpes* Coq. Etwas verdrücktes, flaches Schalenexemplar, von Gurek. Fall. S. p. 237.

„ 3. *Haploceras* aff. *Liptoviense* Zeuschn. Einziges Exemplar, beschalt, flachgedrückt, von Mallenowitz. Geol. Samml. der Wiener Univ. p. 229.

„ 4. *Silesites Trajani* Ttze. Schalenexemplar in natürl. Gr., von Mallenowitz. Fall. S. p. 234.

„ 5. *Haploceras Liptoviense* Zeuschn. Originalvorkommen dieser Art, von Lučki in der Liptau. Hoh. S. p. 229.

„ 6. „ „ „ Schalenexemplar, von Niedek. Fall. S. p. 229.

„ 7. *Silesites Trajani* Ttze. Schalenexemplar in natürl. Gr. Hoh. S. p. 234.

„ 8. „ *vulpes* Coq. Beschaltes, etwas zerdrücktes Exemplar in natürl. Gr., von Ernsdorf. Hoh. S. p. 235. (S. Taf. XIX.)

„ 9. „ „ „ Beschaltes Exemplar in natürl. Gr., von Gurek; mit Mundsaum. Hoh. S. p. 235.

„ 10. „ *Trajani* Ttze. Theilweise beschaltes Exemplar in natürl. Gr., von Skalitz. Fall. S. p. 234.

„ 11. „ „ „ Scheidewandlini- eines Exemplares, von Skalitz. Fall. S. p. 234.

„ 12. „ aff. *vulpes*. Lobenlinie eines Exemplares, von Koniakau. Der Externlobus fehlt. Fall. S. p. 236. (Vergl. Taf. II)

„ 13. „ *vulpes* Coq. Lobenlinie eines Exemplares. von Tierlitzko. Fall. S. p. 235.

„ 14. „ „ Lobenlinie eines Exemplares aus dem südfranzösischen Barrémien von Escragnolles. Coll. Pict.

„ 15. „ *Trajani* Ttze. Vergrösserte Lobenlinie des Originalexemplares zu Tietze, Jahrb. d. geol. Reichsanst. XXII, Taf. IX, Fig. 1, von Swinitza. Samml. d. k. k. geol. Reichsanst.

TAFEL XIX.

Fig. 1. *Silesites vulpes* Coq. Schwach beripptes Schalenexemplar in natürl. Gr., von Gurek. Samml. d. k. k. geol. Reichsanst. p. 235. (S. Taf. XVIII.)

„ 2. *Holcodiscus Caillaudianus* Orb. Steinkern in natürl. Gr., aus dem glaukonitischen Kalkmergel von Escragnolles. Münchener paläont. Staatssamml. p. 243.

„ 3. *Holcodiscus Caillaudianus* Orb. Steinkern in natürl. Gr., aus dem glaukonitischen Kalkmergel von Eseragnolles. p. 243. Coll. Pict. im Genfer Akad.-Museum.

„ 4. *Holcodiscus Caillaudianus* Orb. Zwei Ansichten in natürl. Gr., aus dem glaukonitischen Kalkmergel von Eseragnolles. p. 243. Coll. Pict. im Genfer Akad.-Museum.

„ 5. *Holcodiscus Perezianus* Orb. Steinkern in natürl. Gr., aus hellgrauem Kalkstein von St. Martin (Var.). p. 244. Coll Pict. im Genfer Akad.-Museum.

„ 6. *Holcodiscus Caillaudianus* Orb. Steinkern in natürl. Gr., aus dem glaukonitischen Mergel von Eseragnolles. p. 243. Coll. Pict. im Genfer Akad.-Museum.

Fig. 7. *Holcodiscus Caillaudianus.* Jugendexemplar in natürl. Gr.; Steinkern, aus dem glaukonitischen Kalkmergel von Escragnolles. p. 243. Coll. Piet.

„ 8. *Holcodiscus Caillaudianus* Orb. Etwas aberrante Jugendform, die den Hoplitencharakter der innersten Windungen sehr lange beibehält. Escragnolles. p. 243. Coll. Piet.

„ 9. *Holcodiscus Caillaudianus* Orb. Übergangsform zu *H. Gastaldinus* Orb. Theilweise beschaltes Exemplar aus dem glaukonitischen Kalke von Escragnolles. p. 243. Coll. Piet.

„ 10. *Holcodiscus Gastaldinus* Orb. Theilweise beschaltes Exemplar in natürl. Gr., aus dem glaukonitischen Kalkmergel von Escragnolles. p. 245. Coll. Piet. im Genfer Akad.-Museum.

„ 11. *Holcodiscus Perezianus* Orb. Lobenlinie eines Exemplares von Torreto bei Nizza. p. 244. Coll. Piet.

„ 12. „ aff. *Caillaudianus* Orb. Zerdrücktes Schalenexemplar in natürl. Gr., von Gurck. p. 244. Orig. im Museum der k. k. geol. Reichsanst.

„ 13. *Holcodiscus Caillaudianus* Orb. Schalenexemplar in natürl. Gr., der letzte Umgang ist etwas zerdrückt. Niedek, Fuss der Lipa góra. Fall. S. p. 243.

„ 14. *Holcodiscus Caillaudianus* Orb. Schalenexemplar in natürl. Gr., der zerdrückte Theil des letzten Umganges gehört wohl der Wohnkammer an. Niedek. Fall. S. p. 243.

„ 15. *Lytoceras* aff. *Phestus* Math. Steinkern in natürl. Gr., von Grodischt. Fall. S. p. 188.

TAFEL XX.

Fig. 1. *Pulchellia Karsteni* n. sp. Flachgedrücktes Schalenexemplar, in natürl. Gr., Lippowetz. Hoh. S. p. 249.

„ 2. „ *provincialis* Orb. Steinkern in natürl. Gr., aus dem glaukonitischen Kalkmergel von Escragnolles. Die Hälfte des letzten Umganges gehört der Wohnkammer an. Coll. Piet. p. 246 und 249.

„ 3. *Pulchellia* aff. *Karsteni* n. sp. Lobenlinie eines Exemplares aus den Basses-Alpes in natürl. Gr., Siphonallobus und ein Theil des Lateralsattels nicht erhalten. Coll. Piet. p. 244.

„ 4. *Pulchellia Dumasi* Orb. Lobenlinie in natürl. Gr., eines Exemplares von St. Martin. Coll. Piet. p. 244.

„ 5. *Hoplites Boroewae* n. sp. Theilweise beschaltes und gequetschtes Exemplar in natürl. Gr., von Ustron. Hoh. S. p. 251.

„ 6. *Pulchellia Lindigi* Karst. Schalenexemplar in natürl. Gr., Lippowetz. Hoh. S. p. 249.

„ 7. *Hoplites Boroewae* n. sp. Jugendexemplar in natürl. Gr., von Grodischt. Fall. S. p. 251. (S. Taf. XXI.)

„ 8. „ „ „ Flachgedrückter Steinkern in natürl. Gr., von Krasna. Hoh. S. p. 251.

„ 9. „ „ „ Erster Auxiliar-, zweiter Seiten- und der innere Theil des ersten Seitenlobus eines Exemplares in natürl. Gr., von Mallenowitz. Hoh. S. p. 251.

„ 10. *Hoplites Boroewae* n. sp. Lobenlinie eines wie Fig. 11 verzerrten Exemplares in natürl. Gr. Erster Lateral. Externlobus nur unvollständig. Mallenowitz. Hoh. S. p. 251.

„ 11. *Hoplites Boroewae* n. sp. Ausguss nach einem Exemplare von Mallenowitz, in natürl. Gr. Das Exemplar ist etwas verzerrt. Hoh. S. p. 251.

„ 12. *Hoplites Beskidensis* n. sp. Theilweise beschaltes Exemplar in natürl. Gr., in Thoneisenstein erhalten, von Grodischt. Hoh. S. p. 252.

„ 13. *Acanthoceras Albrechti Austriae* Hoh. Jugendexemplar in natürl. Gr., Gurck. Samml. d. k. k. geol. Reichsanst. p. 253.

„ 14. *Lytoceras* (?) n. sp. ind. Flachgedrücktes Schalenexemplar, natürl. Gr.; Fig. 14 b Schalenvergrösserung, von Ernsdorf. p. 199.

„ 15. *Acanthoceras* cf. *Milletianum* Orb. Exemplar in natürl. Gr., von Mallenowitz. Hoh. S. p. 253.

TAFEL XXI.

Fig. 1. *Hoplites Boroewae* n. sp. Flachgedrücktes Schalenexemplar, von Mallenowitz. Hoh. S. p. 251.

„ 2. „ *Treffryanus* Karst. Gequetschtes Schalenexemplar in natürl. Gr., von Mallenowitz. Hoh. S. p. 251.

TAFEL XXII.

Fig. 1. *Acanthoceras Albrechti Austriae* Hoh. Flachgedrücktes Schalenexemplar in natürl. Gr. Die Abschwächung der Sculptur auf dem vordersten Theile des letzten Umganges deutet wohl auf die Nähe des Mundsaumes. Mallenowitz. Fall. S. p. 253. (S. Taf. XX, XXIII.)

TAFEL XXIII.

Fig. 1. *Acanthoceras Albrechti Austriae* Hoh. Wenig gequetschtes, gut erhaltenes Schalenexemplar in natürl. Gr. Der Windungsquerschnitt ist theilweise restaurirt. Mallenowitz. Fall. S. p. 253. (S. Taf. XX, XXII.)

„ 2. *Acanthoceras marcomannicum* n. sp. Wenig gequetschtes Schalenexemplar in natürl. Gr., von Mallenowitz. Samml. d. erzherzogl. Cam.-Direction in Teschen. p. 256.

„ 3. *Acanthoceras marcomannicum* n. sp. Wenig gequetschtes Schalenexemplar in natürl. Gr., von Mallenowitz. Samml. d. erzherzogl. Cam.-Direction in Teschen. p. 256.

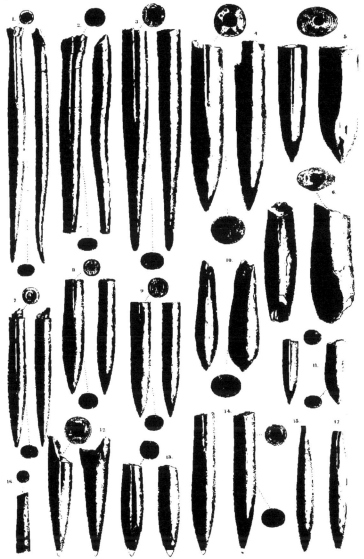

1.

Schönn del.

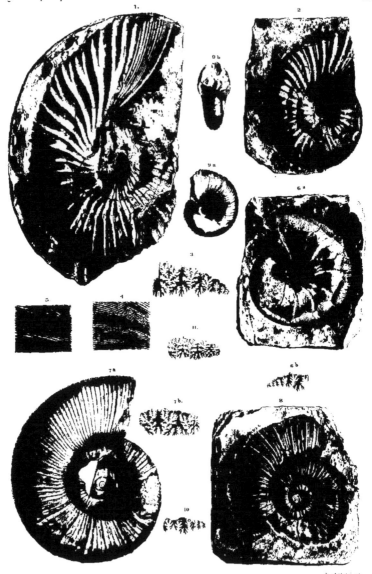

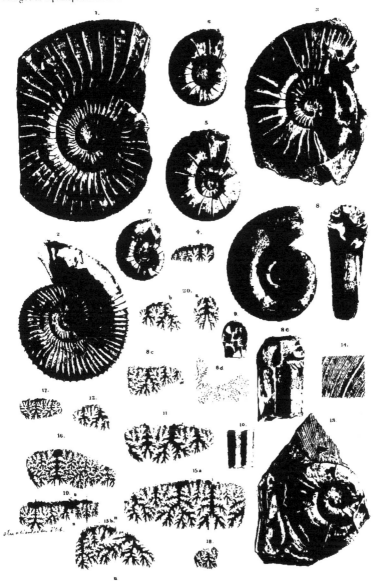

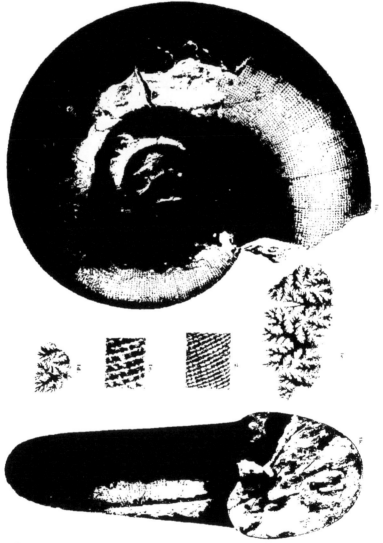

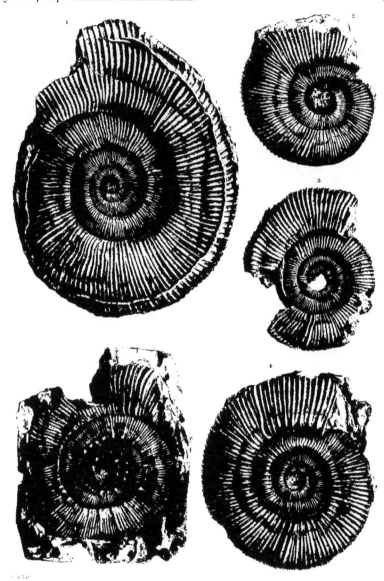

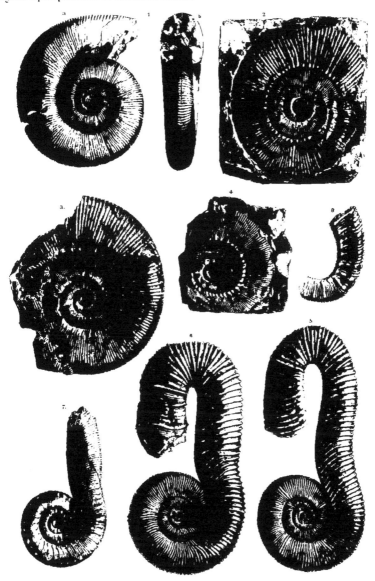

R.Schonn n r.d. d Nat gez u lith

Denkschriften d.k.Akad.d.W.math.naturw.Classe XLVI.Bd.II.Abth.

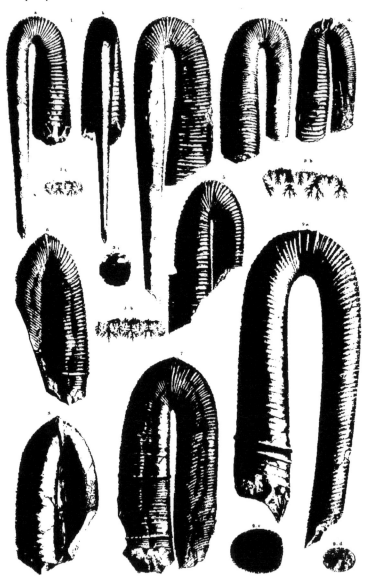

K. k. Hof-u Staats dructerei.

Denkschriften d.k. Akad.d.W. math.naturw. Classe XLVI. Bd.II.Abth.

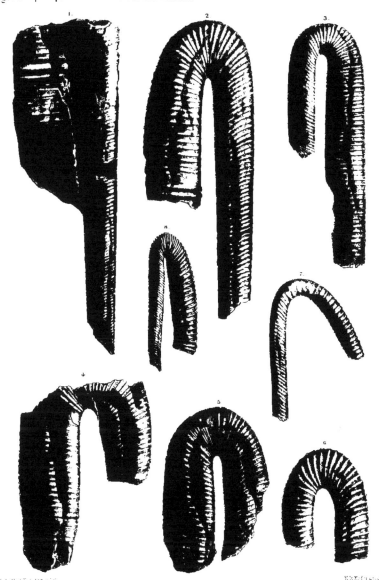

A. Swoboda del & lith

Denkschriften d.k.Akad.d.W.math.naturw.Classe XLVI.Bd.II.Abth.

A Swob...

Denkschriften d.k.Akad.d.W,math.naturw.Classe XLVI.Bd.II.Abth.

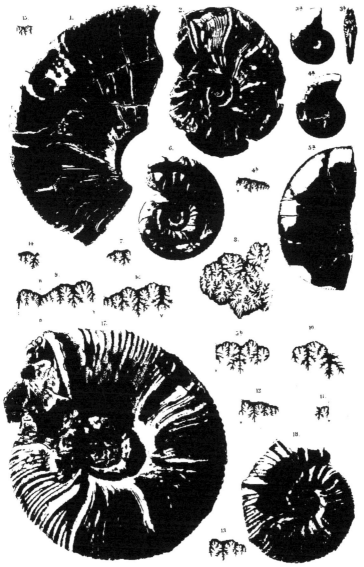

V.Uhlig del.&lith.

Lith.Anst.v.Th.Bannwarth in Wien

Denkschriften d.k.Akad.d.W.math.naturw.Classe XLVI.Bd.II.Abth.

Uwira del.&lith.

Lith.Anst.v.Th.Bannwarth Wien.

Denkschriften d.k.Akad.d.W.math.naturw.Classe XLVI.Bd.II.Abth.

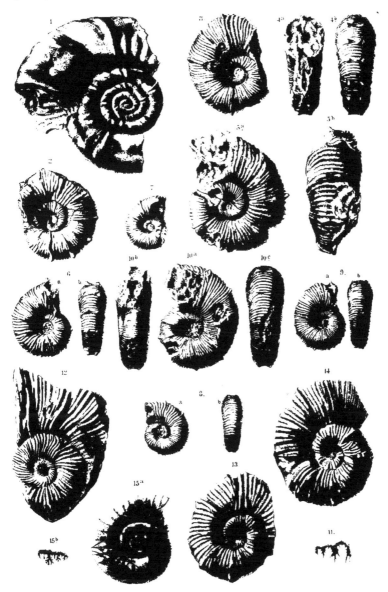

V. Uhlig ad nat. del.   Lith. Anst. v. Th. Bannwarth, Wien.

Denkschriften d.k. Akad. d.W. math. naturw. Classe XLVI. Bd. II. Abth.

V Uwira del & lith.
Lith.Anst.v.Th.Bannwarth.Wien.

Denkschriften d.k.Akad.d.W.math naturw.Classe XLVI.Bd.II.Abth.

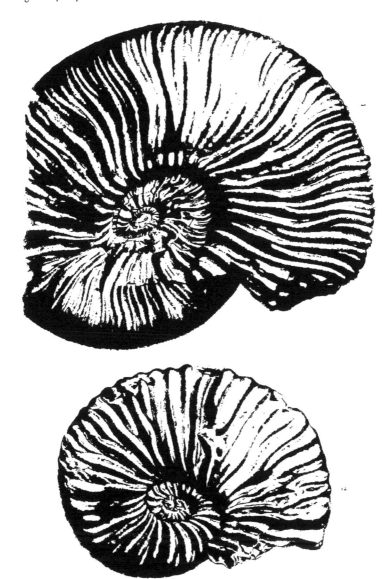

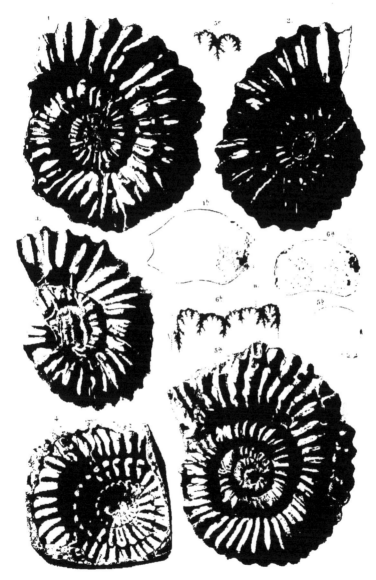

V. Uhlig del. Lith. Anst.v.Th.Bannwarth, Wien.

Denkschriften d.k. Akad.d.W. math.naturw. Classe XLVI. Bd. II. Abth.

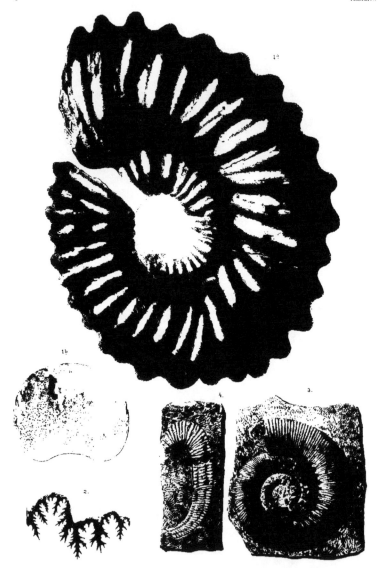

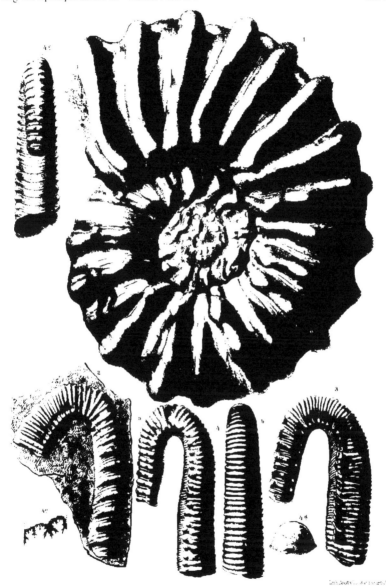

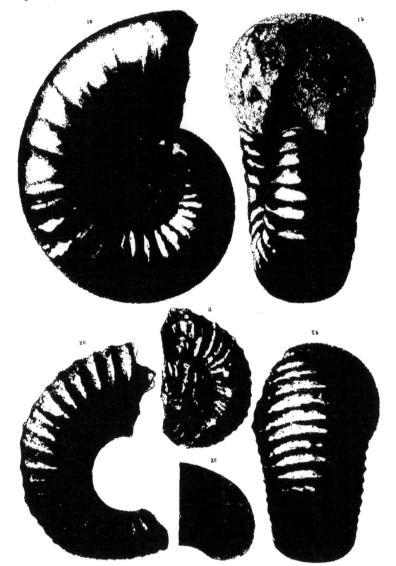

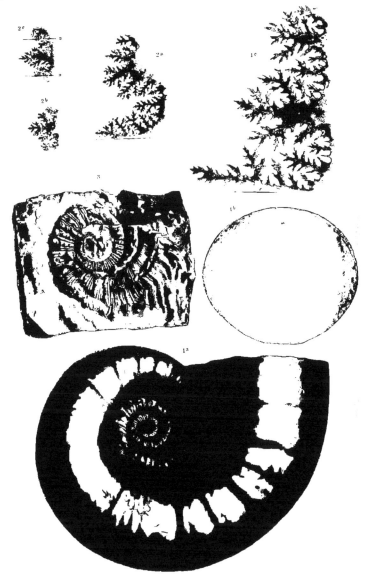

wobodn del & lith

Denkschriften d.k. Akad. d.W. math.naturw. Classe XLVI. Bd. II. Abth.

A. Swoboda del u. lith.

Lith. Inst v. Th. B.

Denkschriften d. k. Akad. d. W. math. naturw. Classe XLVI. Bd. II. Abth.

½ n G

Swoboda del & lith.

Denkschriften d.k.Akad.d.W.math.naturw.Classe XLVI.Bd.II.Abth.

Druck:
Customized Business Services GmbH
im Auftrag der KNV-Gruppe
Ferdinand-Jühlke-Str. 7
99095 Erfurt